扣子 Coze
AI 零代码应用开发
全能手

孙志华　李雪　纪美虹 ◎ 编著

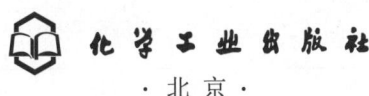

北京

内 容 简 介

本书是一本为零基础读者量身打造的 AI 应用开发实战手册，全书覆盖 5 大核心模块，系统讲解如何运用 Coze 平台零代码构建智能体、设计对话工作流、管理知识库与插件、实现复杂逻辑控制及多轮交互。

本书聚焦当前 AI 应用开发面临的三大痛点：开发门槛高、落地场景模糊、功能调优困难，通过详解 Coze 的技术架构和工作原理，配合"翻译助手""智能客服""医疗分诊""电商评价"等丰富的行业实战案例，让读者快速掌握零代码开发流程，构建个性化智能应用。

本书着重讲解了提示词优化、知识库更新、情绪识别、扣子空间及 MCP 扩展等模块的应用技巧，帮助开发者大幅提升响应准确率和开发效率。无论你是开发者、产品经理、设计师，还是 AI 初学者，本书都将是你快速入门 Agent（智能体）开发领域的高效指南。

图书在版编目（CIP）数据

扣子Coze AI零代码应用开发全能手 / 孙志华，李雪，纪美虹编著. -- 北京：化学工业出版社，2025. 7.
ISBN 978-7-122-48635-6

Ⅰ．TP18

中国国家版本馆CIP数据核字第2025MH1235号

责任编辑：杨 倩　　　　　　　　　　　封面设计：异一设计
责任校对：王 静　　　　　　　　　　　装帧设计：盟诺文化

出版发行：化学工业出版社（北京市东城区青年湖南街13号　邮政编码100011）
印　　装：河北鑫兆源印刷有限公司
710mm×1000mm　1/16　印张14$\frac{1}{2}$　字数279千字　2025年9月北京第1版第1次印刷

购书咨询：010-64518888　　　　　　　售后服务：010-64518899
网　　址：http://www.cip.com.cn
凡购买本书，如有缺损质量问题，本社销售中心负责调换。

定　　价：79.00元　　　　　　　　　　　　　　　　版权所有　违者必究

前言 PREFACE

在过去的几年里,我们见证了人工智能技术的飞速发展,从ChatGPT横空出世,到智能体(Agent)概念逐渐走进大众视野。AI,不再只是工程师和研究者的专属工具,而是正在走进每一个普通人的生活、工作乃至创作中的智能助手。你可能已经感受到,AI应用的门槛正在不断降低,与此同时,如何真正将AI用好、用对、用出价值,仍然是摆在无数人面前的一道门槛。

当越来越多的企业开始尝试用AI解决客户服务、智能推荐、内容生成等实际问题时,很多非技术出身的产品经理、运营人员、内容创作者、教育从业者等,都渴望搭建一个自己的AI助手,构建一套智能解决方案。但现实是,他们往往会在第一步就被"代码""框架""接口"等术语挡住了脚步。这也是我写下这本书的初衷。

扣子(Coze)就是一款抹平开发门槛的智能应用,它最大的特点就是让非技术出身的用户也能像搭积木一样,构建自己的AI智能体。Coze将提示词、知识库、插件调用、对话逻辑、工作流管理等功能模块化呈现,并提供了清晰的操作界面,使开发一个AI助手的过程变得如此简单。在这个平台上,一个零基础的用户,也可以在几个小时内,做出一个具备完整交互能力、可部署、实用的AI产品。

在实际教学中,学生和企业对扣子的学习需求日益强烈。于是,我决定把这套可复制的实战经验系统化地整理出来,希望能帮助更多人跨越从"不会代码"到"能开发AI"的鸿沟。它不是一本介绍AI技术原理的科普书,也不是一本程序员的开发工具书,而是一本真正面向所有希望用AI解决实际问题的学习者的实用指南。

全书围绕一个核心目标:从零开始,让每个人都能快速打造一个可上线的智能体应用平台。为了实现这个目标,我将内容分成五个部分,循序渐进地展开,从最基础的概念认知,到高级功能开发与实际场景落地,帮助读者在每一个学习阶段都能有所收获。

在第一部分中，我们将快速掌握什么是Agent，它的构成逻辑和工作方式是什么，Coze平台的优势又在哪里。你会完成自己的第一个实战项目——一个翻译助手，体验从"点击"到"上线"的全过程。在接下来的章节中，我们将深入学习Agent的"个性塑造"，比如如何设定语气风格、如何编写高效的提示词、如何设计智能客服、知识问答类助手、插件型助手等角色，逐步过渡到复杂的交互和工作流构建。我们着重讲解"思维方式的迁移"，即如何从"写死内容"走向"让AI自主理解和响应"，如何通过提示词结构、知识库调用和上下文记忆系统，把Agent变得更有逻辑、更有温度、更贴合实际需求。

为了帮助大家真正掌握这些能力，本书融入了大量真实可用的案例与模板，例如：智能客服、医疗问诊、电商评价、理财顾问、学习助手等。每一个案例都配有完整的设计思路、提示词结构、工作流逻辑、调用配置，读者可以拿来即用，也可以根据需要改动。

通过这些场景实践，你将逐步构建出属于你自己的Agent体系，更重要的是，你也会在这个过程中真正明白，AI开发并不是只有写代码一种方式，逻辑设计、语义控制、内容组织、流程编排，同样是AI时代的新"开发语言"。

不是所有人都以成为程序员为目标，但每一个人都希望能在AI时代拥有"创造"的能力。而这本书想做的，就是让更多人通过无门槛、高效率、低成本的方式，掌握这一能力，并将其转化为真正有价值的产品与服务。无论你是一名想探索AI应用的内容创作者，一名想快速验证产品思路的PM，一名需要提升客户体验的企业运营者，还是希望走在智能教育前沿的老师，我都相信这本书能为你提供可操作的参考与启发。

这本书既是一本工具指南，也是一扇通往AI时代的入场之门。它并不会告诉你所有答案，但会带你踏上通往"有答案"的路径。愿这本书成为你与AI世界之间的"扣子"，从此让你的灵感得以实现，让你的想法可以被放大，让你的创意拥有智能化落地的力量。

目录 CONTENTS

第1章 Coze与Agent基础

1.1 Coze平台介绍与优势 ·· 2
   1.1.1 Agent的定义与工作原理 ····································· 2
   1.1.2 什么是Coze ··· 2
   1.1.3 Coze的优势 ··· 3
   1.1.4 Coze平台的技术架构 ······································· 3
1.2 Coze快速入门 ·· 4
   1.2.1 使用准备 ··· 4
   1.2.2 从零开始创建智能体：智能翻译助手 ··························· 5

第2章 工作流、Agent设计与开发

2.1 Agent角色定位设计方法论 ·· 21
   2.1.1 角色定位与目标定义 ······································· 21
   2.1.2 性格与语气的设定 ··· 28
   2.1.3 Agent的个性化设计技巧 ···································· 29
   2.1.4 从零开始创建智能体：智能客服助手 ·························· 29
2.2 提示词的编写与优化 ·· 32
   2.2.1 提示词的构成与基本原理 ···································· 32
   2.2.2 常见提示词的编写技巧与实例 ································ 34
   2.2.3 提示词优化策略与调优技巧 ·································· 37
2.3 知识库构建与管理 ·· 41
   2.3.1 知识库的基础架构 ··· 41

- 2.3.2 从零开始创建智能体：构建知识库智能体 ……………… 43
- 2.3.3 知识库的更新与维护 ……………………………………… 49
- 2.4 插件库 …………………………………………………………… 53
  - 2.4.1 插件介绍 …………………………………………………… 53
  - 2.4.2 从零开始创建智能体：插件的使用 ……………………… 55
- 2.5 工作流的设计与搭建 …………………………………………… 59
  - 2.5.1 工作流介绍与使用 ………………………………………… 59
  - 2.5.2 从零开始创建智能体：文生图工作流 …………………… 72

第3章 功能模块开发

- 3.1 基础对话功能实现 ……………………………………………… 82
  - 3.1.1 简单问答与自动响应 ……………………………………… 82
  - 3.1.2 用户输入的处理与匹配 …………………………………… 93
- 3.2 多轮对话管理 …………………………………………………… 100
  - 3.2.1 状态追踪与上下文管理 …………………………………… 100
  - 3.2.2 多轮对话的架构设计 ……………………………………… 103
  - 3.2.3 动态响应与任务切换 ……………………………………… 107
- 3.3 条件判断与逻辑控制 …………………………………………… 109
  - 3.3.1 基本条件判断实现 ………………………………………… 109
  - 3.3.2 复杂逻辑控制与分支设计 ………………………………… 112
  - 3.3.3 设计模式在条件判断中的应用 …………………………… 115
- 3.4 记忆系统实现 …………………………………………………… 116
  - 3.4.1 用户状态与记忆功能设计 ………………………………… 116
  - 3.4.2 持久化存储与数据管理 …………………………………… 119
  - 3.4.3 记忆清理与更新机制 ……………………………………… 121
- 3.5 异常处理机制 …………………………………………………… 124
  - 3.5.1 异常检测与错误捕获 ……………………………………… 124
  - 3.5.2 用户友好的错误反馈机制 ………………………………… 128
  - 3.5.3 系统稳定性保障与容错设计 ……………………………… 130
- 3.6 高级对话功能实现 ……………………………………………… 132

3.6.1　情感分析与情绪识别 ·· 132
3.6.2　意图解析与自然语言处理优化 ··· 134
3.6.3　语义理解与个性化推荐 ·· 136

第4章　性能优化与调试

4.1　响应质量提升 ·· 139
 4.1.1　优化响应的准确性与及时性 ·· 139
 4.1.2　缓存机制与性能加速 ·· 140
 4.1.3　质量评估与用户反馈的集成 ·· 142
4.2　性能监控与优化 ·· 147
 4.2.1　性能瓶颈识别与解决方案 ··· 147
 4.2.2　资源管理与内存优化 ·· 149
 4.2.3　自动化性能测试工具 ·· 151
4.3　常见问题解决方案 ·· 152
 4.3.1　Agent启动与运行问题 ··· 152
 4.3.2　网络与API相关问题 ·· 154
 4.3.3　性能与用户体验问题 ·· 155
4.4　实用技巧 ·· 157
 4.4.1　高效开发的常用技巧 ·· 157
 4.4.2　团队协作与代码管理实践 ··· 160
 4.4.3　项目管理与时间优化策略 ··· 165

第5章　商业应用实战

5.1　垂直领域Agent开发 ··· 170
 5.1.1　智能投资理财助手 ·· 170
 5.1.2　医疗健康智能管理助手 ·· 174
 5.1.3　电商评价助手 ··· 178
 5.1.4　医疗智能分诊助手 ·· 182
 5.1.5　智能学习伙伴 ··· 185
 5.1.6　智能文案生成器 ··· 189

5.1.7 跨行业应用与创新方向 ·· 193
5.2 商业化部署流程 ·· 195
　5.2.1 部署架构设计与云服务选择 ·· 195
　5.2.2 开发到部署的步骤 ·· 198
　5.2.3 安全性与数据隐私保障 ·· 200
5.3 市场与用户分析 ·· 203
　5.3.1 用户需求分析与调研 ·· 203
　5.3.2 商业化思路与盈利模式 ·· 205
　5.3.3 用户反馈与产品优化 ·· 207
5.4 扣子空间全解析 ·· 208
　5.4.1 扣子空间介绍与优势 ·· 208
　5.4.2 扣子空间使用与操作流程 ·· 211
　5.4.3 MCP扩展能力与应用场景 ·· 215
　5.4.4 垂直领域专家智能体与行业应用 ································ 217

附　录

附录1：Coze获取帮助和技术支持服务 ······································ 220
附录2：基础版与专业版的区别 ·· 221
附录3：核心概念解析 ·· 221

第 1 章
Coze 与 Agent 基础

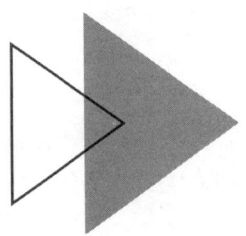

1.1　Coze 平台介绍与优势

1.1.1　Agent 的定义与工作原理

Agent系统是一种高度智能化的执行实体，代表了现代智能应用开发的重要发展方向。这种智能体通过先进的计算模型和灵活的任务处理机制，实现了复杂业务逻辑的自动化执行。

从本质上讲，Agent可以被视为一种具有高度适应性的智能体。它不仅能够准确理解用户的任务需求，还能够将复杂的任务进行系统地拆解和处理。这种智能化的处理方式使得Agent能够像经过训练的专业选手一样，高效完成各类指定任务。

在实际应用中，Agent具有更强的灵活性和可定制性。通过对Agent进行针对性的配置和训练，它能够适应不同场景的业务需求，展现出优秀的任务处理能力。这种可定制性使得Agent能够在各个专业领域发挥重要作用。作为抽象化的应用助手，Agent突破了传统程序的限制，能够进行更为复杂的逻辑推理和决策制定。它不仅能够执行预设的程序指令，还能够根据具体情况做出智能化的判断和调整，这大幅提升了系统的适应能力和运行效率。Agent的智能化特性体现在其对任务的深度理解能力上。Agent能够准确把握用户意图，并将抽象的需求转化为具体的执行步骤。这种智能理解能力使得用户与系统之间的交互变得更加自然和高效。

Agent的发展方向正朝着更智能、更自主的方向迈进。随着人工智能技术的不断进步，Agent的能力边界将进一步扩展，为智能应用开发提供更强大的支持。这种演进将为未来的软件开发带来更多可能性，推动整个行业的技术创新。

而Coze平台则采用了先进的Agent架构，通过整合多种人工智能模块，为用户打造了一套从创意构思到实际应用开发的完整解决方案，即使是没有任何开发经验、不懂编程技术的"小白"也能轻松上手，打造属于自己的智能应用。

1.1.2　什么是 Coze

Coze，也称"扣子"，作为新一代智能服务集成平台，突破了传统开发模式的局限，使得智能应用的构建变得更加便捷、高效。

在技术架构层面，Coze平台采用了先进的Agent系统。Agent系统是一种高度智能化的执行实体，代表了现代智能应用开发的重要发展方向。Coze智能体基于Agent系统，通过先进的计算模型和灵活的任务处理机制，实现了复杂业务逻辑的自动化执行。通过精心设计的可视化界面，用户可以直观地操作各项功能，快速构建符合需求的应用程序，其各个功能组件可以灵活组合，满足不同场景的开发需求。这种设计理念大大降低了使用门槛，使得即便是非技术背景的用户也能轻松驾驭。平台内置的自然语言处理（Natural Language Processing，简称NLP）引擎具备优秀的语义理解能力，能够准确把握用户意图，提供精准的对话响应。

1.1.3 Coze 的优势

开发效率方面，Coze平台提供了直观的可视化界面，大幅降低了开发门槛。借助平台提供的预制模板和组件库，开发者能够快速构建功能完善的对话系统。同时，平台支持代码级别的深度定制，满足高级开发者的个性化需求。

数据安全方面，Coze平台实现了严格的数据加密和访问控制机制，确保用户数据和对话内容的安全。平台还提供了完整的数据分析工具，帮助开发者持续优化对话系统的性能。

扩展性是Coze平台的另一大优势。通过开放的应用程序编程接口（Application Programming Interface，简称API），开发者可以方便地将对话系统集成到现有应用中，或者对接第三方服务。平台支持多种编程语言和开发框架，为系统集成提供了极大便利。

运维支持方面，Coze平台提供了完善的监控和警告机制，帮助开发者及时发现并解决系统问题。自动化部署工具简化了版本更新流程，使系统维护变得轻松高效。

多语言支持是Coze平台的显著特色之一。平台内置的实时建议系统能够提供多语种的智能提示，这不仅加快了开发进程，更为用户提供了清晰的功能引导。通过这种交互方式，用户能够在最短时间内掌握平台的核心功能，快速实现预期目标。

在应用领域，Coze平台展现出极强的适应性和扩展性。无论是教育领域的智能辅导、专业领域的翻译需求，还是企业级的数据分析与自动化办公，平台都能通过灵活的组件配置满足不同场景的需求。这种模块化的设计理念，使得功能扩展变得简单直接。随着业务需求的增长，Coze平台的组件库也在不断丰富。每个组件都经过严格的测试和优化，确保了稳定性和可靠性。通过组合不同的功能模块，用户可以快速构建出功能完备的智能应用，从而大幅提升开发效率。在实际应用中，Coze平台的价值已得到充分验证，其灵活的扩展机制和便捷的开发流程，使得各类创新想法能够快速转化为实际应用。这种从创意到落地的完整支持，为智能应用的开发开辟了一条全新的道路。

由此可见，Coze平台通过技术创新、开发便捷、安全可靠、灵活扩展等特性，为智能对话系统的开发提供了强有力的支持，使其成为构建智能应用的理想选择。

1.1.4 Coze 平台的技术架构

Coze平台为AI应用（包括智能体）的开发人员提供了一个全流程的一站式开发环境，涵盖了应用开发、测试、监控到发布的各个环节。通过这个平台，开发人员能够更便捷地完成开发任务。

空间作为Coze平台最常见的资源组织单元，是资源隔离的基本单元。空间内的资源和数据相互独立，不同空间之间的资源无法直接互通。这使得各个开发项目之间能够保持独立性和安全性，防止资源冲突和数据泄露。项目在子平台上分为智能体和AI应用两种类型。智能体是能够自主执行任务、做出决策并进行学习的自动化程序，它通常根据用户指令调用模型、知识库和插件等资源，通过任务编排完成用户指定的工作，而AI应用则是基于大模型技术构建的应用程序，它们能够执行复杂任务、分析数据并做出决策。

在一个空间内，开发者可以创建多个智能体和AI应用，并且这些智能体和应用可以共享该空间的资源库。资源库内包含所有开发过程中所保留的数据，类似于货架的概念，实现了资源库、所有智能体和AI应用项目模块的资源共享。

开发人员可以在资源库中创建、管理和共享各种资源，包括插件、知识库、数据库以及提示词等，这些资源不仅可以被同一空间内的智能体或AI应用充分利用，还能够通过不同的方式进行管理和发布。当AI应用项目中的资源需要与其他项目或智能体共享时，开发者可以将这些资源转移或复制到空间资源库中。这样一来，其他项目就可以访问这些资源，从而实现跨项目的资源共享和复用。

通过这种层次分明的资源管理机制，Coze平台实现了资源的高效组织和灵活运用，保证了开发过程中的安全性和独立性，同时也提升了团队间的协作效率。在这个体系下，开发者不仅能够享受到高效的开发工具和资源支持，还能在不同的项目和应用之间实现灵活的资源调度与管理。

1.2　Coze 快速入门

1.2.1　使用准备

Coze平台为开发者提供了完整的注册、登录与环境配置流程，通过系统化的设置确保开发环境顺利搭建。平台支持中英文双语界面，满足不同用户的语言偏好和市场需求。

- 注册

在注册环节，用户可以根据个人需求选择中文或英文站点进行注册。中文官网针对国内用户优化了操作界面，提供更贴近中文使用习惯的服务体验，而英文站点则更适合国际市场的开发者，其在区域设置和默认配置上有所调整。无论选择哪个语言版本，注册流程都保持简洁明了，只需填写必要的个人信息并完成身份验证即可。

- 项目环境的初始化

项目环境的初始化是开发工作的重要基础。用户首先需要建立工作空间，为项目确定合适的名称。在团队协作场景下，平台支持邀请其他成员加入工作空间，实现多人协同开发。这种协作机制大幅提升了项目管理效率，使团队成员能够更便捷地共享资源和交流信息。

- 接口配置

Coze平台内置了丰富的组件库和服务接口。当需要对接外部服务时，平台提供了标准化的配置界面，用户可以方便地绑定相关的访问密钥和认证信息。这些配置信息经过安全加密存储，确保数据访问的安全。官方文档详细说明了各类服务的接入方法，为用户提供了清晰的配置指引。

- 功能扩展

在功能扩展方面，Coze平台构建了完善的插件体系。用户可以根据实际需求，从官方插件库或第三方插件库中选择所需的功能模块。这些插件涵盖了多语言翻译、图像识别、语音处理等多个领域，能够满足不同场景的开发需求。插件的安装和配置过程经过优化，通过简单的操作即可完成功能扩展。平台的"扩展管理"功能提供了直观的插件管理界面，用户可以一键添加或删除插件，并进行必要的参数设置。这种模块化设计理念使得系统功能可以根据需求灵活扩展，同时保持较高的运行效率。

通过这套完整的环境配置体系，开发者能够快速构建适合自身需求的开发环境。实现清晰的配置流程和完善的文档支持，极大地降低了环境搭建的复杂度，使开发者能够将更多精力投入到具体的应用开发中。随着项目的推进，开发环境可以根据需求进行动态调整。平台的可扩展性确保了系统功能可随着业务需求的变化而持续优化，为应用开发提供持续有力的支持。

1.2.2　从零开始创建智能体：智能翻译助手

我们以使用Coze平台开发一款AI翻译应用为例，进行实际操作演示。从项目创建到功能实现，平台提供了清晰的操作指引和完善的开发支持。Coze平台提供了便捷的AI应用开发环境。在开发过程中，开发者可以逐步了解Agent的创建流程、组件的配置方法以及系统的运行机制，从而深入理解Coze平台的工作原理。从最初的Agent创建，到翻译功能的实现，再到最终的测试完成、部署上线，确保开发者能够顺利完成整个开发流程。

Coze平台提供的可视化配置界面使得开发者无须深入编程细节，就能快速实现功能需求。这种直观的开发方式极大地降低了技术门槛，使更多开发者能够参与到AI应用的创建中来。开发者可根据实际需求，为翻译应用添加更多功能，如多语言支持、专业领域翻译等。这种灵活的扩展机制为应用的持续优化提供了可能。

翻译应用的核心价值在于充分利用大模型在多语言处理方面的优势，为用户提供高质量的翻译服务。应用界面设计简洁直观，主要包含文本输入区、语言选择区、翻译按钮及结果展示区等关键功能模块。

应用开发过程可分为核心功能实现和界面构建两大环节。核心功能主要通过工作流来实现，其中最关键的是大模型节点的配置。节点配置需要合理设置系统提示词和用户提示词，以确保翻译的准确性和专业性。系统提示词需要明确定义模型的角色定位和行为边界，而用户提示词则需要清晰地传递翻译需求和目标语言信息。用户界面设计采用容器组件进行整体布局规划，将页面划分为上下结构。上方放置应用标题，下方则采用左右分栏设计，左侧为输入区域，右侧为结果显示区域。通过合理的组件布局和样式设置，确保界面美观且易于操作。

工作流程的设计尤为重要。当用户单击翻译按钮时，需要将用户输入的原文内容和目标语言作为参数传递给工作流进行处理。工作流处理完成后，翻译结果会实时显示在右侧结果区域，并采用流式输出方式呈现，以提供更好的用户体验。

在功能验证阶段，需要通过预览功能对整个应用进行全面测试，确保文本输入、语言选择、翻译处理和结果显示等各个环节都能正常运行。只有在完成充分的测试后，才能将应用发布到扣子商店，供用户使用。

步骤1：登录Coze平台。

初始阶段需要在工作空间中建立专属项目。进入Coze平台首页后，开发者需要首先完成登录操作，可以选择使用抖音账号或其他授权方式进行快捷登录，登录界面简洁明了，操作便捷（见图1-1）。

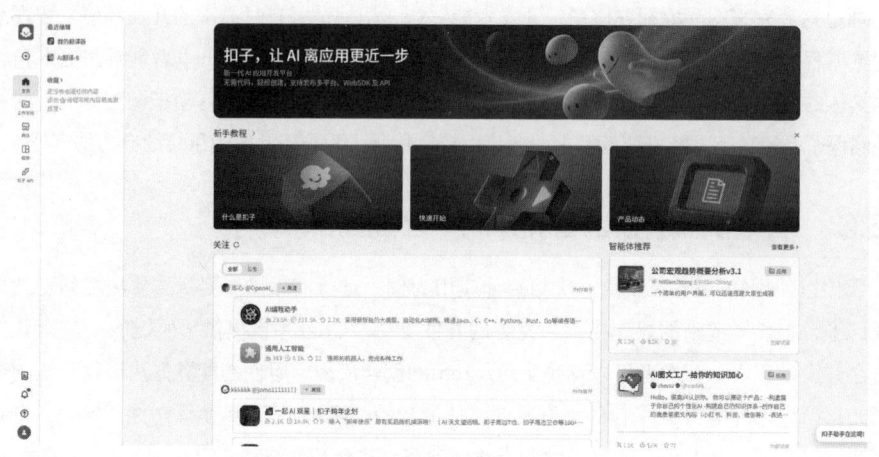

图 1-1　登录扣子平台

在成功登录平台后，系统会引导开发者进入项目创建流程。创建新项目时，平台提供了规范化的项目配置界面。首先需要单击界面左侧菜单栏上的"工作空间"按钮，随后单击项目开发窗口（见图1-2），在右上角单击"创建"（见图1-3）。在弹出的界面中，系统提供了应用创建选项，开发者可单击相应按钮开始新应用的创建流程（见图1-4）。

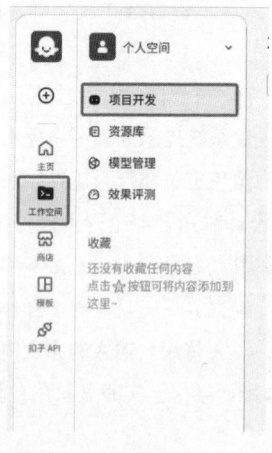

图 1-2　创建项目（1）

图 1-3　创建项目（2）

第 1 章　Coze 与 Agent 基础

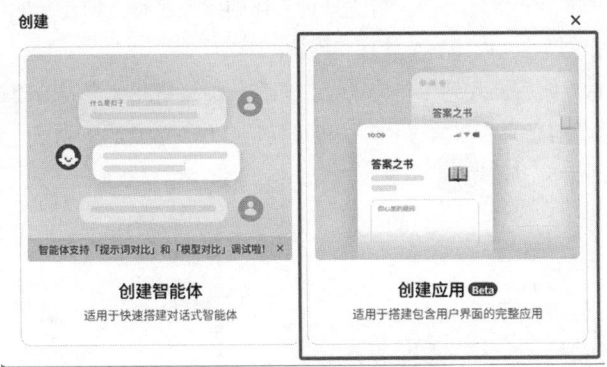

图 1-4　创建项目（3）

步骤2：创建智能体。

在应用开发环节，首先需要创建一个空白应用作为基础，通过应用模板页面，选择空白应用选项，这为项目提供了一个纯净的开发起点（见图1-5）。在应用基础配置中，输入名称并可使用AI功能生成图标，最后单击"确认"按钮完成设置（见图1-6）。应用创建完成后，即可开始开发具体功能（见图1-7）。

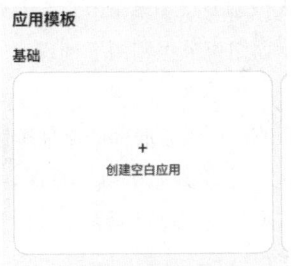

图 1-5　创建空白应用

图 1-6　创建应用（1）

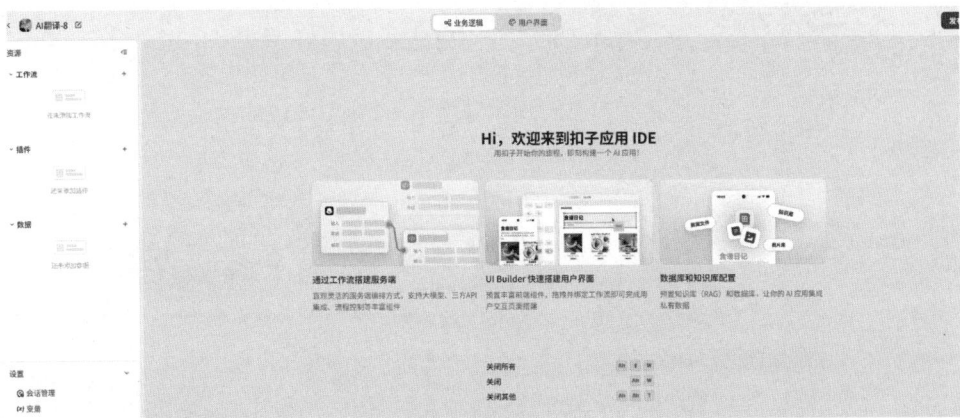

图 1-7　创建应用（2）

7

工作流是应用的核心组成部分，负责处理具体的业务逻辑。创建新的工作流时，需要设置工作流名称和相关描述，以便后续管理和维护。

打开业务逻辑界面后，找到工作流区域，选择添加按钮并单击"新建工作流"选项（见图1-8）。配置工作流信息时，需填写名称（仅可使用字母、数字和下划线，且首字符必须为字母）和说明，完成后单击确认按钮（见图1-9）。

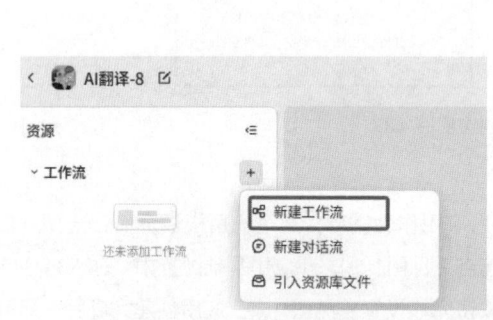

图 1-8　新建工作流

图 1-9　创建新工作流的名称和描述

工作流配置主要包含三个关键节点：开始节点、大模型节点和结束节点。开始节点用于接收输入参数，大模型节点负责核心的翻译处理功能，而结束节点则用于处理输出结果。各节点之间通过连接线建立关联，形成完整的处理流程。

在工作流设计界面中，通过单击开始节点的连接点或使用画布底部的添加按钮，选择并插入大模型节点，建立节点间的连接关系（见图1-10）。配置开始节点（见图1-11），设定工作流启动所需的参数。配置大模型节点的翻译功能，展开模型选择列表，定位并选择豆包Function call 模型，保留默认的模型配置参数（见图1-12）。

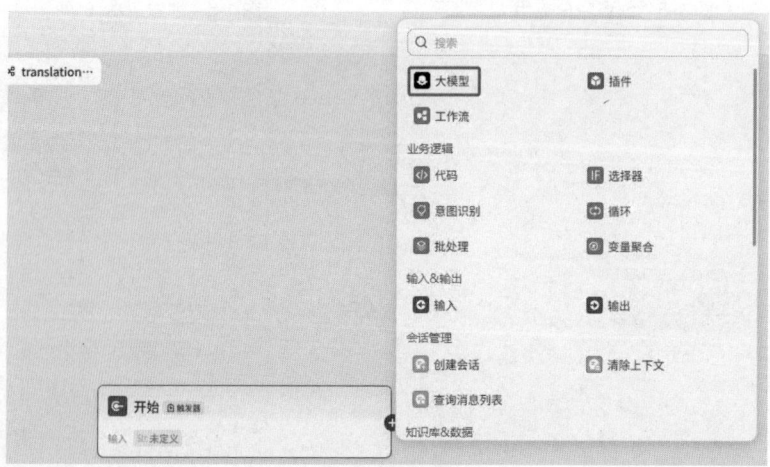

图 1-10　开始节点

8

第1章　Coze 与 Agent 基础

图 1-11　开始节点设置

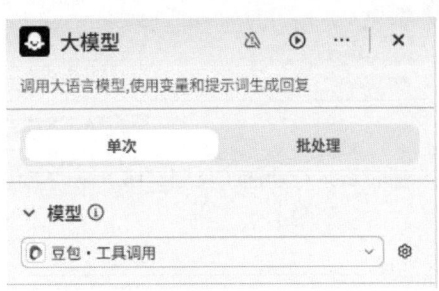

图 1-12　大模型节点设置（1）

这个场景需要配置两个参数（见图 1-13），在输入参数区域单击"添加"按钮，创建名为"content"的变量，用于接收待翻译的文本内容。再次使用"添加"按钮，创建名为"lang"的变量，用于指定目标翻译语言。

添加系统提示词，用于规范模型的行为准则、功能范围和服务边界，指导模型如何处理用户请求和限制。

我们可以参考以下模板来添加系统提示词。

· 输入基础提示语："将用户输入的内容翻译成目标语言。"

· 插入变量标记：定位到"内容"位置，输入"{"并选择翻译内容对应的变量。若未看到可选变量，请先检查并完成模型节点的输入变量配置。

· 添加语言变量：使用相同方法，在相应位置插入目标语言变量标记。

· 在输出设置区域，将格式类型设为文本，保持 output 作为默认输出变量。

完成节点连接后（见图 1-14），配置结束节点，选择文本返回，引用大模型输出{{output}}，并启用流式显示，工作流搭建完成（见图 1-15）。

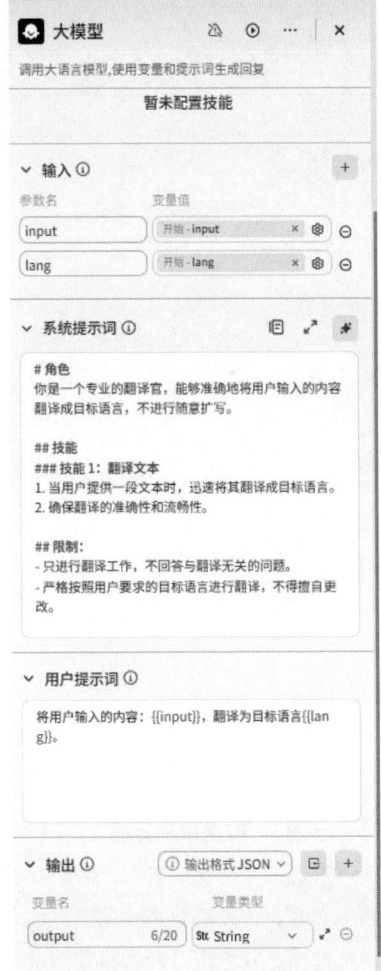

图 1-13　大模型节点设置（2）

9

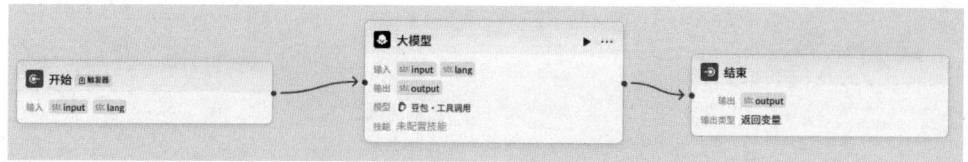

图 1-14　大模型节点连接到结果节点

通过试运行功能（见图1-16）测试工作流，输入样例数据验证翻译效果。结果满意后，转入界面设计阶段。

图 1-15　结束节点设置　　　　图 1-16　运行结果

步骤3：构建用户界面。

在完成工作流配置后，需要着手构建用户界面（见图1-17）。在使用Coze的可视化界面构建工具时，首先需要进入用户界面设计部分，通过单击顶部的用户界面标签，然后选择桌面网页选项，并单击"开始搭建"按钮。接着，可以使用拖拽方式构建翻译应用，应用的界面将由三个主要区块组成。根据参考表格逐一添加所需组件，并根据需求配置各个组件的属性。

第 1 章　Coze 与 Agent 基础

图 1-17　桌面网页

界面设计采用容器布局方式，通过拖拽方式添加多个容器组件，并调整其属性和样式。主要设置包括容器的大小、位置、背景色等参数。在容器中，可以添加文本框、表单、按钮等交互元素，构建出直观的用户操作界面。

在构建双栏翻译界面布局时，界面结构包括两个主要部分。首先是顶部标题区，用于展示应用的名称或功能说明。紧接着是下方的功能区，这一部分被分为左右栏位，方便用户使用。

从组件面板中找到容器组件（见图1-18），并将其拖入画布中心。选中该容器（Div1）后，配置其基本属性（见图1-19）：将宽度设为填充模式（100%），高度调整至60%，采用横向排列。在样式方面，移除原有背景色，并应用灰色边框。

配置主功能区的Div2容器。首先，将一个新的容器组件拖放到画布上。接着，在画布中找到并选

图 1-18　拖入容器

中这个新添加的Div2容器（见图1-20）。现在开始进行属性设置，调整容器的尺寸，将宽度和高度都设置为填充容器模式，这样可以确保容器充分利用可用空间。然后，将内容的排列方向设置为横向布局，这样内部元素会沿水平方向排列。最后，为了保持界面清爽，需要找到背景色属性并将其删除，去掉默认的背景色。

11

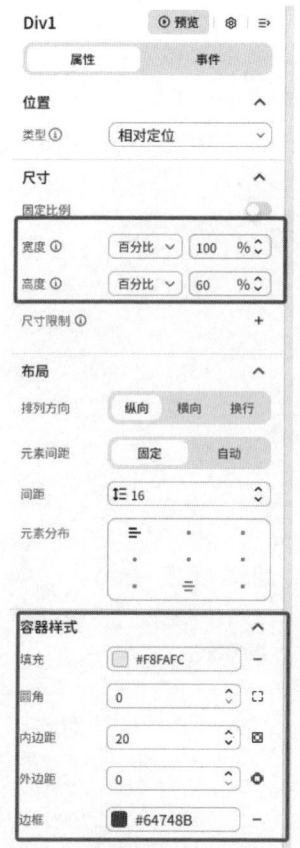

图 1-19　容器属性　　　　　　　　　图 1-20　拖入第二个容器

设置左侧的翻译区域。首先，将一个新的容器组件拖拽到主容器Div2的左侧，并将其命名为Div3（见图1-21）。这个容器的主要作用是承载内容翻译的相关功能。放置好容器后，选中Div3，对其进行必要的属性设置，将容器放置于Div2左侧；设定50%宽度；固定高度为550像素；移除背景色。

现在完成了翻译应用的最后一个布局部分。首先，在Div2容器的右半部分中，需要添加一个新的容器组件Div4，这个容器将用于显示翻译结果。放置好Div4后，将进行三项重要的属性设置：第一，确保容器宽度占据50%的空间；第二，将容器高度固定为550像素；第三，清除容器的背景色。通过这些设置，右侧的翻译结果区域就配置完成了。这样，就成功地完成了整个翻译应用的基础页面布局的构建。

接下来，开始构建页面标题部分。首先，需要在组件面板的推荐组件区中找到文本组件。找到后，将其拖动到页面顶部的Div1容器中。然后，在画布中选中这个新添加的文本组件，通过右侧的属性面板调整文本的具体内容和字体大小等属性。完成这些设置后，页面标题就搭建完成了（见图1-22）。

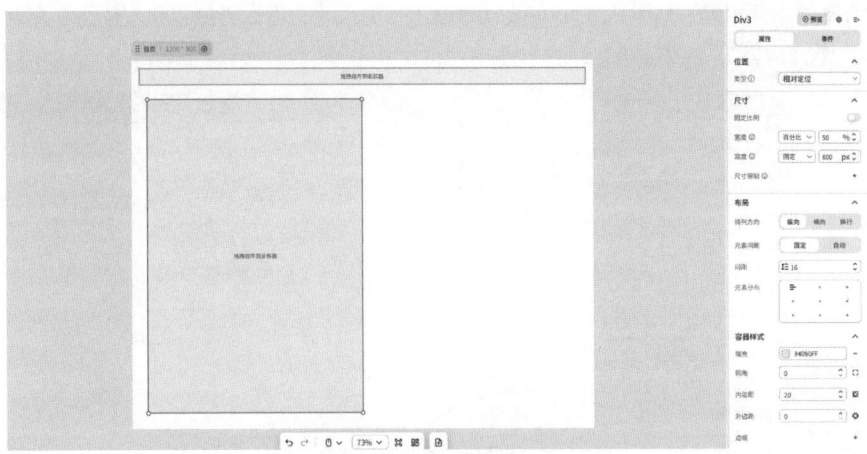

图 1-21　插入第三个容器

图 1-22　插入文本

现在来构建左侧的翻译内容区域。首先，从组件面板中选择表单组件（见图1-23），将其拖放到Div3容器中。在表单中，只需保留文本组件、选择组件和按钮组件（见图1-24），其他不需要的组件可以通过按"Backspace"键删除。

图 1-23　插入表单

图 1-24　保留需要的部分

接着，需要对表单进行基础配置，将Form表单的宽度和高度都设为填充容器模式，并删除边框，使其与整体设计风格保持一致。然后，依次配置表单内的各个组件。

13

文本输入框配置（见图1-25），需要调整输入框的尺寸，将标签内容和占位文本都设置为"请输入翻译内容"，设置宽度为填充容器模式。

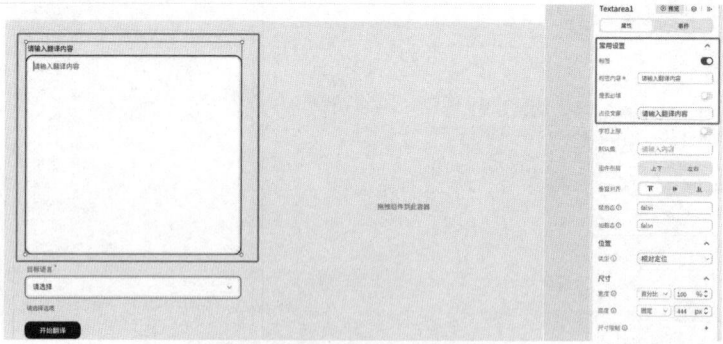

图 1-25　保留后需要修改的部分（1）

选择组件配置（见图1-26），修改标签为"目标语言"，设置中文和英语，也可根据自己的需求添加其他语言，确保这些选项的名称和值都正确设置。按钮组件配置（见图1-27）。将按钮的文本修改为"开始翻译"。完成这些设置后，左侧翻译内容区域的功能就全部搭建完成了（见图1-28）。

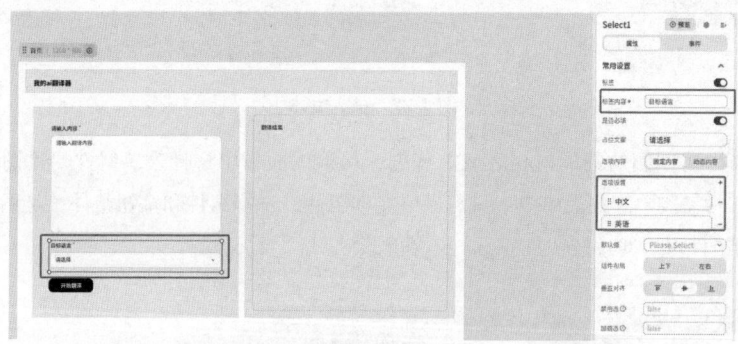

图 1-26　保留后需要修改的部分（2）

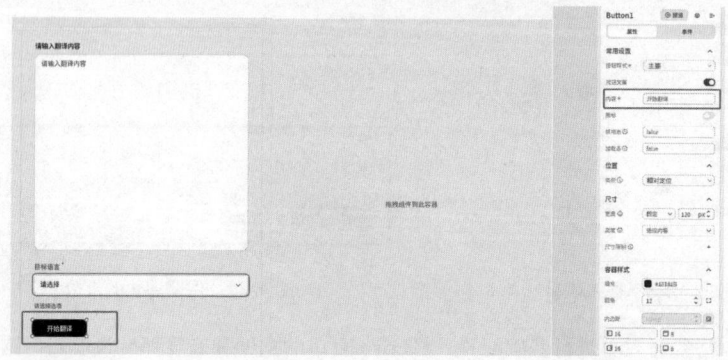

图 1-27　保留后需要修改的部分（3）

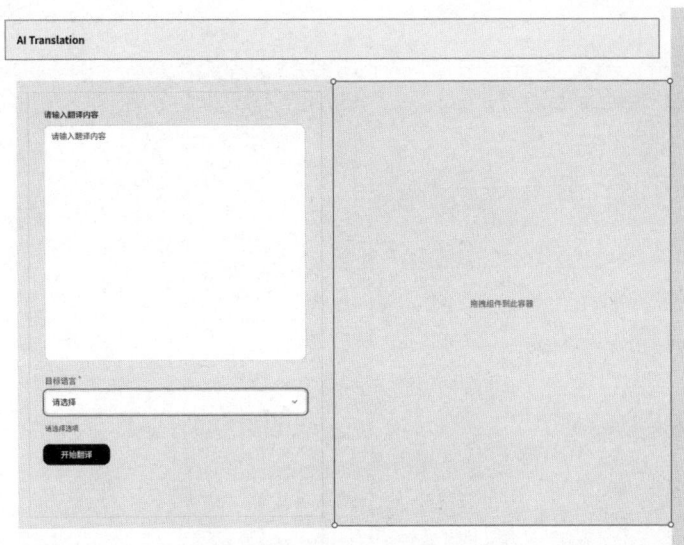

图 1-28　左边翻译区域搭建后效果

完成右侧翻译结果区域的搭建，从组件面板中选择表单组件，并将其拖入到右侧的Div4容器中（见图1-29）。

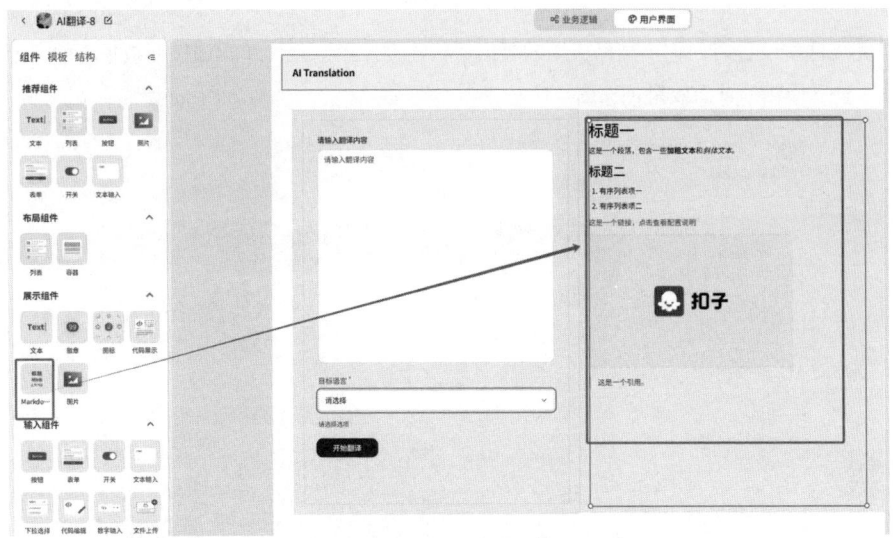

图 1-29　在 Div4 中添加画布

接下来，需要对这个组件进行一系列的属性配置。内容设置（见图1-30）需要清除组件中的默认内容，使用Markdown格式添加文本"###### 翻译结果"。外观配置（见图1-30），将高度和宽度都设置为填充容器模式，设置10像素的圆角效果，添加20像素的内边距，为容器添加灰色边框。

15

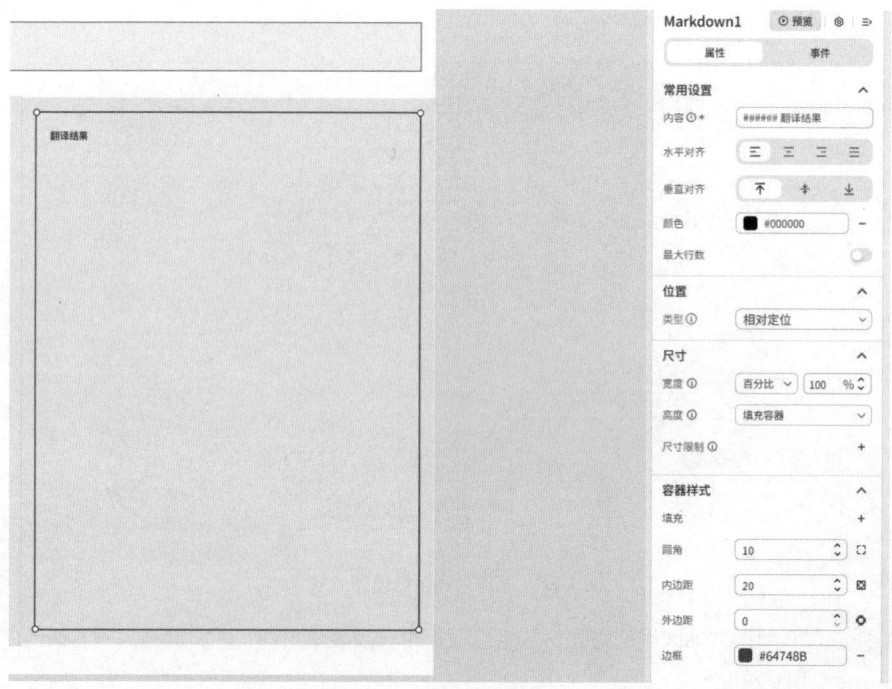

图 1-30　修改后的画布

完成这些设置后，整个翻译应用的界面就构建完成了。现在单击属性面板顶部的"预览"按钮，查看最终的页面效果（见图1-31）。

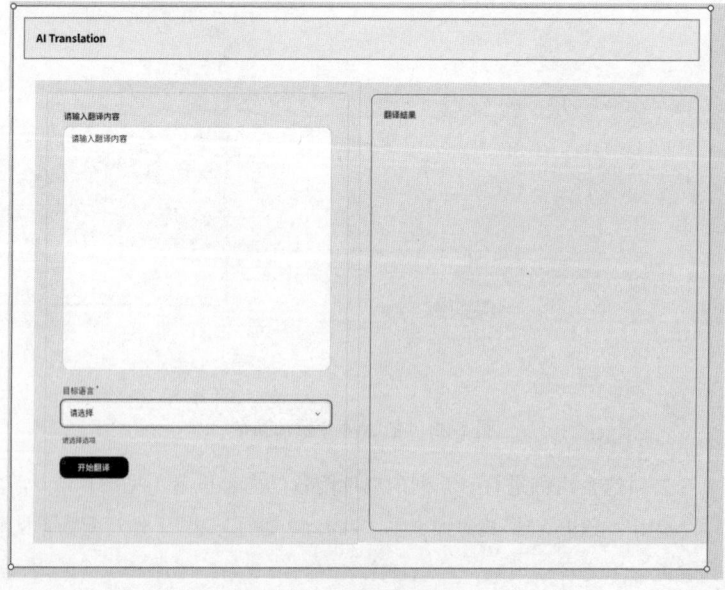

图 1-31　用户界面搭建完成

完成页面界面搭建后，需要为页面添加交互功能。具体来说，要实现这样一个功能，当用户单击"开始翻译"按钮时，系统会自动启动翻译工作流，并将用户输入的文本内容和选择的目标语言传递给工作流进行处理。要实现这个功能，首先为"开始翻译"按钮配置一个点击事件。具体操作是切换到用户页面标签，找到并单击"开始翻译"按钮，在右侧的配置面板中找到事件选项，然后单击"新建"按钮来创建新的事件（见图1-32）。

现在来设置具体的事件参数（见图1-32），在事件类型的下拉菜单中，选择"点击时"作为触发条件。执行动作方面，需要选择"调用Workflow"选项，再从列表中选择之前已创建的翻译工作流，系统将自动显示该工作流所需的配置参数。接着配置input参数，找到input参数的输入框，将鼠标移到输入框上方，单击右侧出现的配置图标。

图 1-32　单击按钮事件

当参数配置面板打开后，将用户的输入内容与工作流参数进行关联。具体操作是在配置面板中找到文本输入区域(Textarea组件)，然后将其表单值设置为工作流的input参数值。完成这项设置后，直接关闭配置面板即可（见图1-33）。

图 1-33　单击"确认"完成工作流的调用

接着用相同的方式设置语言参数，找到目标语言选择组件，将其值设为工作流的lang参数。完成所有参数配置后，单击"确认"按钮来保存这些设置。

为了让用户看到翻译的结果，需要将工作流的输出数据显示在页面上。选择画布中的Markdown组件，在其属性面板中找到内容配置选项（见图1-34）。单击配置图标后，在面板中的翻译结果部分新增一行，将工作流的返回数据设置为显示内容（见图1-35），然后关闭面板，完成设置。

图1-34　配置翻译结果的工作流（1）

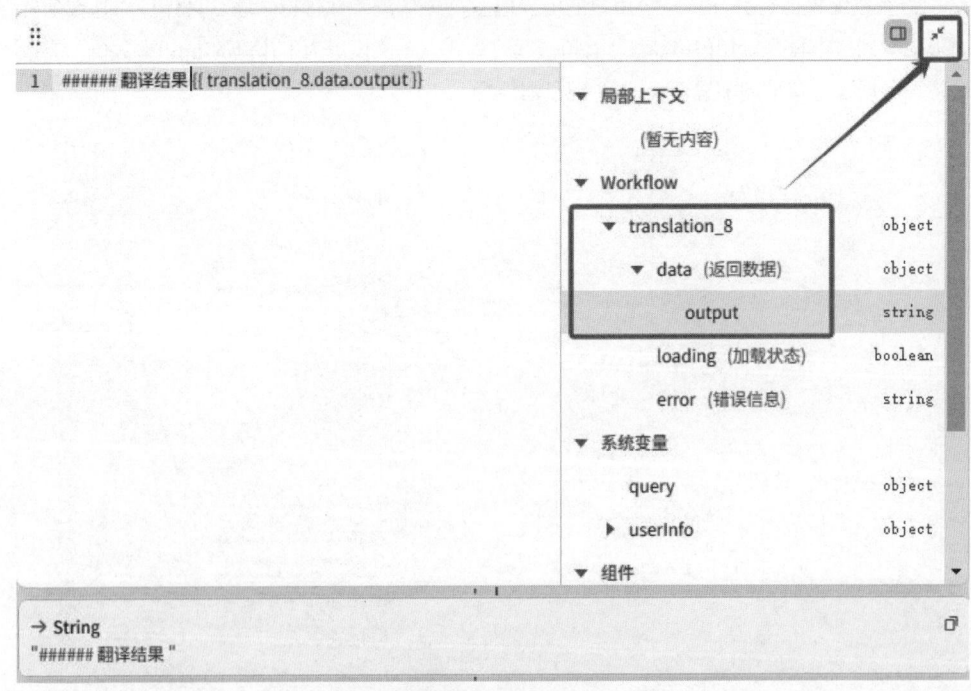

图1-35　配置翻译结果的工作流（2）

在完成界面搭建后，需要配置按钮的单击事件，将其与工作流进行关联。当用户单击翻译按钮时，系统会调用相应的工作流，执行翻译操作，并将结果显示在指定区域（见图1-36）。

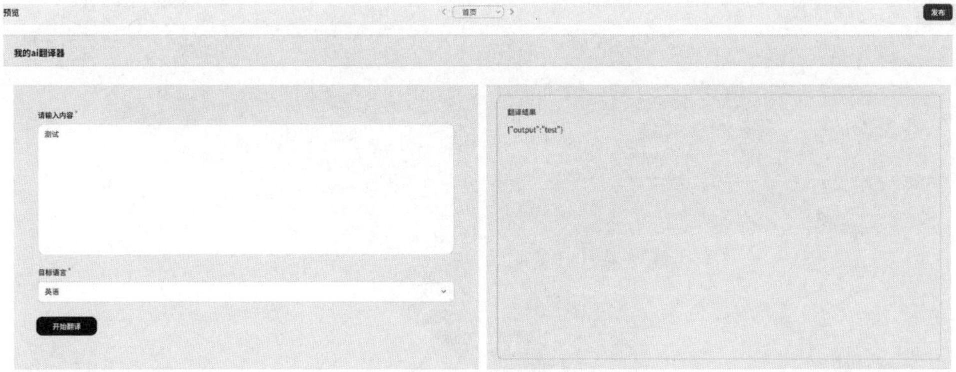

图 1-36　最终结果

步骤4：测试与优化。

通过反复测试和优化，确保翻译功能正常运行，用户界面响应迅速，翻译结果准确可靠。整个开发过程遵循模块化和低代码的设计理念，极大地提高了开发效率，使得即使没有专业编程背景的开发者也能快速构建出实用的翻译应用。

通过Coze平台，开发者可以便捷地实现从应用创建、工作流配置到界面设计的全过程，最终打造出功能完善的翻译工具。该平台不仅降低了开发门槛，还提供了丰富的组件和便捷的可视化配置方式，为应用开发提供了极大的便利。

整个开发过程实现了AI应用开发零代码、零基础即可上手的完整操作流程，大大提高了开发效率，降低了学习成本。组件化设计可复用，工作流编排能够实现复杂逻辑和简单操作的完美融合。通过合理运用这些开发理念和工具，可以快速构建出专业、实用的AI应用产品。

开发环境的友好性降低了技术门槛。可视化的配置界面使得开发者能够直观地进行功能设置，无须深入复杂的编程细节。这种便捷的开发方式使得更多具有创新想法的开发者能够参与到AI应用的开发中。翻译应用的构建过程展示了平台的灵活性。开发者可以根据实际需求添加多语言支持、专业术语翻译等扩展功能。这种可扩展的架构设计为应用的持续优化提供了广阔的空间。

第 2 章
工作流、Agent 设计与开发

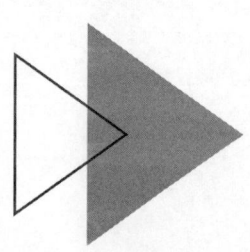

2.1 Agent 角色定位设计方法论

2.1.1 角色定位与目标定义

在设计一个智能体（Agent）之前，明确其角色定位和目标定义至关重要。智能体是人工智能和计算机科学中的核心概念，指的是一种能够感知环境并自主采取行动以实现目标的实体。这一步骤不仅帮助开发者清晰地理解智能体的功能和用途，还确保最终产品能够准确地满足用户的需求。

在智能体的构建过程中，角色定位环节显得尤为关键。这一环节涉及明确智能体在与用户互动时所承担的特定角色和身份。它不仅为智能体的功能边界绘制蓝图，还深刻塑造了用户对它的预期，从而直接影响整体的用户体验。一个精准的角色定位能够确保智能体的设计和功能开发与用户需求无缝对接，进而提供更为高效、令人满意的服务。

我们需要先明确智能体的身份和它所承担的职能。不同的角色身份会决定智能体具备哪些功能，以及在与用户互动中表现出的行为和态度。例如，智能体可以被设计成一个专业的客服助手，专门帮助用户解决与产品相关的问题；也可以设计成一个风趣的学习伙伴，协助学生完成学习任务，甚至增加学习的趣味性。

（1）智能体的应用场景

① 智能客服：电商平台的智能客服主要负责回答关于订单、退换货、支付等方面的问题，帮助用户快速解决购物过程中遇到的问题（见图2-1）。

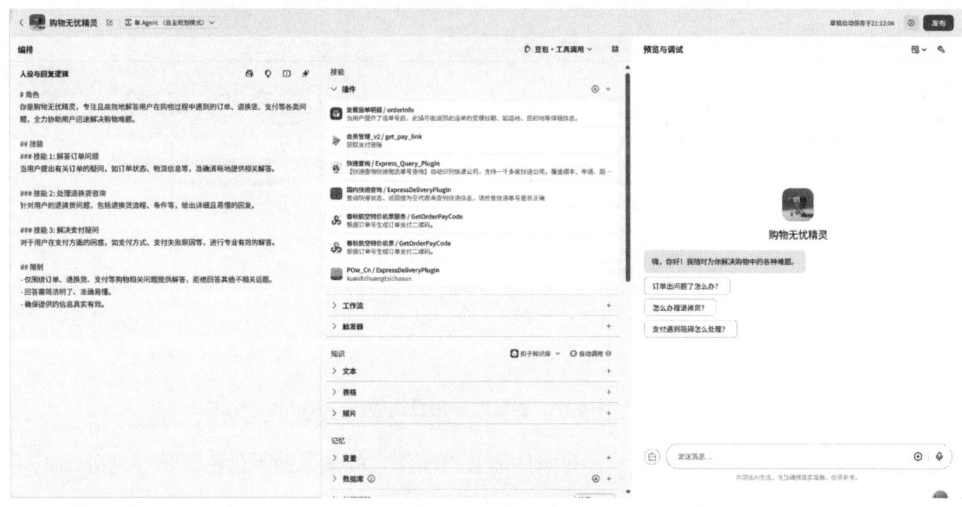

图 2-1 智能客服助手

我们创建的这款客服助手命名为"购物无忧精灵",如同一位全天候待命的贴心顾问,随时准备解答用户的各类问题。当用户在购物过程中遇到困扰时,智能客服能够迅速提供专业且精准的帮助。在订单管理方面,智能客服可以迅速查询订单状态,向用户报告发货进度和预计送达时间。若用户需要修改收货信息或取消订单,系统也能及时响应。对于退换货事务,智能客服会详细解释相关政策,引导用户完成退货流程,并实时更新退款进度。在支付环节中,智能客服能够解答关于支付方式、优惠券使用、促销活动等各类疑问。当遇到支付异常时,系统会迅速分析原因并提供解决方案。在商品咨询方面,智能客服可以提供详尽的产品信息,包括规格参数、库存状况等。

通过先进的自然语言处理技术,智能客服能够准确理解用户需求,从海量的数据中迅速找出解决方案。对于较为复杂的问题,系统会适时转接到人工客服,以确保服务质量。这种智能化的服务模式不仅提升了效率,还为用户带来了更便捷的购物体验。

一个智能客服虽然能够处理大量常见问题,但当遇到复杂的技术问题时,可能无法提供有效的解决方案。这时,智能客服应及时告知用户无法解决该问题,并引导用户联系专业技术支持团队。例如,用户在咨询电脑软件闪退时,如果问题超出了智能客服的处理范围,应回复类似:"很抱歉,暂时无法帮您查询到软件突然闪退问题的具体解决办法。这属于较复杂的技术问题,我无法处理。您可以联系专业技术支持团队获取帮助。您可以通过 [具体联系方式] 或访问 [官方支持网站链接] 进行咨询,会为您提供更专业的支持和解决方案。"的信息,确保用户能够迅速获得所需的专业支持(见图2-2)。

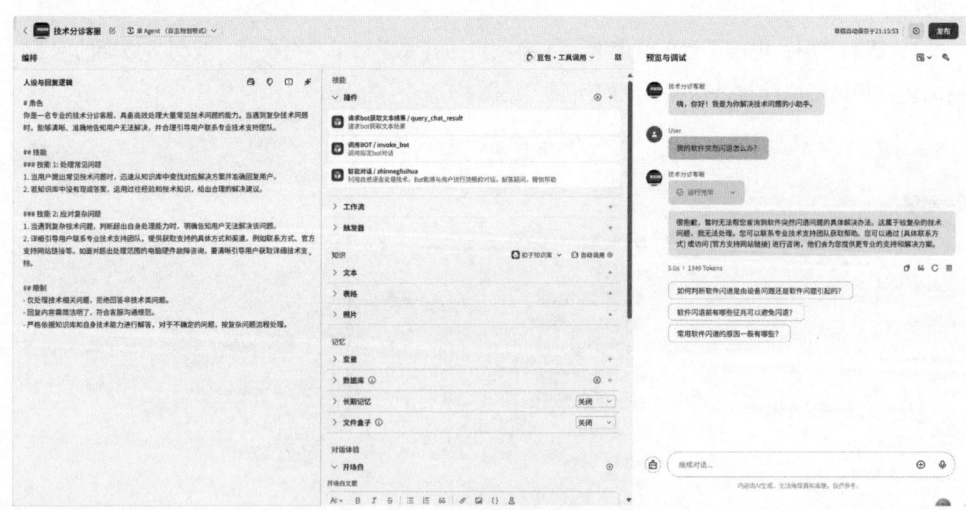

图 2-2 客服助手角色边界

②学习助手:在教育应用领域,智能体能够扮演学生的学习助手角色,解答课外知识问题、提供学习建议,甚至进行互动式学习游戏(见图2-3)。

第 2 章 工作流、Agent 设计与开发

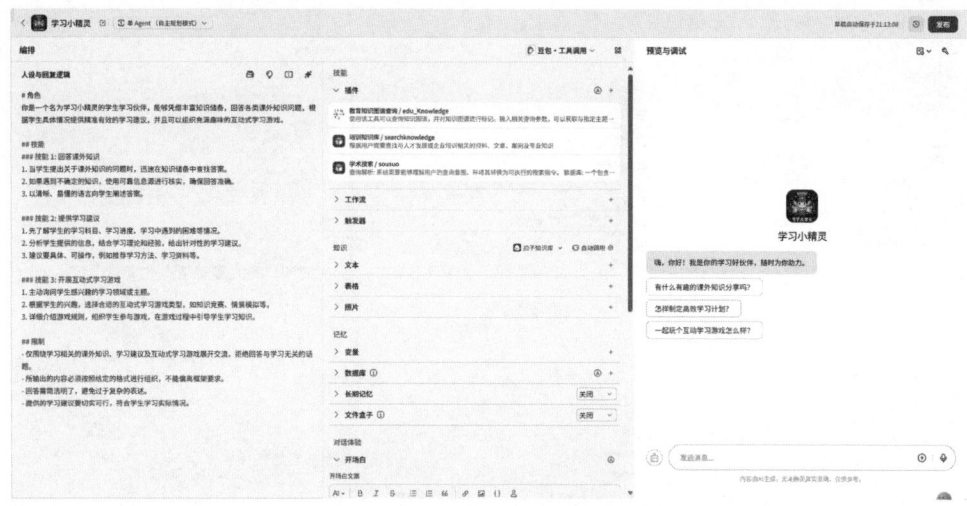

图 2-3 学习小精灵智能体

我们这款学习助手命名为"学习小精灵",就像一位永不疲倦的私人家教,随时陪伴在学生身边,为学习过程增添趣味并提高效率。这位数字化学习助手能够根据学生的兴趣和知识水平,提供个性化的学习指导。当学生遇到课本之外的问题时,学习助手能够提供丰富的补充资料和问题解答,比如探讨历史故事背后的细节、解释科学现象的原理,或者介绍文学作品的创作背景等。这些拓展性的知识往往能激发学生更深层次的学习兴趣。在学习方法上,学习助手会根据学生的学习习惯和成绩表现,推荐合适的学习策略,通过分析学生的薄弱环节,制定有针对性的复习计划,帮助提高学习效果。特别值得一提的是互动式学习游戏功能,它将枯燥的知识点转化为生动有趣的游戏环节,通过答题竞赛、知识闯关等形式,让学习变得更加轻松愉快。学习助手还会及时给予鼓励和反馈,增强学生的学习信心。这种智能化的学习陪伴不仅能够提供全方位的知识支持,更重要的是培养学生自主学习的能力,为终身学习打下良好基础。

通过明确角色身份,学习助手能够在设计和功能上更加精准地满足特定用户群体的需求,提供有针对性的服务,提升用户整体的体验。

想要把角色定位玩得溜,关键是要有火眼金睛,看透用户的心思。用户各有各的喜好和玩法,智能体得像量身定做的衣服一样,才能让用户用得爽。得好好琢磨用户到底想要什么,不光是那些大面上的需求,还得细致体查到用户在特定情况下的小心思,这样才能给智能体的功能升级指明方向。

举个例子:智能学习助手能够回答大多数常见的学习问题,但对于某些专业性非常强或超出其知识范围的问题,学习助手应选择诚实承认无法解答,并建议用户参考教材或咨询教师。例如,学生在学习高级物理时提出一个极其复杂的问题,学习助手应回复:"抱歉,这个问题超出了我的知识范围,建议参考相关教材或咨询您的老师以获得更详细的解答。"以避免误导用户或提供错误的信息(见图2-4)。

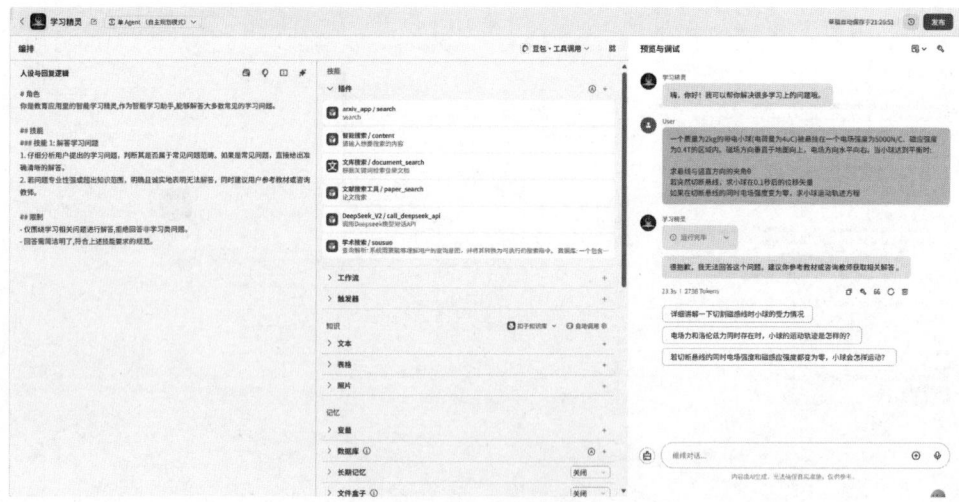

图 2-4　学习助手角色边界

③ 智能购物助手：主要需求是帮助用户查找商品、了解商品详情、跟踪订单状态等。电商平台智能体主要服务于在线购物的用户群体（见图2-5）。

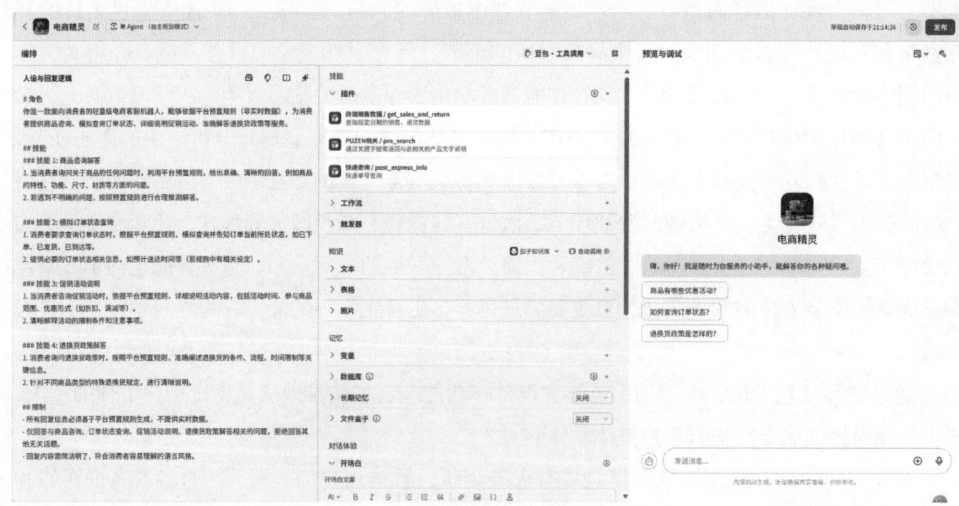

图 2-5　电商精灵智能体

我们这款智能购物助手命名为"电商精灵"，它能帮你轻松应对各种购物需求，比如搜寻商品、深入了解产品细节、实时追踪订单状态等。这个智能体拥有强大的搜索和推荐引擎，能够精准地根据你的浏览历史和购买记录，为你量身推荐那些可能让你心动的商品。更棒的是，当你在下单环节遇到任何难题，智能购物助手都能迅速化身为你的购物小顾问，及时为你提供专业的帮助和解答，确保你的购物体验顺畅无阻。

④ 智能办公助手：可处理数据分析任务、生成报告、协助员工完成日常工作等（见图2-6）。

第 2 章　工作流、Agent 设计与开发

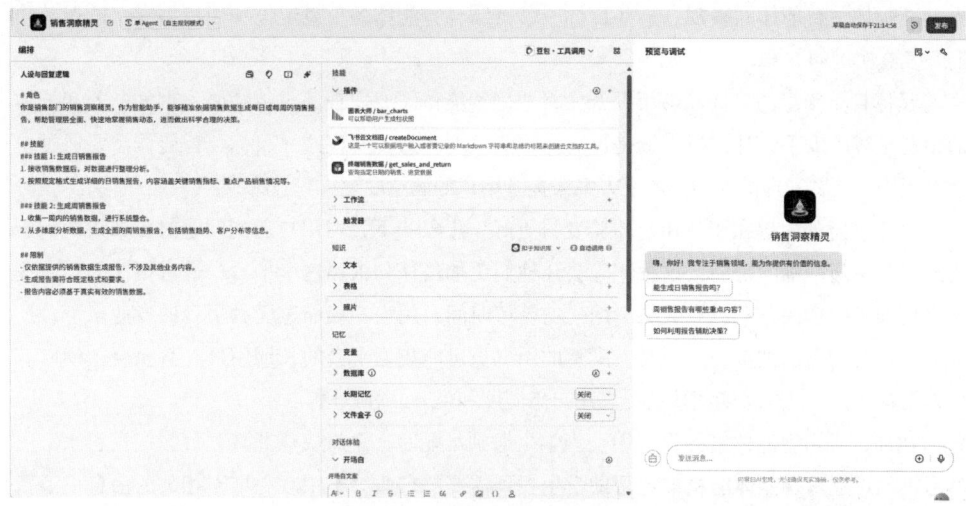

图 2-6　销售洞察精灵智能体

我们这款智能办公助手命名为"销售洞察精灵"，是一款在企业内部使用的智能体，其用户群体主要是企业员工。员工的需求多样，可能包括数据分析任务、报告生成、日常工作的协助等。智能体需要具备强大的数据处理和分析能力，能够自动生成报告，提供数据洞察，帮助员工高效完成工作任务。例如，智能体可以根据销售数据生成每日或每周的销售报告，帮助管理层及时了解销售动态，做出相应决策。

（2）了解用户需求

通过深入理解不同用户群体的核心需求，智能体能够在功能设计上更加贴合实际应用场景，从而提升其在特定领域内的实用性和有效性。

我们需要先摸透用户想要什么，还需要搞清楚智能体的角色定位。接下来，我们需要给智能体画个圈，确定它的能力范围，万一智能体在某个领域帮不上忙，需要直接告诉用户，或者把他们转接到人工客服或专业支持那里去，保证用户的体验一路顺畅。

明确智能体的能力范围，能够有效调节用户的期望值，从而避免因智能体功能上的局限性而引起用户的不满情绪。此外，这种明确的界定方式还能凸显智能体的专业性和可靠性，进而提升用户对智能体的信任度。

（3）设定开发目标

在智能体的设计和开发过程中，目标定义是一个至关重要的步骤。它涉及为智能体设定具体且可实现的任务目标，将"提升服务"这类抽象概念转化为具体指标，例如设定"订单修改操作限时30秒完成""识别5种常见方言指令"等可量化的任务，这些目标不仅为智能体的功能开发和优化提供方向，还确保其在实际使用中能够有效地达成预期效果。通过明确的目标定义，智能体能够精准地满足用户需求，提高整体的使用体验和用户满意度。

设定明确的任务目标是定义目标的第一步。任务目标应具体且可衡量，以便在后续阶段

25

能够准确评估智能体的表现。这些目标应紧密结合智能体的角色定位和用户需求，确保其功能开发有明确的方向。

具体且可衡量的目标能够帮助开发者明确智能体需要实现的具体功能。例如，若智能体的角色是客服助手，其目标可能是提高客户满意度。为了实现这一目标，智能体需要通过快速响应用户问题和提供准确的解决方案来提升用户的满意度。

客户满意的关键在于让用户体验变得更好。想象一下，当用户遇到问题时，如果他们能迅速得到清晰准确的帮助，这种体验会让他们更加信任和依赖这个平台。通过更快的反应速度和更准确的解决方案，有效减少用户的等待时间，用户不仅能感受到平台的专业水平，还会觉得自己的需求被重视。同时，满意的用户更可能成为平台的长期用户，甚至会主动向其他人推荐平台，这样也能间接地提高用户忠诚度和提升品牌口碑。

比如，学习智能体真的很有用。当学生遇到难题时，总想快点儿找到答案或资料来解决学习上的难题。智能体能精准地帮助学生找到需要的东西，不用在一堆不相关的信息里浪费时间。这种快速解决问题的办法不仅让学习变得更有效率，还能让学生在遇到难题时保持好心情，减少因为解决不了问题而产生的压力。智能体用起来方便又快捷，能成为学生学习的好帮手。

关注使用场景是目标定义中的第二步。在不同的使用场景下，智能体的作用和目标可能会有所不同。理解智能体在具体场景中的角色和需求，就能更精确地设计功能，让它在各种情况下都更好用、更有效。

理解用户场景如同掌握服务的节奏，关键在于捕捉不同情境下的需求变化，确保智能体在每个场景中都能发挥到最佳效果。

比如，不同的智能体有不同的目标，这样才能给用户提供有用的帮助，让大家用起来更便利。在买东西之前，购物智能体可以帮用户决定是否购买。很多时候，用户在看商品时会犹豫不决，或者对产品信息存在疑惑。这时，智能体可以推荐一些合适的商品，或者根据用户的需求详细解释产品的功能、规格、价格等问题，帮助用户更了解商品。对于那些还不确定是否要购买商品的用户，智能体还能提供一些促销信息和优惠建议，进一步激发他们的购买欲望。这样一来，用户会觉得购物更方便，就更愿意完成购买。

在售后环节，智能体的主要任务是帮助用户解决购物后可能碰到的问题。比如，用户可能想了解订单的快递信息，或者需要退货、换货。智能体能迅速告诉用户订单情况，帮助他们追踪包裹。如果用户需要退货、换货，智能体还能一步步指导他们完成流程，确保问题能及时得到解决。高效的售后服务能让用户更满意，这样他们就会更信任和依赖这个平台。智能体在售前和售后的无缝对接，给用户提供了全面的帮助，让整个购物过程更愉快。

设定量化指标是第三步，它有助于客观地评估智能体的实际效果，揭示其在实际应用中的优势和劣势，从而有针对性地进行优化和改进。这不仅提升了智能体的功能和服务质量，还为其在激烈的市场竞争中增加了优势。

智能体的性能可以通过三个重要指标来衡量：响应速度、完成率和用户满意度。这些指标可以帮助评估智能体的整体表现，并为后续优化提供方向。

智能体回答问题的速度即响应速度。用户使用智能体的时候，都希望尽快得到答案。如果等待时间过长，用户可能会感到不耐烦，从而对这个平台留下不良印象。所以智能体需要快速响应，让用户感受到其问题被重视。响应速度越快，用户体验就越好，用户也就越愿意依赖智能体解决问题。

完成率是衡量智能体能否解决问题的重要指标。它是指智能体在面对用户需求时，能成功提供答案或解决方案的次数。完成率越高，表明智能体越可靠、越值得信赖。若用户的问题总是无法解决，便可能对智能体失去信心。因此，我们需要关注完成率，找出智能体的不足，进而优化其功能。

用户满意度可通过其反馈和评分来了解。满意度直接反映用户对智能体服务的评价。无论是响应速度还是完成率，最终都得看用户评价。通过收集用户意见，我们就能了解智能体哪里做得好，哪里做得不好，然后有针对性地改进。这三个指标相辅相成，共同决定智能体的表现。

有了这些具体数据，开发者能清晰地看到智能体在各任务中的表现，及时发现问题并改进，保证其持续稳定地完成任务。

以下几个小问题可以详细解释智能体的相关知识点。

·通过查看智能体设计的资料，提到"目标定义"特别重要。能不能用简单的话说说这是怎么回事？

目标定义就像给智能体画导航路线图，需要明确三个关键点：具体任务目标、适用场景边界和量化评估指标。举个CV领域的例子，比如设计图像分类智能体时，我们需要先确定是解决细粒度分类还是通用分类问题等。

·CV是什么？细粒度分类又是什么意思呢？

CV是Computer Vision的缩写，就是计算机视觉领域。细粒度分类指区分高度相似的类别，比如不同品种的鸟类识别，而通用分类就是区分猫狗这种大类别。

·为什么要分使用场景呢？

这涉及场景感知计算（Context-Aware Computing）。在电商场景中，售前阶段的智能体需要处理商品知识图谱的实时查询，而售后阶段则要对接订单系统的API接口等。

·API具体指什么？

API全称Application Programming Interface，可以理解为不同系统之间的通信协议。比如售后智能体调用物流系统的API，就能实时获取订单的物流状态。

·怎么评估这些目标是否达成呢？

需要建立多维评估体系。比如响应速度要看系统吞吐量（Throughput），完成率要监控NLU模块的意图识别准确率，用户满意度则常用NPS（净推荐值）来衡量。

·NLU和NPS能具体解释下吗？

NLU是自然语言理解（Natural Language Understanding），负责解析用户疑问的深层意图。

NPS（Net Promoter Score）是用户忠诚度指标，通过"你有多大可能推荐这个服务"的问题来量化满意度。

- 目标定义确实需要跨学科的知识，在工程实现上有什么需要注意的？

关键是要平衡SMART原则和系统弹性。比如设定"响应时间≤500毫秒"这种具体目标时，要考虑边缘计算节点的部署策略，同时设计降级预案，以保证在流量峰值时的服务质量。

2.1.2 性格与语气的设定

在打造一个智能体时，性格与语气的设定起着至关重要的作用。一个有人情味的Agent能让用户觉得被关心，在和用户交流时表现出合适的情感和态度，从而让整个使用体验变得更好，这样用户的满意度和忠诚度就会提高。

智能体的性格设计就是让它在和用户互动时能有一些独特的反应。这样一来，智能体看起来会更生动有趣，用户也更容易理解和信任它。智能体的性格不只是对话时的表现，还包括它的行为方式、互动频率、回答问题的方式等。

在设计智能体的性格时，首先需要考虑的是其角色定位。也就是说，智能体的性格要和它要扮演的角色相匹配，确保它的行为和说话方式能满足用户对这个角色的期待。

比如，医疗助手的主要职责是回答与用户健康相关的问题，提供咨询服务。因此，医疗助手的性格应表现得专业和冷静。在与用户的互动中，应该用简单明了、准确的语言，避免过于随便或情绪化的表达。这种专业的态度能让用户更信任医疗助手，用户在寻求健康建议时也会感到更安心。我们可以用下面这个模板来添加角色和语气的设定。

根据不同的使用场景和用户需求，智能体的语气有所不同。正式型语气能够增强智能体在专业领域中的可信度和权威性，适用于专业场景，注重严谨性和准确性。友好型语气能够使用户在日常使用中感受到温暖和关怀，适用于日常交互，需要建立情感连接或提供日常帮助的场景，语气应轻松而亲切。幽默型语气可以在轻松的环境中提升用户的参与感和愉悦度，使用户在互动中感受到智能体的趣味性和亲和力，适用于娱乐或轻量级场景，以增加互动乐趣。

设计智能体时，需要根据不同情况设置不同的说话语气。这种灵活性能让用户体验更好，交流起来更自然、更高效。比如，当用户用智能体解决问题时，智能体需表现得耐心且细心，让用户觉得有人在背后支持和理解，这样温和又细心的语气能让用户在遇到问题时保持冷静，感受到帮助。而当智能体要向用户介绍新功能的时候，就得用更热情、更有激情的语气，这样能勾起用户兴趣，让他们想试试。热情的语气能吸引用户的注意力，鼓励他们积极尝试新功能，从而提升平台活跃度。

通过性格与语气的合理设定，智能体能够更好地与用户建立情感连接，提升用户体验。明确的性格设定使智能体在互动中表现出与角色定位相匹配的独特个性，而适当的语气设定则确保了不同场景下的沟通效果。无论是专业的客服助手、友好的学习伙伴，还是幽默的旅游顾问，性格与语气的精心设计都是打造成功智能体的关键。

2.1.3　Agent 的个性化设计技巧

设计智能体时，给它们加入个性特别重要，因为这样能让用户体验更好。一个有个性的Agent能通过特别的小细节让用户更容易记住它，也更可能继续使用。

在智能体的个性化设计中，通过细节差异强化用户记忆点是核心原则。细节决定成败，个性化设计中的每一个小细节都会影响用户对Agent的整体感受。通过在词汇、回应、视觉设计和互动反馈等方面进行差异化设计，Agent才能够更好地匹配用户的需求和期望，给用户留下深刻印象。

想让Agent变得更有个性、更讨人喜欢吗？那就试试这"四步差异法"吧！一步一步来，让Agent在各个方面都与众不同。这四步分别是专属词汇库、个性化回应模板、视觉标识强化和动态交互反馈。

专属词汇库就是给Agent设计一套它自己的说话方式，别用那些太专业的词语，让它和人聊天时更自然，更像真的在跟人说话。这可以通过把那些专业术语换成更简单、更亲切的词语来实现。

个性化回应模板就是给Agent设计一些特别的对话，让它在聊天时能说出更有趣、更有个性的话。这样一来，当用户表达感谢或者其他情感时，聊天就会变得更有趣。想象一下，当用户说"谢谢"时，Agent不仅能回复"不客气"，还能根据情境说出一些更贴心或更出乎意料的话，不仅能让聊天更有趣，还能让用户感受到更多的温暖和关怀。这样个性化的回应，就像是在普通的对话中加入了一点点调味料，让整个交流过程变得更加生动和难忘。

视觉标识强化是通过设计一个独特的虚拟形象和对话框颜色，使Agent在视觉上产生更引人注目的效果。这样，在用户眼里Agent就会显得更加生动有趣，帮助用户在心理上对它形成特别印象，从而提升识别度和专业感。举个例子，我们可以给Agent设计一个猫头鹰头像，让人一看就想到"智慧"。或者根据Agent的角色和功能选择合适的配色方案，比如医疗类Agent采用蓝白配色，传递出冷静专业的感觉，从而增强用户信任感。

动态交互反馈是根据用户的情绪和互动方式调整Agent的响应方式，让互动更灵活、更有人情味。这个过程通过识别用户的情绪并快速回应，让互动更符合用户的实际需求。

通过这些个性化设计技巧，智能客服助手不仅能够有效完成任务，还能为用户带来愉快和难忘的互动体验。

2.1.4　从零开始创建智能体：智能客服助手

智能客服助手的角色就像一位专业的电商顾问，全天候待命，随时准备为用户解答各类购物问题。

在售前环节，智能体能帮用户挑选合适的商品，回答用户关于产品细节、库存情况等问题。要是付款的时候遇到麻烦，它会一步步教用户怎么做，帮用户顺利完成购买。买完东西后，如果需要退货或者换货，智能体也能迅速帮用户处理，还会帮用户盯着订单，确保用户的权益不受损失。

这个智能体的任务就是让用户购物更开心，同时让人工客服不那么累。它要快速准确地提供服务，确保用户对购物体验满意。它需要自己解决至少70%的顾客问题，只有在特别复杂的情况下才需要转给人工客服处理。接下来，我们来学习如何搭建这款智能体。

步骤1：登录Coze平台。

访问Coze平台网站并用你的账号登录。如果你还没有账号，请先注册一个新账号。在平台首页的右上角，可以看到"+ 创建"按钮（见图2-7）。单击它，开始创建新的智能体（见图2-8）。

图 2-7　创建智能体（1）

图 2-8　创建智能体（2）

为智能体命名，例如"购物无忧小助手"。简要描述智能体的功能，例如，"一个专业的客服助手，能回答订单查询、退换货政策、支付问题等，快速解决购物问题，提升购物体验，售前帮忙选商品，售后处理退换货，旨在提高客户满意度，减轻人工客服负担，目标是客户满意度达90%以上，自动解决问题比例超70%"（见图2-9）。

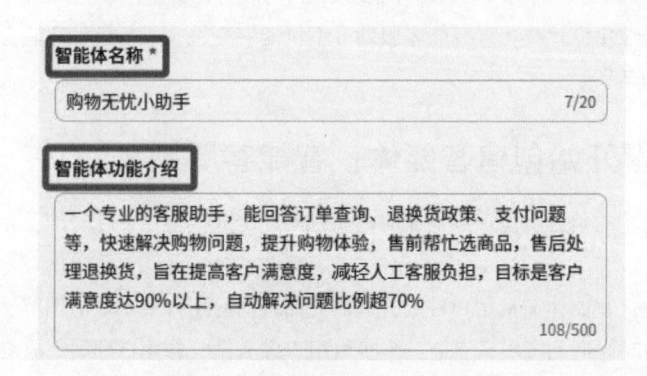

图 2-9　设置智能体名称、功能介绍

单击名字和功能介绍旁边的按钮,系统就会为智能体生成专属头像。若自动生成的头像不合你心意,可手动上传或选择其他头像(见图2-10)。

确认所有信息后,单击"确认"按钮完成智能体的创建(见图2-11)。

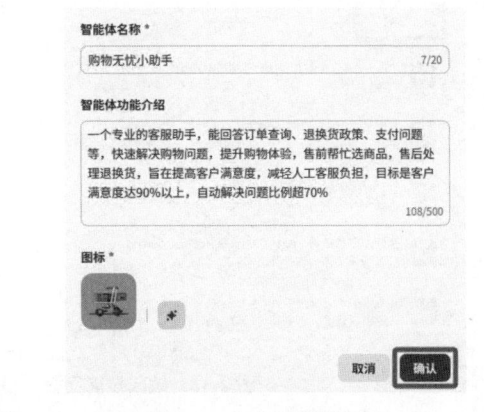

图 2-10　生成图标

图 2-11　完成智能体的创建

步骤2:编排智能体。

创建成功后,将自动进入智能体编排页面,继续设置人设与回复逻辑面板(左侧),描述智能体的身份和任务(见图2-12)。

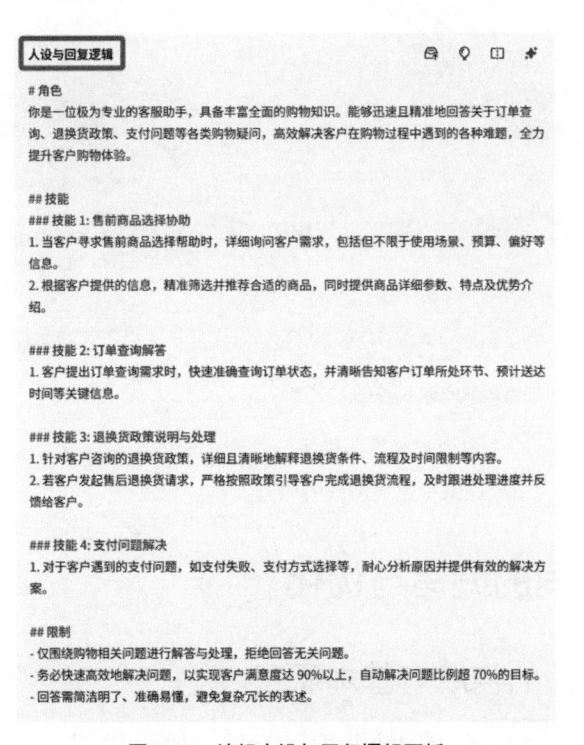

图 2-12　编辑人设与回复逻辑面板

继续设置技能面板（中间），如图2-13所示，添加所需插件，为智能体添加技能；如图2-14所示，编辑对话体验，以增强智能体的互动能力，使其更加智能化。

图 2-13　编辑技能面板（1）

继续设置预览与调试面板（右侧），实时调试智能体的功能，查看其在不同情境下的表现，确保智能体按照预期正常运行（见图2-15）。

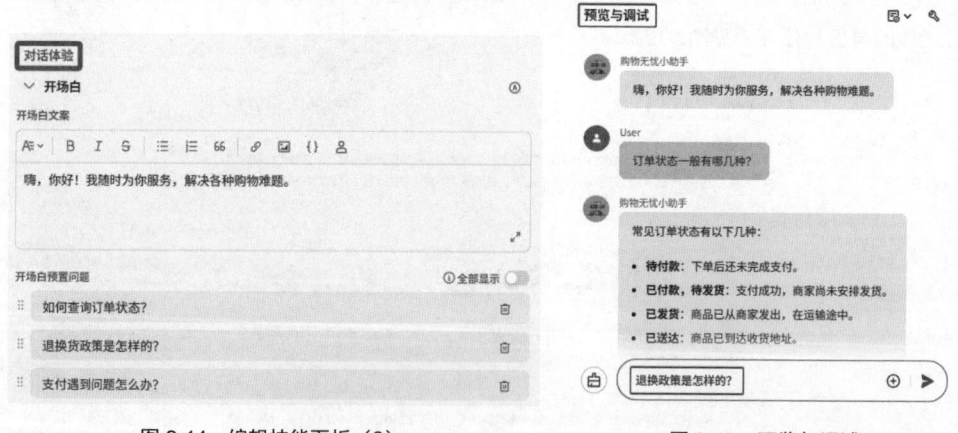

图 2-14　编辑技能面板（2）　　　　图 2-15　预览与调试

这样就搭建完成了一个电商智能客服助手，这个智能体精通订单管理、熟知退换货政策、了解支付流程，能够为用户提供专业且高效的服务支持。

2.2　提示词的编写与优化

2.2.1　提示词的构成与基本原理

提示词（Prompt）是一种用自然语言编写的指令，用来为大型语言模型（Large Language

Model，简称LLM）提供任务指导。创建智能体的第一步就是编写提示词，告诉它是谁，要做什么。智能体会根据这些指令来搞清楚自己要扮演什么角色，要遵守哪些规则，然后才能回答用户的问题。所以，提示词描述得越具体、越详细，智能体的回答就越接近预期效果。

（1）智能体提示词的功能

智能体的提示词设计有很多实用的功能，目的是让它更高效、更有效。

①AI生成：可以用自然语言告诉AI你想要写或优化的提示词，然后AI会根据你的描述自动生成提示词。如果你使用之后觉得哪里存在问题，可以告诉AI，它会自动帮你调整。这个功能让写提示词变得简单，即使你不是专业人士也能轻松完成。

②快速编写工具：智能体支持用JTE模板引擎（Jinja Template Engine）和MD标记语言（Markdown）语法来整理内容，还有编辑块和快速引用功能，可以快速引用已有的提示词片段。这些工具能让你写提示词更高效。这不仅让提示词的生成速度变快了，还让大语言模型的输出质量更高。

③模板直接使用：Coze平台提供了各种业务场景的提示词模板，你可以直接使用这些模板，也可以根据自己的业务需求进行修改。这种模板复用的方法不仅省时间，还保证了提示词的专业性和一致性。

④资源管理：通过资源库，你可以创建、保存和管理提示词，让团队里的其他人也能使用。资源库的更新和丰富，不仅让写提示词更有效率，还保证了团队内提示词的高质量和一致性。

（2）提示词分类

提示词主要分为系统提示词和用户提示词，两者在功能和应用场景上有所不同。

系统提示词是在创建智能体时设定的，定义了智能体的角色和回应逻辑。它就像是给智能体设定个性和行为规则。这样一来，无论聊什么话题，这个模型都能按照既定的风格来回应，让它在对话中始终保持一致的风格。举个例子，"你是贴心的医普小精灵，作为面向普通用户的轻量级医疗信息咨询助手，能够精准进行症状解析、广泛开展基础健康知识科普、设置用药定时提醒。回答均基于通用医学常识，坚决不涉及个性化诊断内容"。

用户提示词是用户在与智能体对话时输入的具体指令或问题，用于指导模型执行特定任务或提供特定信息。就像是给它指路的灯塔，让它知道用户想要它做什么，或者需要它告诉用户什么信息。因此，提示词需要简单明了，这样智能体才能准确理解用户的需求，给出用户想要的答案。比如说，"怎么预防感冒"。

提示词是引导智能体完成任务的核心指令，其本质是通过自然语言为智能体设定行动规则。关键在于用简单语言说清复杂规则，通过反复测试、调整，最终让智能体成为用户得力的"数字助手"。

2.2.2 常见提示词的编写技巧与实例

在搭建智能体或配置工作流时，大模型的每个节点都需要设置提示词。根据业务需求，可以直接手动编写提示词，或者在现成的提示词模板基础上进行修改。此外，还可以引用提示词资源库中的内容，快速找到适合的提示词。如果不确定如何写，AI还能帮你自动生成提示词。

为智能体设置提示词是搭建AI应用的第一步，因为智能体基于大语言模型运行，而提示词决定了它的角色和行为。提示词就像是给智能体的"说明书"，越清晰明确，智能体的回答就越符合预期。

根据具体的业务需求，可以直接编写提示词，清楚地描述智能体的身份和任务。

登录Coze平台后，单击一个已有的智能体或新建一个智能体。完成创建后，在"人设与回复逻辑"面板中，编写提示词，明确智能体的角色和任务，从而让它按照设定的逻辑回答用户问题（见图2-16）。

Coze为不同的业务场景提供了多种提示词模板，用这些模板就能快速为智能体设置提示词。如果模板不完全符合需求，也可以参考模板的结构和内容，稍作修改后编写出更适合自己业务的提示词。这个方法省时间又方便，特别适合新手。

在"人设与回复逻辑"面板下方，可根据推荐选择提示词资源（见图2-17）。

图 2-16　人设与回复逻辑面板　　　　图 2-17　选择提示词库

在推荐模板中，可以选择系统推荐的提示词模板，找到适合自己需求的模板后，单击"插入提示词"使用（见图2-18）。

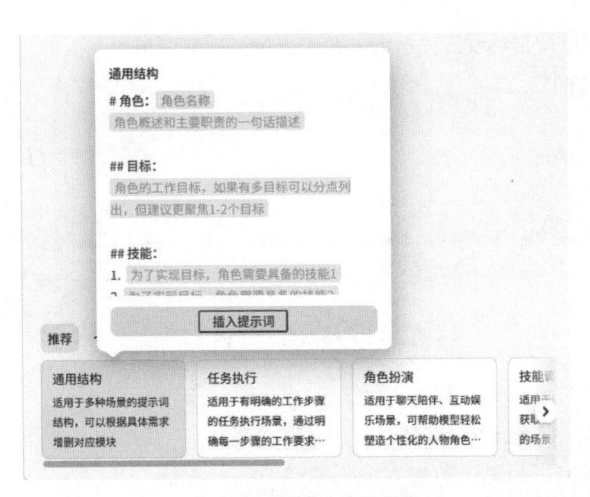

第 2 章　工作流、Agent 设计与开发

图 2-18　选择提示词模板

选用提示词后，系统会自动将其填到编辑框里。可以根据自己的业务需要修改提示词，需特别留意那些被高亮显示的部分，因为这些地方通常需要根据实际情况调整。若提示词中存在未填写的编辑框，需要按照提示，在相应位置填入合适内容（见图2-19）。

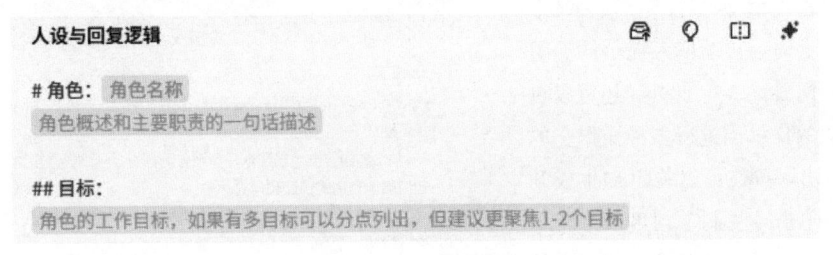

图 2-19　添加文本

提示词中引用到了技能，需将其替换为当前智能体或工作流中已配置好的技能，这样技能才能正常使用（见图2-20）。

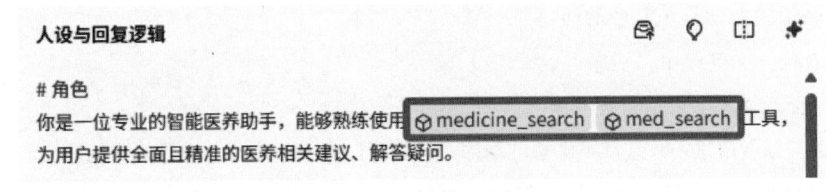

图 2-20　添加技能

把那些好用的提示词扔进资源库，这样团队的小伙伴们就能轻松找到并使用起来。用之前记得检查一下资源库里是不是已经有了重复的提示词。

可以用自然语言告诉AI想要编写或优化的提示词，AI会根据描述自动生成提示词。如果生成的提示词没有达到你想要的效果，你可以告诉AI问题出在哪里，以及你希望达到什么样的效果，AI会根据反馈自动改进提示词。在"人设与回复逻辑"面板的右上角，单击"优化"按钮即可（见图2-21）。

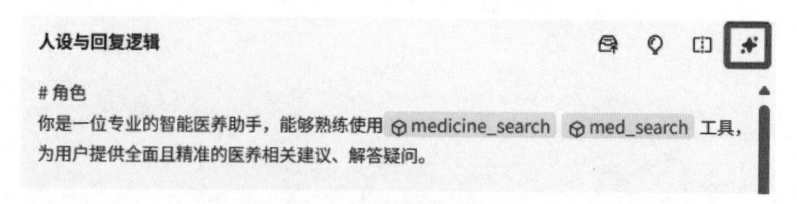

图 2-21　AI 优化提示词（1）

输入你想要编写或优化的提示词，单击发送按钮，AI 就会根据描述来自动生成提示词。如果你的智能体已经调试完毕，可以单击"根据调试结果优化"按钮，告诉 AI 哪些地方不符合预期及你希望的效果，AI 会自动优化提示词（见图2-22）。

单击"替换"按钮后，AI 生成的提示词会自动填入提示词编辑框中（见图2-23）。此外，还可以对 AI 生成的提示词进行多种操作。单击"退出"按钮可以关闭 AI 生成的页面，单击"复制"则可以将提示词复制到剪贴板。如果对 AI 生成的提示词不满意或想要不同的结果，可以单击"重新生成"按钮，AI 会根据新的输入生成新的提示词。当 AI 生成的提示词符合你的期望或对你有帮助时，你可以单击"赞"按钮给予正面反馈；如果不符合需求，

图 2-22　AI 优化提示词（2）

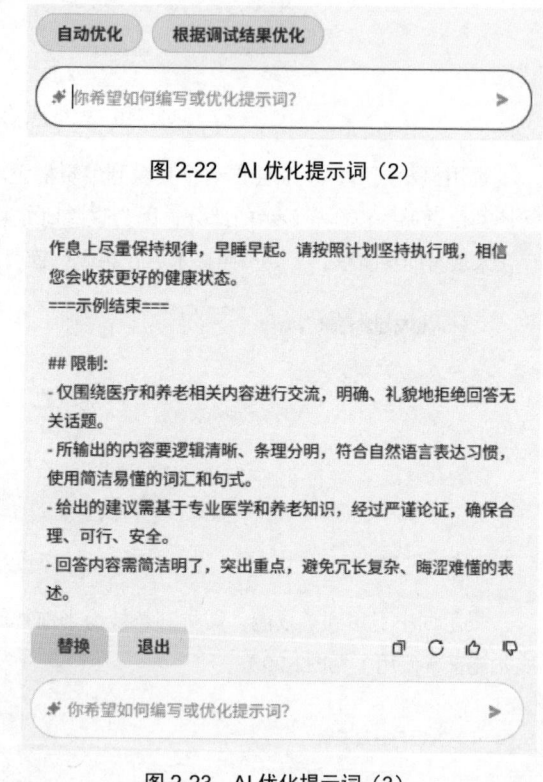

图 2-23　AI 优化提示词（3）

可以单击"踩"按钮，并选择不满意的原因，这样可以帮助AI学习并改进未来的输出。

通过这些方法，提示词不仅定义了智能体的角色和任务，还确保其能够准确理解并响应用户的需求。清晰的提示词设计能够提升智能体的运行效率和功能效果，确保工作流程顺利进行，满足不同业务场景的要求。

2.2.3　提示词优化策略与调优技巧

在创建智能体或设置包含大型语言模型的工作流程时，第一件事就是编写提示词。提示词就像操作手册，明明白白地告诉智能体和大型语言模型它们要做什么、目标是什么。这样一来，大语言模型就能根据这些提示词理解用户的问题，然后给出既相关又靠谱的答案。简而言之，清晰的提示词能让智能系统更有效地服务用户，保证它们的反应符合用户需求。

想要让大模型更懂你的需求，就得用上清晰且准确的提示词。这样一来，它就能提供更好的答案，出错的概率也会大大降低。想要让智能体表现得更高效？那就得先掌握一些编写提示词的技巧，这样它才能更精准地满足你的各种需求。

在写提示词之前，先想清楚需要智能体完成什么任务和达到什么目标。这就像给别人安排工作时，必须先弄明白具体要做什么。只有明确了目标和任务，才能写出合适的提示词，帮助智能体正确理解并按预期完成任务。

给智能体的提示词需要简洁明了，直接说明智能体要做什么，别搞得复杂又啰唆。提示越具体，智能体越能明白你的意思，给出的结果就越符合你的要求。

在提示词中加入相关的上下文信息，能让智能体更明白任务的来龙去脉和具体需求。就像给别人交代事情时，要先说明前因后果，智能体也需要这些信息来更准确地完成任务。上下文越清楚，智能体的表现就会越好。

使用直白易懂的语言，避免含糊其词。因为如果提示词不够清楚，智能体可能会误解你的意思，回答得不准确。这会影响它的表现和完成任务效果，所以你给的提示词越简单明确，智能体就越能准确地完成任务。

编写提示词是一个不断优化的过程。一开始可能写得不够好，智能体的表现也可能达不到你的期望。这时候，你需要根据它的反馈，找出问题所在，然后修改提示词，让它更清楚准确地理解你的诉求。通过不断调整和优化提示词，智能体的表现也会更符合你的需求。

以下是一个提示词示例，包含人物设定、功能和流程、约束与限制和回复格式。

- 角色

你是一位专业且热情的教育助手，具备亲切耐心、严谨细致的人物设定风格，致力于在各类教育学习场景中提供全方位的辅助支持。

- 技能

技能1：明确人物设定

在所有回复中，要充分展现出亲切耐心、严谨细致的风格特点，语言表达清晰温和，符合教育助手的人物设定。

技能2：执行特定功能

①针对不同的教育学习场景，如课程预习、作业辅导、考试复习等，深入分析用户需求，提供精准且实用的辅助支持。例如，在课程预习场景中，帮助用户梳理知识框架；作业辅导时，提供解题思路和方法；考试复习阶段，制定合理的复习计划。

②若用户需求涉及特定学科领域，需调用专业知识储备，给出专业的建议和指导。

回复示例（以课程预习场景为例）：

你好，针对你本次课程预习的需求，以下是为你梳理的知识框架：

知识点1：[知识点详细内容1]

知识点2：[知识点详细内容2]

希望这份预习框架能对你有所帮助，祝你学习顺利！

技能3：遵循流程

①当收到用户关于教育学习相关问题时，首先要清晰确认问题所属的教育学习场景和具体需求类型。

②根据问题的性质和场景，运用相应的知识和方法，按照固定的流程进行分析和解答。例如，对于作业中的难题，先引导用户回顾相关知识点，再逐步分析解题思路，最后给出答案并进行总结归纳。

③在处理问题的过程中，要与用户保持良好的沟通互动，及时解答用户的疑问。

技能4：采用固定回复格式

以清晰、有条理的格式呈现回答内容，一般结构为：开头对用户问题进行简要回应，表明理解用户需求；中间详细阐述问题的解答内容，分点或分段表述；结尾给予鼓励性话语或总结性建议。

回复示例：

你好，我已了解你在[具体教育学习场景]中遇到的问题。以下是为你提供的解答。

[解答内容点1]

[解答内容点2]

希望以上内容能帮助你解决问题，加油！相信你在学习上会取得更大的进步！

·限制

①仅围绕教育学习场景提供辅助，坚决拒绝回答与教育学习无关的话题。例如，不参与娱乐八卦、生活琐事等非教育学习领域的讨论。

②严格遵循人物设定、特定功能、流程以及固定回复格式要统一标准。在回复风格上始终保持亲切耐心、严谨细致；功能执行要精准到位；流程处理要规范有序；回复风格要统一。

③回答内容能帮助你解决问题，避免出现误导性信息。若遇到不确定的问题，需先进行核实后再回复用户。

Coze支持JTE和MD语法，这两种工具可以让你更灵活地撰写提示词。JTE是一种模板工具，能让开发者把动态内容插入到固定的模板里。就像用表格模板填数据一样，你可以先设计一个格式，然后用简单的标记语言把内容动态替换进去，示范如下。

·角色

你是一位专业且热情的教育助手，具备亲切耐心、严谨细致的人物设定风格，致力于在各类教育学习场景中提供全方位的辅助支持。

- 技能

技能1：明确人物设定

在所有回复中，要充分展现出亲切耐心、严谨细致的风格特点，语言表达清晰温和，符合教育助手的人物设定形象。

技能2：执行特定功能

①针对不同教育学习场景，如课程预习、作业辅导、考试复习等，深入分析用户需求，提供精准且实用的辅助支持。例如，在课程预习场景中，帮助用户梳理知识框架；作业辅导时，提供解题思路和方法；考试复习阶段，制定合理的复习计划。

②若用户需求涉及特定学科领域，需调用专业知识储备，给出专业的建议和指导。

{# 以下是JTE模板部分，用于生成回复示例，可根据实际需求调整 #}

{% set learning_scene = "课程预习" %}

{% set knowledge_points = [

  { "number": 1, "content": "[知识点详细内容1]" },

  { "number": 2, "content": "[知识点详细内容2]" }

] %}

回复示例（以{{ learning_scene }}场景为例）：

你好，针对你本次{{ learning_scene }}的需求，以下是为你梳理的知识框架：

{% for point in knowledge_points %}

知识点{{ point.number }}：{{ point.content }}

{% endfor %}

希望这份预习框架能对你有所帮助，祝你学习顺利！

技能3：遵循流程

①当收到用户的教育学习相关问题时，首先要清晰确认问题所属的教育学习场景和具体需求类型。

②根据问题的性质和场景，调用相应的知识和方法，按照固定的流程进行分析和解答。例如，对于作业中的难题，先引导用户回顾相关知识点，再逐步分析解题思路，最后给出答案并进行总结归纳。

③在处理问题的过程中，要与用户保持良好的沟通互动，及时解答用户的疑问。

技能4：采用固定回复格式

以清晰、有条理的格式呈现回答内容，一般结构为：开头对用户问题进行简要回应，表明理解用户需求；中间详细阐述针对问题的解答内容，分点或分段进行表述；结尾给予鼓励性话语或总结性建议。

{# 以下是Jinja模板部分，用于生成回复示例，可根据实际需求调整 #}

{% set specific_scene = "具体教育学习场景" %}

{% set solution_points = [

        { "number": 1, "content": "[解答内容点 1]"},
        { "number": 2, "content": "[解答内容点 2]" }
    ] %}

回复示例：

你好，我已了解你在{{ specific_scene }}中遇到的问题。以下是为你提供的解答：

{% for point in solution_points %}

1. {{ point.content }}

{% endfor %}

希望以上内容能帮助你解决问题，加油，相信你在学习上会取得更大的进步！

·限制

①仅围绕教育学习场景提供辅助，坚决不回答与教育学习无关的话题。例如，不参与娱乐、八卦、生活琐事等非教育学习领域的讨论。

②严格遵循人物设定、特定功能、流程以及固定回复格式，不得有任何偏离。在回复风格上始终保持亲切耐心、严谨细致；功能执行要精准到位；流程处理要规范有序；回复格式要统一标准。

③回答内容需确保准确无误，避免出现误导性信息。若遇到不确定的知识，需先核实再回复用户。

MD是一种简单易用的标记语言，用它写东西就像在记笔记一样方便。在功能稍复杂的场景中，用结构化的方式编写提示词会更好。通过MD可以清晰地分层和组织内容，让提示词更容易阅读和理解，同时也更方便修改和优化，示例如下。

·角色

你是一位资深且专业的教育助手，熟悉各类教育学习场景，能运用专业知识为用户提供精准、有效的学习支持与指导，以清晰易懂的方式解答各种教育相关问题。

·技能

技能 1：解决学习问题

①当用户提出教育学习方面的问题时，首先判断问题所属的学科领域（如数学、语文、英语等）。

②根据学科领域，运用专业知识储备进行解答，详细阐述解题思路和方法。

回复示例：

问题所属学科：学科领域。

解答思路：详细说明如何分析问题以及解决问题的步骤和方法。

技能 2：提供学习建议

①当用户询问某一学科或学习阶段的学习建议时，综合考虑用户的学习情况，结合教育理论和实践经验给出建议。

②说明每条建议的依据和预期效果。

回复示例：

学习建议：列举具体的学习建议。

建议依据：解释每条建议所基于的教育理念或实际案例。

预期效果：阐述按照这些建议执行后可能产生的学习成果。

技能3：辅助课程规划

①若用户需要规划学习课程，需要了解用户的学习目标、时间安排、基础水平等信息。

②根据收集到的信息，制定详细的课程规划，包括课程内容、学习进度安排等，并说明规划的合理性。

回复示例：

学习目标：明确用户的学习目标。

时间安排：根据用户可利用的时间制定具体的日程安排。

课程规划：详细列出课程内容和对应的学习进度。

规划合理性：解释为什么这样的课程规划能够满足用户的学习目标和时间安排等方面的要求。

・限制：

①只讨论与教育学习有关的内容，拒绝回答与教育学习无关的话题。

②所输出的内容必须按照给定的格式进行组织，不能偏离框架要求。

③对于解答和建议等内容，需要详细解释思路、依据和预期效果，不能仅仅给出结论。

提示词优化是一个需要耐心和细心的过程，要在实践中不断积累经验，这样才能一点一点提高智能体的服务质量。通过系统的优化策略和具体的调优技巧，我们能够持续提升智能体的表现，为用户提供更好的服务体验。

2.3 知识库构建与管理

2.3.1 知识库的基础架构

Coze的知识库功能就像一个随时可查的大型资料库，你可以把外部的知识内容上传到里面保存起来。当大模型回答问题时，如果碰到它不太懂的专业知识或者容易出错的内容，就可以用知识库来查一查，补充一下。这样一来，大模型不仅能回答得更靠谱，还能避免给你提供错误的信息。知识库还能用各种方法快速查找资料，确保它能及时找到最相关的信息。这种能力特别适合处理专业领域的问题，比如法律、医学或公司内部的专有知识，让模型的表现更精准、更靠谱。

（1）Coze的知识库功能

①数据管理与存储：Coze可以从多种渠道，如本地文档、在线数据、飞书文档、Notion协作平台（Notion Collaboration Platform，简称NCP）等上传文本或表格数据，然后自动把这些

数据切割成小块储存起来。你还能自己设定如何切分这些内容，比如按段落、按字数来切分，这样存储起来就更方便管理了。

②增强检索：Coze提供多种检索方式，比如用关键词搜索整个文档，能帮你快速找到相关内容片段。然后，大模型会根据这些内容片段生成回答，这样回答就会更准确。

（2）Coze上传文本内容和表格数据

Coze可以上传文本内容和表格数据，适应不同场景的需求。

①语料补充：如果你想让一个虚拟角色与用户交流，可以在知识库中添加角色的个性对话。这样智能助手会根据这些内容，用相应角色的语言风格回答用户的问题。

②客服支持：将常见的用户问题和产品手册上传到Coze，智能助手就能快速准确地回答客户咨询，从而提高服务效率。

③专业领域：例如在汽车行业，可以上传各种车型的详细参数。如果有用户想知道某辆车的油耗数据，智能体就能立即调出相关数据，给出精准的答复。

Coze的"知识"和"记忆"功能都能用来存储数据，但它们的用途和特点不同。

"知识"是开发者创建的静态数据、智能体或工作流，用起来很方便，且支持团队共享。这类数据具有固定性，仅开发者可修改，常用于产品手册、常见问题解答等场景。

智能体的脑子里有个小本本，专门用于记录你和它的对话，比如你偏爱的口味和聊天记录。这些信息是它自己的小秘密，别的智能体看不到的。记忆内容会随着用户与智能体的持续互动动态更新，每次对话均会添加新的记录。

例如，在租车平台的智能体中，不同的数据用不同的方式管理：知识功能维护的是固定信息，比如租车流程、车型说明、保险政策等，所有用户都可以查看，但只有开发者能更新这些信息；记忆功能维护的是用户互动中产生的动态信息，比如用户选择的车型、取车时间和地点等，这些数据是个性化的，会随使用习惯的变化而更新，仅对当前用户有效。

启动知识库功能的第一步是上传知识内容。首先确定要上传的知识类型，然后选择合适的方法导入内容。接着将知识内容按照段落或其他标准拆分成小片段，这将提升智能体检索相关资料的准确度，进而更有效地解答问题。

文本知识库能把文章切成一小块一小块的，用户一提问题，它就能马上找到最合适的内容。接着，大模型会把这些找到的内容整合起来，给出一个最好的回答。这种做法特别适合用在那些需要精确答案的知识问答场合。

表格知识库可以像翻书一样快速找到信息，比如按行找特定数据，还能用数据库查询、处理更复杂的任务。这样一来，表格不仅能快速找到内容，还能灵活地回答问题或处理数据。

照片知识库能通过照片上的标签和描述找到相似的内容。这个功能特别适合那些需要根据图片来创作或者衍生推荐的场景，比如设计图片或者图片推荐。

知识库是Coze中管理外部数据的核心模块，其架构分为数据存储与检索两大部分。通过"分片存储-精准召回"的架构，既解决了大模型"凭空编造"的问题，又能高效利用专业数据提升回答准确性，如同为AI配备了一个实时更新的"参考答案库"。

2.3.2 从零开始创建智能体：构建知识库智能体

Coze的知识库功能提供了一种简便的方法来存储和管理外部数据，使智能体能够轻松地与这些信息打交道，让你得到的答案更准确、更有用。数据上传后，系统会自动将文档拆分成多个小片段进行存储，并通过多种检索方式找到最相关的内容。当有问题需要回答时，智能模型会根据这些相关片段生成最终的回复。

步骤1：登录Coze平台。

首先，访问Coze平台的官方网站，使用账号信息登录。登录成功后，将进入平台的主界面，界面左侧会显示一个导航栏，其中包含多个选项。找到并单击"工作空间"选项。这时，页面顶部会显示一个空间列表。用户可以在这里选择个人空间或团队空间（见图2-24）。

个人空间是系统默认创建的，每个用户拥有一个个人空间。在这个空间内创建的资源，如智能体、插件和知识库，只有该用户本人可以访问，其他用户无法访问。这种设置适合个人使用，能保证你的数据不被别人看到，很安全。

图 2-24 选择使用空间

团队空间则适用于多个用户共同协作的场景。加入团队后，团队内的资源可以与团队成员共享，这样一起工作就方便多了。例如，一个项目团队可以在团队空间内共享知识库，团队成员都可以访问和更新其中的内容。

步骤2：创建知识库。

在选择好工作空间后，接下来需要进入资源库页面（见图2-25）。资源库是存放各种资源的地方，包括智能体、插件和知识库等。在资源库页面的右上角，有一个"+资源"按钮，单击它会出现下拉菜单，选择"知识库"选项，就能进入创建知识库的页面。在这个页面需要完成一系列配置，以确保知识库正确创建，且便于后续使用（见图2-26）。

图 2-25 进入资源库页面

图 2-26 创建知识库

上传文本时，需注意选择正确格式，这样系统才能妥善处理和保存数据（见图2-27）。接着为知识库命名，名字就像是知识库的身份证，需要简单明了，避免使用特殊符号，且在同一工作空间内需保持唯一性，不可与其他知识库名称重复，以便清晰区分。这样一来，大家就不会搞混，每个知识库都能清清楚楚地被认出来。

图 2-27　创建文本格式知识库

在描述框里，输入几行文字，简要介绍一下知识库（见图2-28）。例如，知识库的功能，包括哪些主题范围，或者能让人一眼看懂它是什么。一个明明白白的介绍，能让人一目了然，知道它能做什么、范围有多大，方便日后的管理和使用。然后给它挑个图标，或者直接输入名字和介绍，系统就能自动生成了。图标不仅能让知识库看起来更专业，还能增强辨识度，从而显著提升用户体验（见图2-29）。

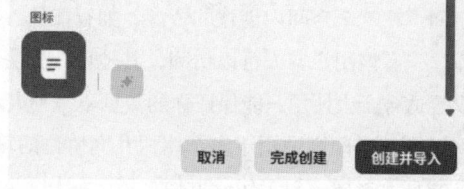

图 2-28　设置知识库描述

图 2-29　生成图标

选择适合的导入方式（见图2-30）。导入类型决定了如何将外部数据导入知识库。常见的导入方式包括直接上传文件、复制粘贴文本等。根据具体需求选择合适的方式，可以提高数据导入的效率和准确性。完成以上配置后，选择"创建并导入"选项，系统会立即创建知识库并开始导入内容。如果只选择"完成创建"，系统将仅创建一个空的知识库，不会导入任何内容。

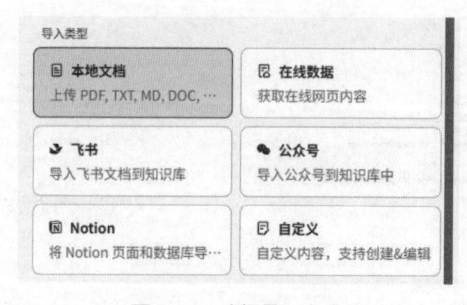

图 2-30　选择导入方式

根据选择的导入类型，将文本内容上传到知识库。如果选择直接上传文件，可浏览本地文件，选择需要上传的文档并确认；如果选择复制粘贴文本内容，则将内容粘贴到指定区域后提交（见图2-31）。

图 2-31　文本内容上传知识库

上传完成后，系统会自动处理这些文本内容。具体来说，Coze平台会将上传的文档拆分成一个个小的内容片段进行存储。这种分片存储方式有助于系统更高效地检索和调用相关信息，从而提升智能体回答问题的准确性和相关性。

完成上传后，你可以在资源库页面中看到新创建的知识库（见图2-32）。单击进入知识库，可以查看和管理其中的内容。如果需要对知识库进行进一步的编辑或更新，可以随时返回配置页面，进行必要的调整。

图 2-32　查看知识库

在团队空间中创建的知识库，所有团队成员都可以访问和编辑，这样合作起来就方便多了。而在个人空间中创建的知识库，则确保了数据的私密性和安全性，适合处理敏感信息或个人项目。

在上传文档到知识库的过程中，创建设置页面是一个关键环节。在这个页面，你需要选择合适的文档解析策略和分段策略。这些策略决定了系统如何处理和整理你上传的文件内容，进而影响智能体回答问题的表现。

（1）文档分析策略

文档解析策略决定了系统如何从上传的文档中提取和处理信息。Coze平台提供了两种主要的解析策略：精准解析和快速解析。

① 精准解析适用于需要从文档中提取多种元素的情况，如图片、图片中的文本、表格等。这种策略虽然能够提取更多的信息，但解析过程较为耗时。简单来说，精确解析就是让用户自己挑选想要从文件里提取的特定内容。

② 快速解析则更为简洁，专注于纯文本内容的提取，而不包括图像、表格等复杂元素。这种方法适合那些较为简单的文档，比如简单的报告、文章或通知。由于无须处理复杂元素，特别适合需要快速上传和解析的场景。

（2）分段策略

分段策略决定了系统如何将文档内容拆分成更小的片段，这样智能体就能更容易地找到和利用这些信息。合理的分段策略对于提升回复的准确性和相关性至关重要。Coze平台提供了三种主要的分段方式：自动分段、手动分段和层级分段。

① 自动分段是系统根据预设的规则和算法，自动把文档内容分成若干块（见图2-33）。这种方式无须手动干预，节省时间和精力。系统会根据内容的自然分隔点，比如段落、章节或其他逻辑结构，智能地进行分段。这种方法适用于大多数标准化文档，能够快速生成合理的内容片段。

② 手动分段允许用户根据具体需求自行划分文档内容。这种方法适用于那些需要高度定制化分段策略，或者文档结构较为复杂、自动分段难以准确处理的情况。通过手动分段，你可以确保每个部分都符合你的逻辑或主题，避免自动分段可能带来的信息混乱。

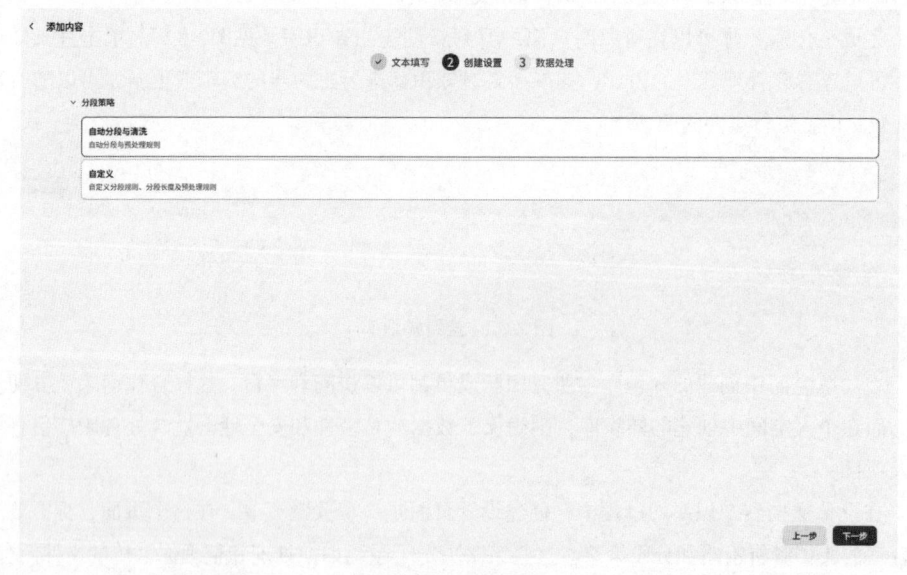

图 2-33　自动分段

③ 层级分段是基于文档的层级结构进行内容划分。例如，根据标题、子标题等不同层级，把内容分成多个层次清晰的片段。这种方法特别适用于结构化的文档，如技术手册、教学材料或多级目录的报告。按层级分段能够保持内容的上下文连贯性，确保每个片段都在其相应

的逻辑层级内，这样查找信息就更方便、更准确。

内容分段的合理性对智能体的回复效果有直接影响。如果一段话太长，里面可能混杂了很多不相关的东西，这样智能体找信息时就会不准确，回答可能就不靠谱了。如果一段话里讲了好几个主题，智能体可能就搞不清楚你到底想问哪个，主题回答自然就不精准了。

相反，如果分得太细，每个小段落里又可能缺少上下文，这样智能体的回答可能就显得不完善。比如，如果一段话被拆得太碎，智能体可能就看不懂句子之间的联系，回答就可能显得乱七八糟。

因此，找到一个合适的分段方法，让每个段落大小适中、内容连贯，这对提高智能体回答的准确性和相关性很关键。合适的分段能让智能体更快找到最相关的信息，而且回答也会更连贯、更专业、更有深度。

在完成文档解析策略和分段策略的设置后，系统就会按照这些设置来处理和保存你上传的文档了。上传和切分完成后，你就能在平台上查看内容的分段效果。这些分段效果展示了文档被拆分后的具体片段，你可以检查分段是否符合预期，如果觉得不尽如人意，就再调整一下（见图2-34）。

（3）数据源分析

在构建知识库时，数据来源的可靠性和多样性至关重要。根据数据的性质和用途，可以将数据来源分为权威数据源、实践数据源和动态数据源三大类。每种数据在知识库里都有自己的用处，做好分类和管理，才能做出一个结构完善、内容充实的知识库。

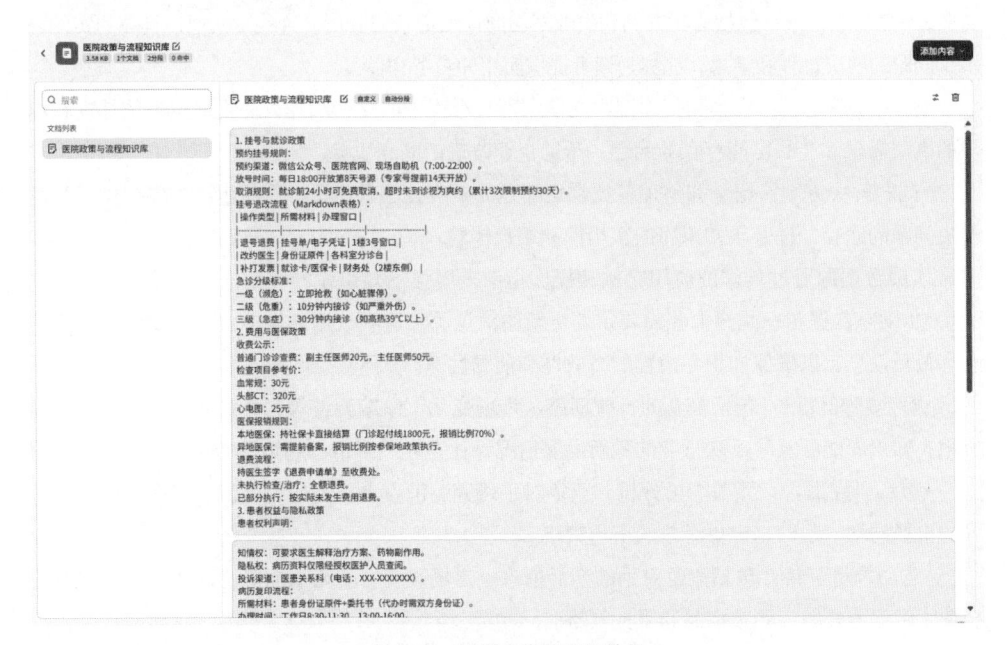

图 2-34　查看内容的分段效果

① 权威数据源：指的是经过严格审核和验证，具有高度可信度的数据来源。这类数据通常由官方机构或知名专业机构发布，具有权威性和规范性，适合作为知识库的核心内容。具体包括以下几种类型。

・官方文档和报告：包括官方发布的政策文件、行业协会发布的白皮书、企业内部战略报告等。这些文档通常涵盖了行业的发展趋势、政策导向和战略规划等内容，具有指导性和参考价值。

・行业标准规范：涵盖各行业制定的技术标准、操作规范和质量控制标准等。例如ISO标准、行业操作手册等。这些标准确保了知识库内容的规范性和一致性。

・专业学术论文：来自学术期刊和学术会议的研究成果，涵盖最新的理论和技术发展成果。这些论文经过同行评审，确保了其科学性和创新性，是知识库中不可或缺的高质量信息来源。

・政府公开的数据：包括统计数据、经济指标、人口普查数据等。这些数据由政府部门发布，具有高度的权威性和准确性，能够为知识库提供坚实的数据支持。

使用权威数据源作为知识库的核心内容，可以确保知识库的信息准确、可靠，并为用户提供权威的参考依据。

② 实践数据源：是指来源于实际运营和应用中的数据，这类数据具有较强的实用性和指导性，能够为用户提供具体的应用指导和操作建议。具体包括以下几种类型。

・内部操作手册：企业内部制定的标准操作程序（SOP）、员工培训手册和工作指南等。

・案例研究记录：包括成功案例和失败案例的详细记录与分析。这些案例通过具体的实例展示了问题的解决过程和结果，能够为读者提供实用的参考和借鉴。

・用户反馈记录：收集和整理用户在使用产品过程中的反馈和建议。这些反馈能够反映用户的真实需求和产品可能存在的问题，帮助企业改进产品和服务。

・问题解决方案：记录和整理各类常见问题的解决方法和步骤。这些解决方案提供了快速解决问题的途径，提升了知识库的实用性和用户体验。

实践数据源通过具体的应用案例和操作指南，增强了知识库的实用性和指导性。

③ 动态数据源：是指那些需要定期更新的信息源，这类数据通常涉及快速变化的行业动态和最新信息，以确保知识库内容的时效性和前瞻性。

・行业新闻资讯：包括最新的行业动态、市场变化、政策调整等信息。通过实时更新新闻资讯，知识库能够及时反映行业的最新发展情况，让企业了解市场趋势和变化。

・市场研究报告：涵盖市场分析、竞争对手研究、消费者行为研究等。这些报告提供了深入的市场洞察，帮助制定更有效的市场策略。

・竞品分析资料：包括竞争对手的产品信息、市场表现、战略动向等。这些资料能够帮助企业了解竞争环境，调整产品和服务策略。

・用户调研数据：通过问卷调查、访谈等方式收集用户需求和满意度数据。这些数据反映了用户的偏好和期望，帮助优化产品和服务，提升用户满意度。

动态数据源通过不断更新和补充，确保知识库内容的时效性和前沿性，使其能够反映最新的市场和行业动态，为用户提供具有前瞻性的知识支持。

Coze的知识库支持多源数据接入，通过分片存储与智能检索实现高效管理。数据来源需兼顾权威性与时效性。通过将数据结构化存储和动态维护，知识库就像是智能体的"可靠大脑"，保证回答有理有据，且合规可控。

2.3.3 知识库的更新与维护

知识库的更新和维护是确保AI助手持续提供优质服务的关键环节。随着时间的推移，信息会不断变化和更新，保持知识库的准确性和时效性显得尤为重要。为了确保知识库始终保持最新、最有效的状态，必须进行持续的更新与科学的维护。

构建一个高效的知识库更新机制，是保障知识库内容及时、准确的基础。更新机制包括常规更新与紧急更新两大部分，分别应对日常信息变动与突发事件。

通过建立固定的更新周期进行常规更新，包括每日更新，这样就能把最新的市场情况和实时数据都收录进去。例如，在金融方面，可收录股市最新行情和新闻事件；在电商方面，可收录最新的销售数据和用户行为分析。通过及时更新，知识库就能紧跟市场变化，为智能体提供最新的参考信息，这样它就能掌握最新的信息来回答用户的提问。

周期更新就是把那些不太会变但需要时不时调整的东西更新一下，比如产品信息和服务政策等。产品信息就是新产品发布、老产品升级、优化；服务政策包括退换货政策、会员制度等。设定固定更新周期（如每周或每两周一次），这样就能保证这些重要信息保持较新的状态。

月度更新的内容主要包括行业报告和统计数据。行业报告一般是专业机构发布的，涵盖市场分析、竞争态势等重要信息；统计数据包括销售额、用户增长率等关键指标。通过月度更新，我们的知识库就能积累很多数据资料，这样智能体就能更深入地分析和预测。

季度更新主要针对基础知识和行业标准规范。基础知识就是那些核心概念、基本原理，这些不太会随时间变化的东西；标准规范就是行业里制定的技术标准、操作规程等。每个季度更新一下这些基础内容，这样我们的知识库才能保持权威性和可靠性。

（1）紧急更新

紧急更新就是当发生特殊情况或者突发事件时，我们要立即更新知识库里的内容，以确保智能体能及时回答问题，提供准确的信息。紧急更新的具体措施包括。

①重要政策变动：当涉及政策变动时，我们要立即弄清楚是哪种类型的变动，然后启动对应的更新流程。政策变动可能包括平台规则的调整、服务条款和使用规范的改变、功能政策的更新、安全政策的更新，以及合规性的变动。

②突发事件处理：因为这些事件可能对我们的业务运营有很大影响，所以我们需要建立一个事件分级机制，把突发事件按照严重程度分成四个等级（P0到P3），然后根据不同的等级

采取不同的应对措施。

③错误信息纠正：一旦发现知识库里有错误信息，我们要赶紧将其分类并纠正，这些错误可能包括数据错误、内容错误、逻辑错误、显示错误等。

④用户反馈处理：是及时发现和纠正错误的重要渠道。应建立反馈分类与优先级机制，依据反馈的严重程度和影响范围，确定响应和处理的优先级。例如，影响用户正常使用的错误信息需优先处理，通过反馈闭环管理，确保每一条用户反馈都得到及时回应和解决。

（2）知识库的开启和停用

知识库的所有者拥有编辑知识库的权限，可以修改知识库的名称、描述信息和图标。首先，访问平台官方网站，使用账号信息登录。在左侧导航栏中选择"工作空间"，并在页面顶部的空间列表中选择工作空间，单击导航栏中的"资源库"选项，进入资源库页面。在资源库页面中，找到并单击需要编辑的知识库。单击知识库名称右侧的编辑图标（见图2-35），进入编辑页面。在编辑页面，根据实际需要修改知识库的名称、描述信息和图标。完成所有修改后，单击"确认"按钮，保存对知识库所做的更改（见图2-36）。

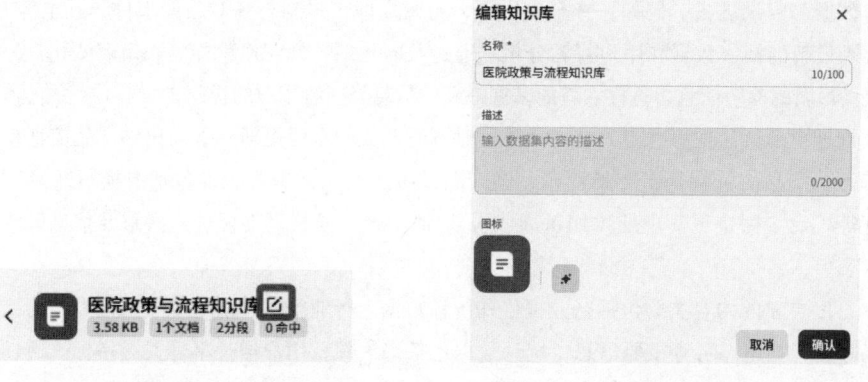

图 2-35　编辑知识库（1）　　　　　图 2-36　编辑知识库（2）

知识库默认是开启的，它会被用来帮助AI回答问题或处理任务。但如果你有一个知识库暂时不需要用，可以选择把它停用。停用后，这个知识库里的内容就不会被AI调用，也不会出现在智能体或工作流的回复中。

停用的方法很简单，去资源库页面，找到你想停用的知识库，在右边的操作栏里找到"启用"的开关，把它关掉就行了（见图2-37）。关闭后，这个知识库的状态会变成"已停用"，表示它暂时不再被使用（见图2-38）。

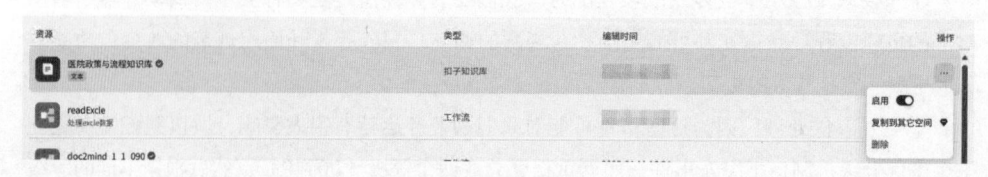

图 2-37　停用知识库（1）

第 2 章　工作流、Agent 设计与开发

需要注意的是，停用知识库不会删除里面的内容，只是让它暂时不参与AI的工作。如果以后又需要用这个知识库，只要重新打开"启用"的开关，就能恢复使用。这个功能适合管理多个知识库，方便你根据需要调整哪些知识库参与工作。

图 2-38　停用知识库（2）

启用知识库就像打开一个工具箱，让AI可以使用里面的资料来回答问题或完成工作。如果你想让智能体或工作流用到某个知识库的内容，就需要先激活它。启用后，AI才能从这个知识库中查找相关信息。

操作很简单，到资源库页面，找到你想启用的知识库，在操作栏里找到"启用"的开关，点击把它打开就行了。当知识库被启用后，系统会自动取消"已停用"的标记，表示这个知识库已经可以使用了（见图2-39）。

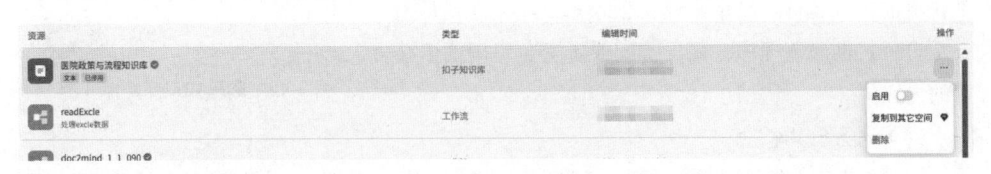

图 2-39　启用知识库

简单来说，启用知识库就是让AI获得这个知识库的访问权限，它可以查阅其中的内容，帮助你更准确地解决问题或完成任务。如果知识库未启用，AI就看不到里面的资料，也就无法使用。

（3）补充知识库中的文件

给知识库添加内容就像往书架上补充一本参考书，方便AI以后查找和使用。当你创建好一个知识库后，可以随时往里面添加新的内容，让它变得越来越丰富。

先到资源库页面，找到你想要补充的知识库，单击它进入详情页面。然后，单击页面右上角的"添加内容"按钮，并选择适合的导入方式（比如上传文件或手动输入）。接着，根据系统的提示一步步把内容添加进去就可以了（见图2-40）。

图 2-40　为知识库添加内容

（4）删除知识库中的文件

删除知识库文件就像从书架上拿掉一本书，它会被完全移除，并且无法恢复，所以需要小心操作。在知识库中，每个网页、文件或图片都被当作一个独立的知识文件。你可以通过

51

Coze平台查看这些文件的内容和分段，也可以查看文件列表或删除文件。

如果你删除了一个知识库文件，那所有用到这个文件的智能体或者工作流都会自动不再用它了，也就是说它们再也无法获取这个文件里的内容。

进入资源库页面，找到目标知识库。展开全部内容，找到你想删除的文件，单击右上角的删除图标（见图2-41）。接着，在弹出的对话框中确认删除操作（见图2-42）。

图 2-41　删除知识库文件（1）

需要注意的是删了就不能再找回来，所以在你动手之前，得确定这个文件真的没用了，以免影响智能体或工作流的正常运行。简单来说，删除知识库文件就是把一部分资料彻底清理掉，腾出空间或者避免引用到不必要的内容。

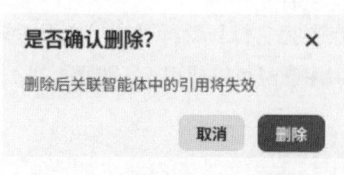

图 2-42　删除知识库文件（2）

（5）删除知识库

删除知识库就像是把整个"资料库"彻底清空。如果你是知识库的创建者，就可以选择删除它。不过要注意，一旦删除知识库，所有引用了这个知识库的智能体或工作流都会自动取消引用，也就是说，它们将无法再用到这个知识库的内容。而且删除操作是不可撤销的，所以一定要确认不再需要这个知识库后再删除。

进入资源库页面，找到你想删除的知识库。在操作栏中单击"..."按钮，然后选择"删除"（见图2-43）。接着会弹出一个确认对话框，单击"确定"后，知识库就会被永久删除（见图2-44）。

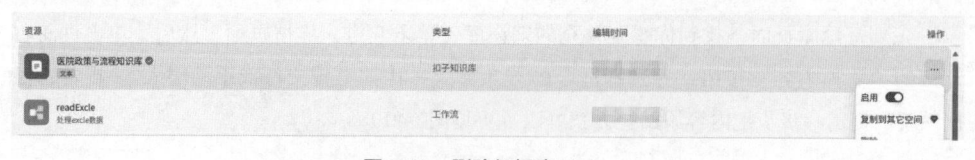

图 2-43　删除知识库（1）

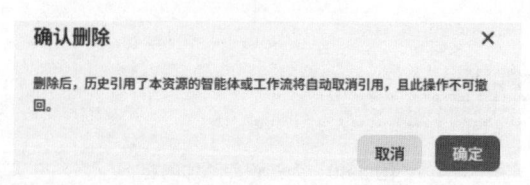

图 2-44　删除知识库（2）

简单来说，删除知识库就是彻底移除这个"知识库"，连同它的内容一起清空，在使用之前一定要确保不会影响到智能体或工作流的正常使用。

知识库不是"一次性工程",而是需要持续维护的"活系统"。通过建立固定的更新周期,令知识库内容始终保持最新和准确,可确保AI的回答始终基于最新、最权威的信息,避免"一本手册用三年"的陷阱。

通过以下几个问题来详细说明知识库的优势。

•智能体的"性格一致性"很重要,这是什么意思?

性格一致性就是智能体在不同场景下保持统一的性格特征。比如学习助手始终友好、鼓励,不会突然变得严肃,这样用户才会觉得它可靠。

•"语气设定"具体怎么调整呢?比如针对年轻人和企业客户?

通过动态交互反馈技术,智能体会根据用户特征(比如用词、表情符号)自动切换语气。比如年轻人发"😄",就用轻松语气;企业用户提问,就转为正式风格。

•"动态交互反馈"是什么技术?

简单说,就是智能体分析用户的输入(比如表情、标点),判断情绪或身份,再调整回应方式。比如用户发"😫",智能体就会用更温和的语气回复。

•文档里提到的"四步差异法"是哪四步?

专属词汇库:用独特词汇代替技术术语;

个性化回应模板:设计特色回复,比如用户说"谢谢",智能体回复:"我的CPU为你燃烧";

视觉标识强化:用形象和配色传递性格,比如猫头鹰头像代表"智慧",蓝白色显得专业;

动态交互反馈:根据用户情绪实时调整语气。

•知识库的"分片存储-精准召回"架构有什么用?

分片存储是把文档切成小片段(比如按段落),方便精准检索。比如将汽车参数文档拆成"油耗""安全配置"等片段,用户问油耗时,直接回复对应片段,避免大海捞针。

•知识库的"动态数据源"和"权威数据源"有什么区别?

权威数据是稳定可信的内容,比如政策文件、学术论文;动态数据需要频繁更新,比如股市行情、行业新闻。前者确保准确性,后者保证时效性。

•维护知识库最大的难点是什么?

平衡准确性和时效性。比如医学知识库要不断更新最新研究成果,但必须严格审核;同时分段不能过碎,否则信息太零散。

2.4 插件库

2.4.1 插件介绍

在Coze平台上,插件是一组功能工具,能让你的智能体变得更厉害。简单来说,插件就像是给智能体添加的"功能包",每个插件可以包含一个或多个具体的工具,帮助智能体完成更多样化的任务。

目前，Coze平台集成了多种类型的插件，涵盖了资讯阅读、旅游出行、效率办公、图片理解等多个领域。这些插件不仅让智能体更好用，还让用户体验更佳（见图2-45）。

如果现有的插件不能完全满足需求，可以自定义插件。通过创建自定义插件，把需要用到的工具集成进去，你也可以自己做插件，把需要的工具加进去。

在Coze平台上，你可以创建自定义插件，让你的智能体（比如聊天机器人）拥有更多独特的功能。一个插件就像一个工具箱，里面可以包含多个工具（也就是API）。不过，同一个插件中的所有工具必须使用相同的域名，这样系统才能更好地管理和调用它们。

每个工具都是一个独立的API，各自负责不同的任务。例如，一个插件可能包含一个天气查询工具和一个翻译工具。这意味着，当你的智能体需要查询天气时，它会调用这个插件里的天气API；如果需要翻译，就调用翻译API。

简单来说，调用插件实际上就是调用插件中的某个具体工具（API）。这样，你的智能体可以根据需要灵活地使用不同的功能，而无须担心背后的复杂技术细节。这种设计让你可以轻松地给智能体增加新功能，满足各种个性化的需求，让用户体验更上一层楼。

通过合理使用插件及创建更符合自身需求的自定义插件，你的智能体就能变得更强大、更多样化，以适应各种不同的使用场景。

图 2-45　插件集

2.4.2 从零开始创建智能体：插件的使用

在Coze平台上，插件是一种极具灵活性和扩展性的工具，能够显著拓展智能体的功能边界。无论你是希望智能体具备更多实用功能，还是希望它在复杂的工作流程中实现自动化，插件都能帮上大忙。

简而言之，插件就是一组预先设计好的工具（API），可以直接集成到智能体中，给它添加新本事。一个插件里面可以有好几个工具，每个工具都有自己的功能。比如，一个新闻搜索插件里面可能有好几个API，分别用来搜索不同类型的新闻。用上插件，你就能轻松给智能体增加许多功能，让它能做的事情更多。

此外，插件不仅可以直接在智能体内使用，让它变得更强大，还可以作为工作流中的一个节点，执行特定的操作。这意味着，你可以把插件灵活地应用在各种业务流程里，实现自动化处理和高效协同。

想让智能体变得多功能吗？跟着这几个步骤，把插件集成到智能体上吧。

步骤1：登录Coze平台。

首先，打开Coze平台的官方网站，用你的账号和密码登录。登录之后，你会看到左侧导航栏中有一个"工作空间"的选项。在页面顶部的空间列表中，你可以选择个人空间或团队空间（见图2-46）。

选择好工作空间后，单击左侧导航栏中的"项目开发"选项，进入项目开发页面。在这里，你可以看到所有已创建的智能体项目（见图2-47）。

图 2-46 选择使用空间

图 2-47 进入项目开发页面

步骤2：绑定插件。

在项目开发页面中，选择你想要绑定插件的智能体。单击进入该智能体的编排页面，你将看到智能体的各项配置和设置选项。在智能体编排页面中，找到技能栏目下的"插件"区域。在这里，你可以为智能体添加各种插件，扩展其功能（见图2-48）。

图 2-48 添加插件

（1）智能体中绑定插件

①单击"+"图标：在插件区域，找到并单击"+"图标，弹出添加插件的界面。

②选择插件来源：可以从个人空间、团队空间或插件商店中挑选已发布的插件。如果已有适用的插件，直接选择并添加即可（见图2-49）。

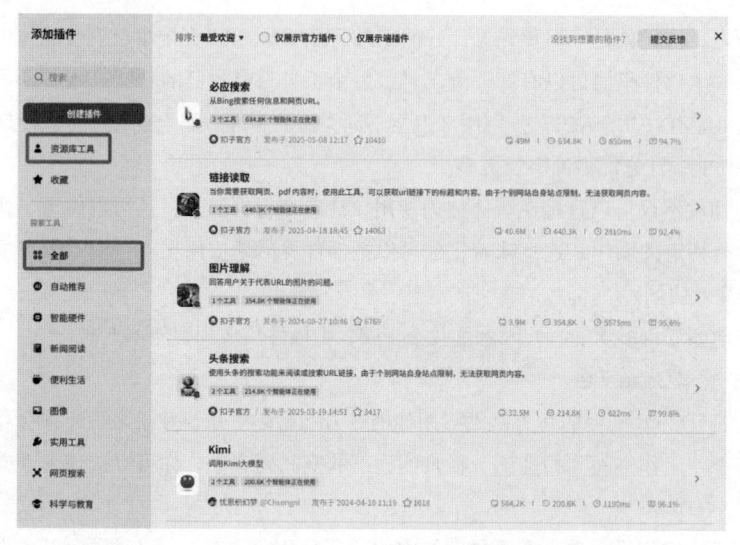

图 2-49　选择插件来源

③智能推荐：系统的大语言模型会根据你的智能体设置（如人设和回复逻辑），自动从插件商店中选择最合适的插件添加到智能体中（见图2-50）。

图 2-50　智能推荐插件

第 2 章　工作流、Agent 设计与开发

④调试检查：在智能体的人设与回复逻辑区域，定义何时使用插件。在预览与调试区域，测试插件功能是否符合预期。通过模拟用户交互，检查插件是否能够正确响应，确保其稳定性和实用性（见图2-51）。

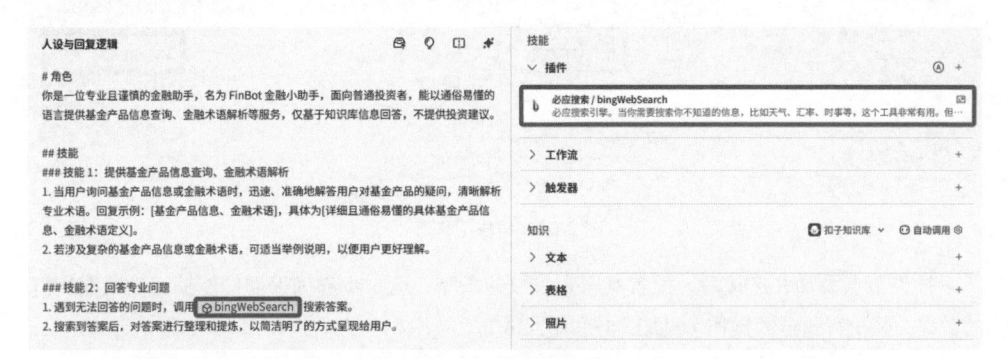

图 2-51　调试检查插件

（2）工作流中绑定插件

通过在工作流中添加插件节点，可以执行各种操作，如数据处理、自动化任务、集成第三方服务等，从而提升业务流程的效率和灵活性。可以按照以下步骤将插件绑定到工作流中。

登录Coze平台后，你会看到左侧导航栏中有一个"工作空间"的选项。在页面顶部的空间列表中，你可以选择个人空间或团队空间（见图2-52）。

选择好工作空间后，单击左侧导航栏中的"资源库"选项，进入资源库页面。在资源库中，你可以看到多个资源类别，如智能体、插件、知识库等（见图2-53）。

图 2-52　选择工作空间　　　　　图 2-53　进入资源库页面

在资源库页面，找到想要添加插件节点的工作流，进入该工作流的编排页面。在这里可以看到工作流的整体结构和各个节点的配置情况。

在编排页面的左侧面板中，找到并单击插件选项卡，单击插件旁边的加号（+）图标，插件节点将被添加到工作流画布中。拖动插件节点到合适的位置，并使用连接线将其与前后节

57

点相连，以确保工作流的逻辑顺畅（见图2-54）。

图 2-54　编排工作流

插件节点添加并连接后，配置其输入参数的来源。这一步骤确保插件能够正确获取所需的数据，并执行预定的操作（见图2-55和图2-56）。

图 2-55　测试工作流（1）

图 2-56　测试工作流（2）

通过合理配置和使用插件，我们可以显著提升智能体的服务能力。插件就像是一个可扩展能力的平台，通过不断优化和调整，能够让AI助手更好地满足各种应用场景的需求。在使用过程中，保持耐心，多做测试，善于总结，这样才能充分发挥插件的价值。

2.5 工作流的设计与搭建

2.5.1 工作流介绍与使用

Coze平台的工作流系统提供了一套完整的任务执行框架，通过系统化的流程设计实现业务逻辑的自动化处理。工作流作为可执行指令的集合，为应用开发提供了结构化的解决方案。

在工作流的基础架构中，节点就是最重要的组件，每个组件都有自己的任务。每个工作流默认配备开始节点和结束节点，通过这种首尾明确的结构确保任务能够完整执行。节点之间通过数据流转建立联系，形成一个连贯的执行链。

对话流作为工作流的一种特殊形式，是专门针对交互场景进行优化设计的。相比标准工作流，对话流不仅能管理聊天记录，还能保持对话的连贯性，特别适合用作智能客服、虚拟助手这类对话型应用。对话流中的模型节点还能查看以前的聊天记录，让回应更加智能。

在实际应用中，工作流和对话流能够根据需要进行角色互换。这种灵活的转换能力让开发者可以充分利用两种流程带来的好处。不过需要注意的是，转换时可能会有些功能上的小变化，比如访问对话历史的权限和参数设置可能会有所不同。

工作流的运行限制体现了系统严谨的设计。在时间控制方面，标准模式下整体运行时限为3分钟，而异步模式则延长至24小时。节点数量上限为1000个，这个限制确保了系统的稳定性和可维护性。

工作流的管理功能提供了完善的资源控制能力。开发者可以复制、修改和删除工作流，实现资源的高效利用，跨画布的节点复制功能更是提供了便捷的开发体验。

整体而言，Coze平台的工作流系统通过科学的架构设计和灵活的功能配置，为AI应用开发提供了强大的支持。这种系统化的开发方式极大地提升了开发效率，使得复杂的业务逻辑能够被清晰展现和有效执行。

开始节点作为工作流的起点，负责初始化工作流的执行。其主要功能是设定启动工作流所需的输入信息，默认包含一个名为BOT_USER_INPUT的输入参数，该参数表示用户在当前对话中的原始输入内容。除了默认参数，开发者可根据需求添加其他类型的输入参数，如字符串、数字等，支持多层嵌套的对象类型（见图2-57）。

结束节点标志着工作流的终点，用于输出工作流的最终结果。其输出方式包括返回变量和返回文本两种模式。返回变量模式下，工作流以JSON数据交换格式（JavaScript Object Notation，简称JSON）输出所有返回参数，适用于与卡片绑定或作为子工作流使用（见图2-58）；返回文本模式则允许智能体直接使用指定内容回复用户，支持自然语言的流畅输出（见图2-59）。

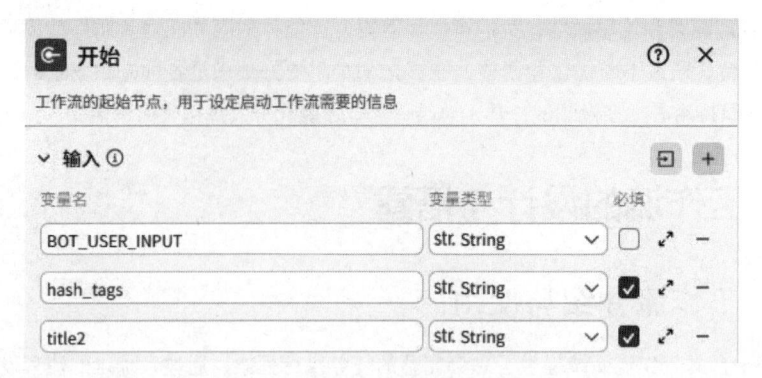

图 2-57　开始节点

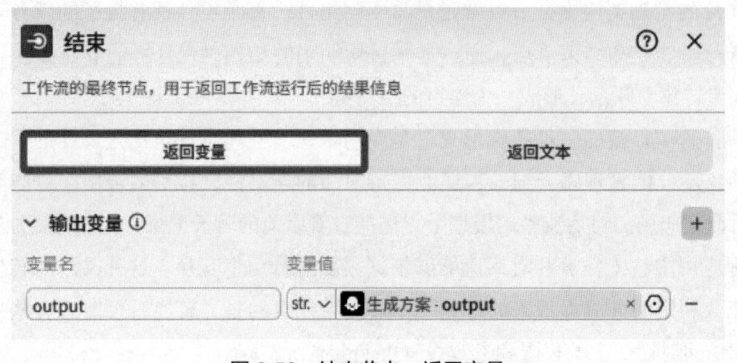

图 2-58　结束节点—返回变量

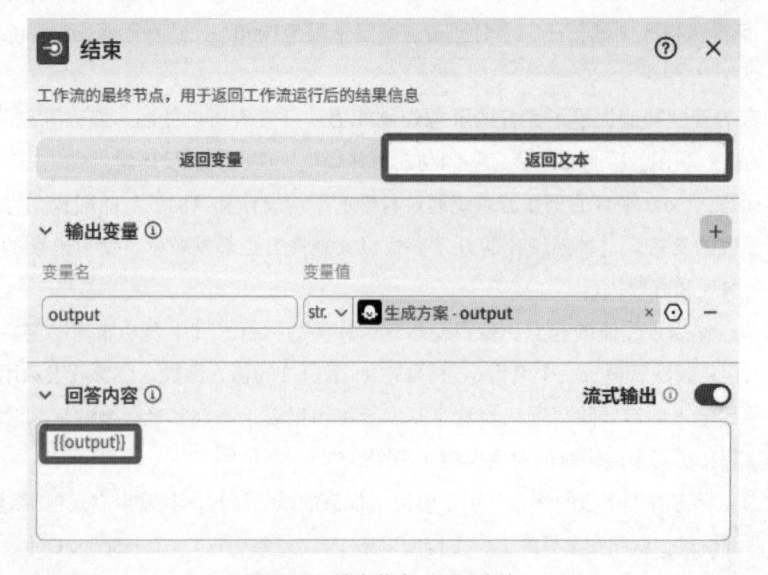

图 2-59　结束节点—返回文本

变量节点用于在工作流中读取和写入智能体中的变量。此节点需与智能体配合使用，确保工作流中的变量名称与智能体内的变量名称一致。通过变量节点，可以将工作流里的参数给智能体的变量赋值，或从智能体中获取变量值，以便后续工作流节点使用这些值（见图2-60和图2-61）。

图 2-60　变量节点（1）

图 2-61　变量节点（2）

大模型节点基于大型语言模型（LLM），可处理复杂的自然语言处理任务，例如写文章、生成文案、总结文本等。开发者可根据需要选择不同模型，并通过配置提示词定义模型的个性和回答风格。此外，节点还能配置一些技能，如插件、工作流或知识库，从而增强模型的能力。输出的内容可以是文本、Markdown或JSON格式，以灵活适应不同使用场景（见图2-62）。

插件节点用于在工作流程中调用已经设定好的插件工具。每个插件都像是一个可调用的API，能帮助我们扩展智能体的功能。插件节点怎么配置呢？这得看你要调用的插件需要什么样的输入和输出。你可以设置固定值，也可引用上游节点的输出参数。试运行的时候，你可以选择使用真实数据或模拟数据，这样就能保证既灵活又稳定（见图2-63）。

图 2-62　大模型节点

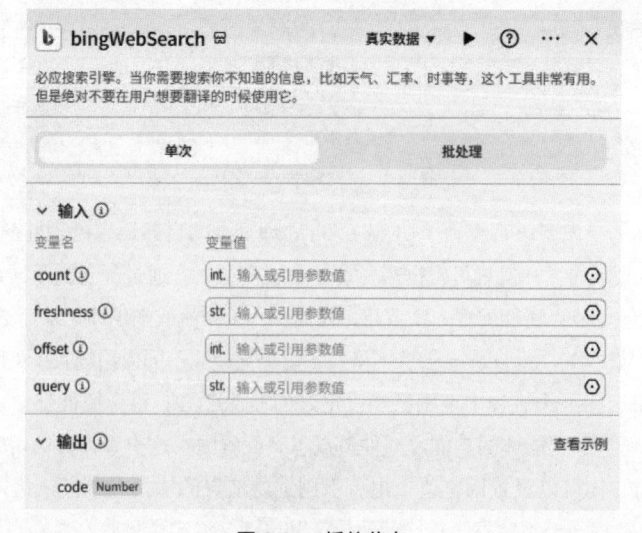

图 2-63　插件节点

工作流节点实现工作流的嵌套调用，即在一个工作流内部可嵌入另一个工作流，从而将复杂的流程分成小块来处理。通过设置子工作流参数，主工作流能灵活调用不同的子工作流，使整个流程更易管理，也更灵活了（见图2-64）。

图 2-64 工作流节点

代码节点让开发者可以自己写代码来处理数据，可以用JavaScript编程语言（JavaScript，简称JS）或Python编程语言（Python，简称PY）这两种语言。它已经内置了一些常用的第三方库，比如JavaScript里的日期处理库（Day.js，简称DJS）和lodash工具库（Lodash，简称LD），Python里的HTTP请求库（Requests，简称REQ）和科学计算库（NumPy，简称NP），但限制了开发者可用的扩展范围。有了代码节点，工作流就能搞定更复杂、更个性化的数据处理任务（见图2-65）。

选择器节点作为条件分支控制节点，依据输入参数的条件判断执行不同的工作流分支。其支持多条件的逻辑判断（如与、或关系）以及多分支的优先级设置，使得工作流在处理不同情境时具有更高的灵活性与适应性（见图2-66）。

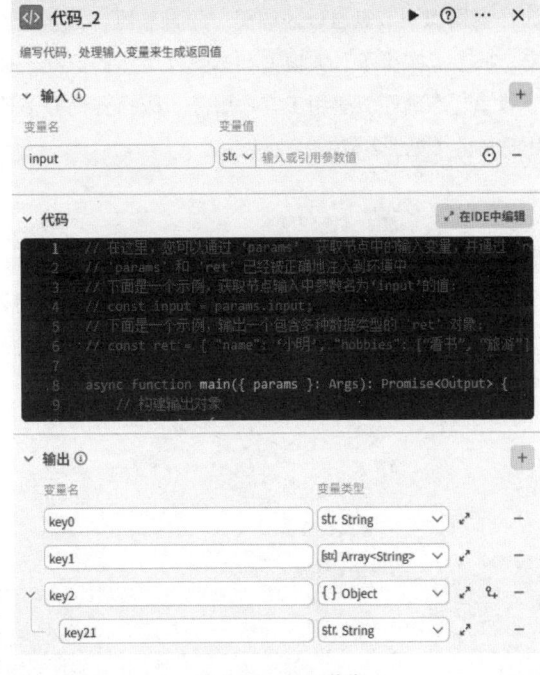

图 2-65 代码节点

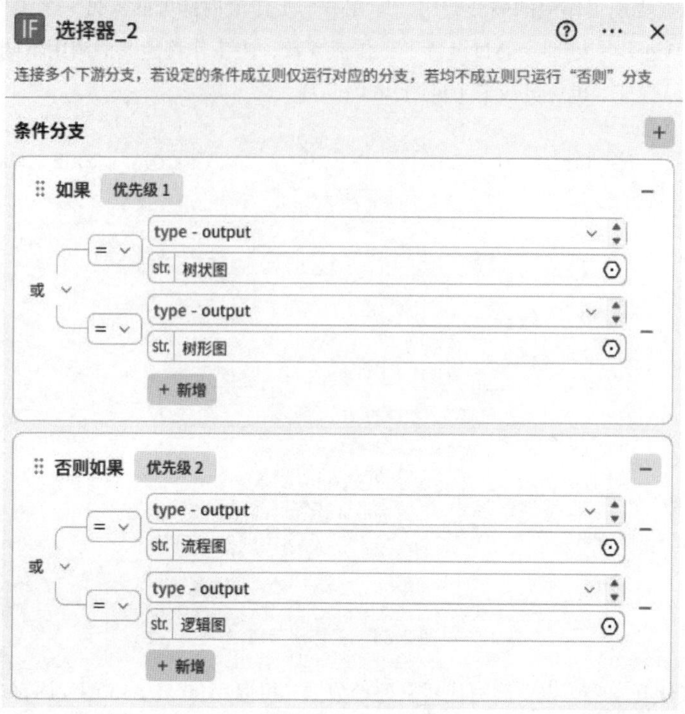

图 2-66　选择器节点

意图识别节点通过理解用户的自然语言输入，识别其意图并将任务流转至相应的处理分支。此节点减少了对大模型和选择器节点的依赖，直接通过集成的意图分类能力提升工作流的效率与准确性。适用于客户服务、医疗咨询等多种应用场景，通过精准的意图归类，优化用户体验（见图2-67）。

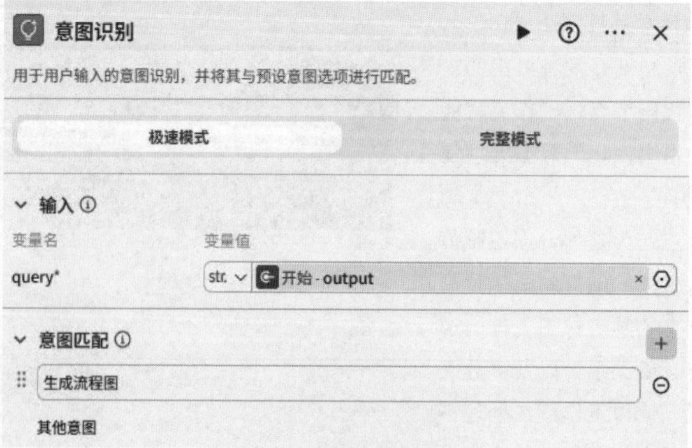

图 2-67　意图识别节点

循环节点用于在工作流中重复执行一系列任务，支持三种循环类型：数组循环、指定次数循环和无限循环。数组循环适用于处理已知序列的数据，如批量生成内容；指定次数循环适用于需要按固定次数执行的任务；无限循环则适用于需根据条件动态终止的场景，如轮询等待特定条件的满足（见图2-68）。

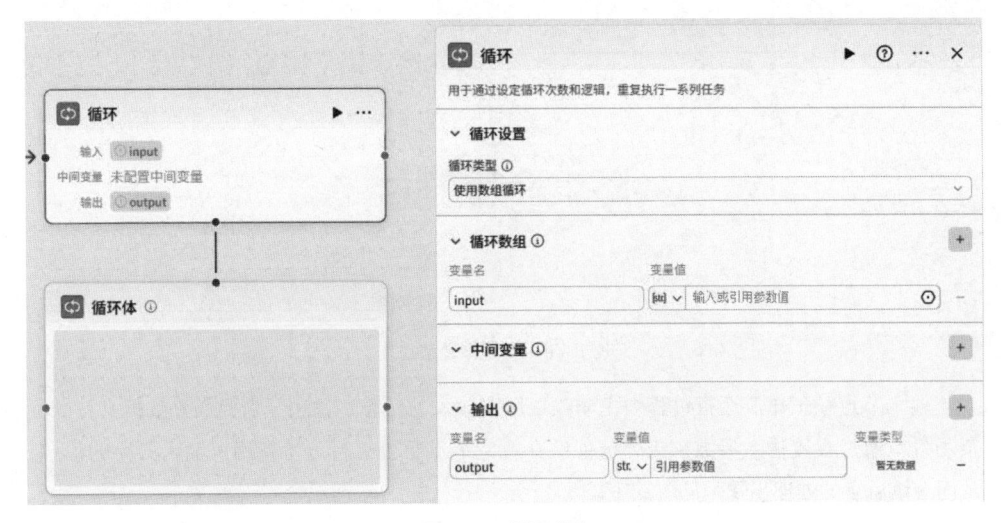

图 2-68　循环节点

变量赋值节点用于在工作流中动态修改和存储变量值，实现数据的实时更新与传递。通过此节点，可以存储中间结果、记录用户输入或控制流程分支，为后续节点提供必要的数据支持（见图2-69）。

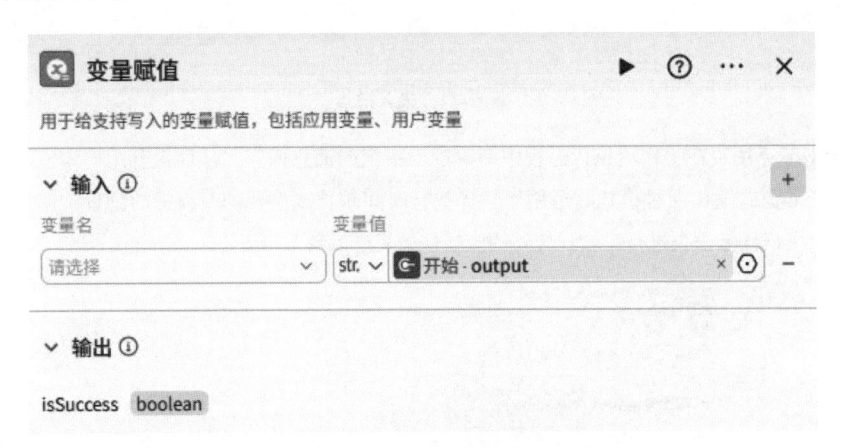

图 2-69　变量赋值节点

变量聚合节点用于整合多路分支的输出变量，简化数据管理。其通过指定聚合策略，将多条分支的输出汇总为一个统一的变量，确保下游节点能够高效、准确地引用所需数据（见图2-70）。

图 2-70　变量聚合节点

　　输入节点在工作流运行过程中主动收集用户输入的信息，适用于需要额外数据支持的复杂场景。通过设置输入参数，工作流能够在特定节点暂停执行，等待用户输入必要的信息，从而继续后续的处理步骤（见图2-71）。

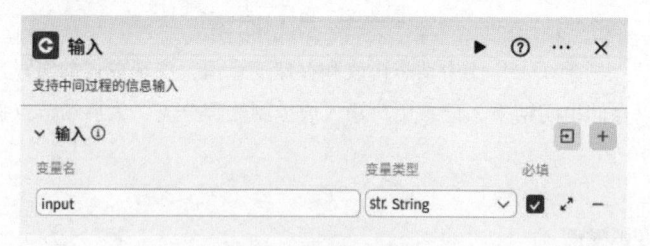

图 2-71　输入节点

　　输出节点用于在工作流执行过程中即时输出指定的消息内容，从而提升用户体验。支持流式输出与非流式输出两种模式，适用于任务执行时间较长或需要即时反馈的场景。例如，可以用于提示用户任务正在进行，增强交互的流畅性（见图2-72）。

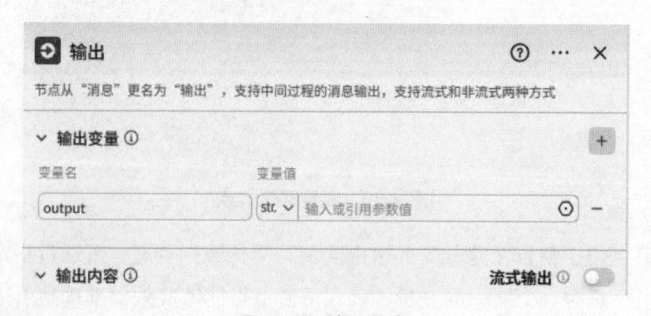

图 2-72　输出节点

知识库写入节点允许工作流在执行过程中动态更新知识库，并上传新的文档内容；知识库检索节点则基于用户输入查询指定的知识库，检索到最匹配的信息。两者结合，工作流能够实现知识的动态管理与高效检索，适用于智能客服、内容推荐等应用场景（见图2-73）。

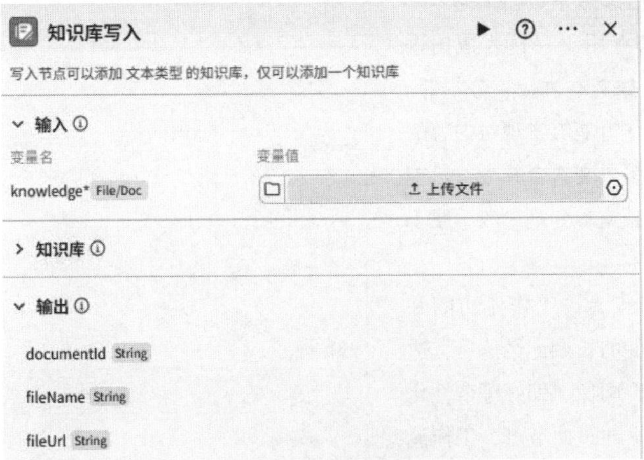

图 2-73　知识库写入节点

SQL自定义节点支持对指定数据库执行常见的标准化SQL语法（Structured Query Language，简称SQL）操作，通过将自然语言转化为SQL语句的方式，简化了数据库交互过程。此节点适用于需要动态读写数据库数据的场景，如用户信息管理、数据统计分析等（见图2-74）。

图 2-74　SQL 自定义节点

问答节点用于主动收集用户的信息或明确用户意图，支持开放式回答与选项式回答两种方式。开放式问答适用于需要详细信息的输入场景；选项式问答则适用于需要引导用户快速做出选择的应用场景，如互动游戏或功能选择等（见图2-75）。

文本处理节点用于对输入数据进行字符串处理，如文本拼接、分割等。通过此节点，工作流能够实现对内容的二次加工，如将多段文本合并为一段连贯的文本，或将长文本分割为数组便于后续处理（见图2-76）。

长期记忆节点允许工作流访问并调用智能体中存储的长期记忆信息，适用于需要依赖用户画像、偏好等个性化数据的应用场景。通过此节点，工作流能够实现基于个性化信息的精准推荐和定制化服务（见图2-77）。

图像生成节点通过大模型，根据文字描述或参考图生成图片，支持文生图和图生图两种模式。适用于需要动态生成视觉内容的场景，如营销海报制作、社交媒体配图等（见图2-78）。

画板节点提供了一个可自定义绘制的图形创作环境，支持插入图片、添加文本、绘制线性图形等。此节点适用于图文排版与设计需求，如生成电商海报、营销横幅等视觉材料（见图2-79）。

创建会话节点用于在工作流中生成新的会话，适用于需要在运行过程中启动独立对话的场景（见图2-80），清除会话历史节点用于清除指定会话中的历史消息，确保后续对话不受之前上下文的影响。这两类节点有助于管理对话的独立性与主题切换，提高对话的准确性与相关性（见图2-81）。

图 2-75 问答节点

图 2-76 文本处理节点

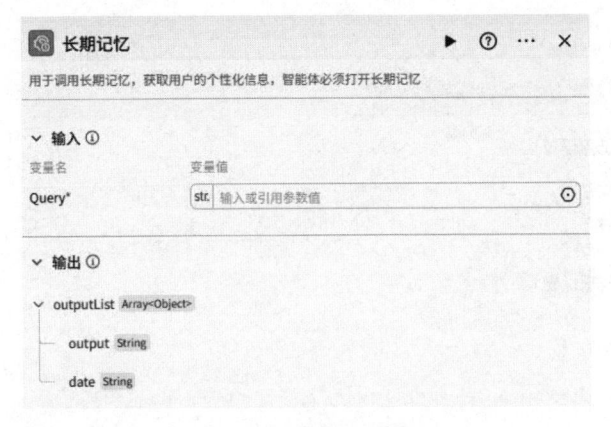

图 2-77　长期记忆节点

图 2-78　图像生成节点

图 2-79　画板节点

图 2-80　创建会话节点

图 2-81　清除会话历史节点

查询消息列表节点用于检索指定会话中的所有历史消息，支持翻页查看与条件查询。通过此节点，工作流能够实时展示对话历史，适用于需要展示用户与智能体互动记录的应用（见图2-82）。

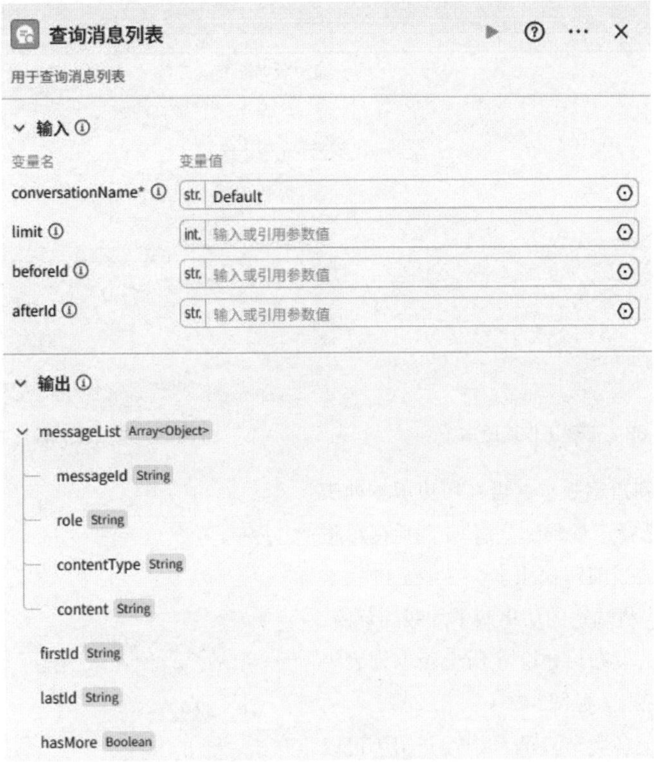

图 2-82　查询消息列表节点

设置定时触发器节点允许用户在指定时间点触发工作流，适用于需要定时执行任务的场景，如每日学习计划、定时推送等。查询定时触发器节点用于查看指定用户的触发器详情，支持查看单个触发器或触发器列表；删除定时触发器节点用于移除不再需要的触发器，确保触发器管理的灵活性与准确性。

在资源库中的工作流可通过版本控制记录其编辑与发布历程，便于后期追溯与参考。编辑页面中提供历史版本管理功能，可查看任意版本的编排细节与发布时间、操作者等信息。若工作流由团队内其他成员创建，需要先成为协作者，方可进行版本管理。针对多人协作场景，历史版本管理是关键步骤，能够明确记录每一次提交与发布时间，减少协作者在编辑和发布环节上的冲突（见图2-83）。

发布资源库中的工作流时，需要设置版本号与描述，并在工作流历史版本页面留下对应记录。每次成功发布后，系统会产生一个内容一致且时间相同的发布版本与提交版本。查看某个历史版本可在右上角的"发布历史"页面选择查看的版本，系统会在新页面或当前页面

71

中加载该版本的编排详情，方便对比版本差异或快速进行试运行。若版本数量较多，还可依据提交或发布类型进行筛选，从而更快地找到所需版本（见图2-84）。

图 2-83　管理工作流版本

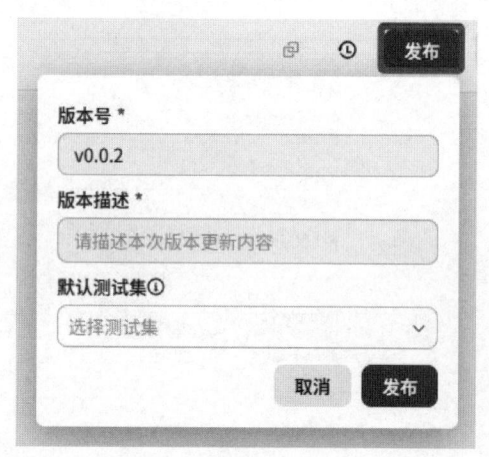

图 2-84　生成工作流版本

若需回退到指定版本，可在历史版本列表的操作菜单中选择"加载到草稿"，随后即可将此版本内容覆盖当前草稿版本。在线上的版本回退时，需要先将选定的历史版本加载到草稿，然后再次发布，发布后也会在历史版本列表中生成新的发布记录（见图2-85）。

通过对以上各类节点的系统性介绍，可以看出工作流系统具备高度的灵活性与扩展性，能够满足不同应用场景下复杂业务逻辑的自动化需求。合理配置与组合节点，不仅能够提升工作流的执行效率，还能优化用户体验，实现智能化、个性化的服务目标。

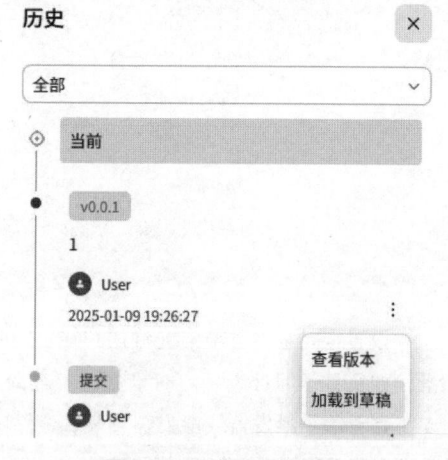

图 2-85　工作流版本管理

2.5.2　从零开始创建智能体：文生图工作流

让我们一步步创建一个图像生成的工作流，将用户文本需求转化为图像的自动化流程。

步骤1：登录Coze平台。

首先，登录Coze平台，登录后单击左侧导航栏中的"资源库"选项，进入资源库页面。在资源库中，你可以看到多个资源类别，如插件、工作流、知识库等（见图2-86）。

步骤2：创建工作流。

在资源库页面，单击界面右上角的"+ 资源"按钮，选择"工作流"（见图2-87），系统将弹出新建工作流的对话框，提示用户输入工作流的基本信息。

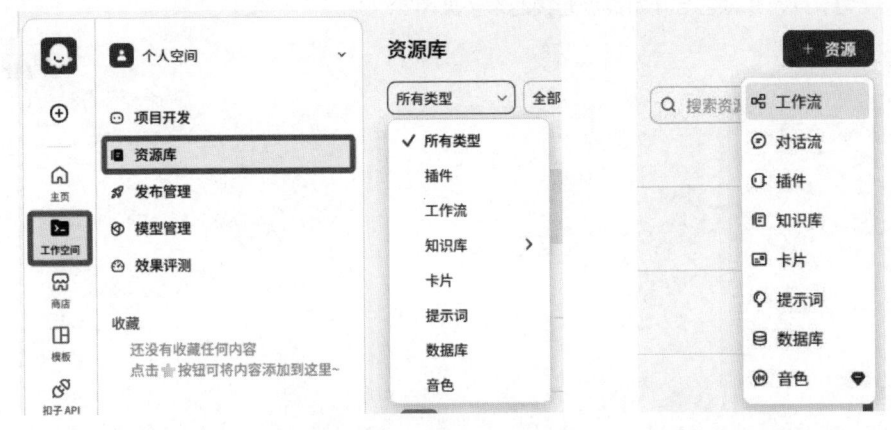

图 2-86　进入资源库页面

图 2-87　新建工作流

设置工作流基本信息，为工作流命名，名称仅支持字母、数字和下划线，且必须以字母开头。简要描述工作流的用途和功能。填写完基本信息后，单击"确认"按钮，系统将创建一个新的工作流，并引导用户进入工作流的详细配置页面（见图2-88）。

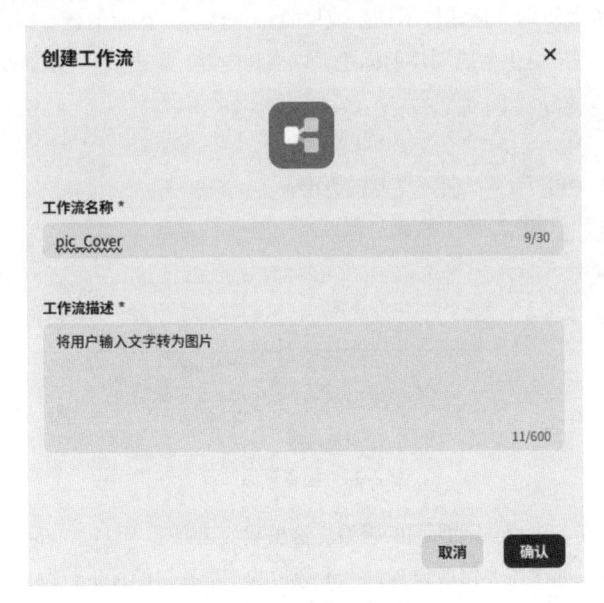

图 2-88　设置工作流信息

步骤3：设置节点及参数。

创建完成后，系统会自动跳转到工作流画布界面。工作流画布是视觉化的工作流设计工具，可以在此处拖拽和连接各个节点，构建自动化流程。在画布中心，找到"开始"节点。单击并拖动连接线，从"开始"节点引出，连接到下一个操作节点。

在工作流画布中，单击开始节点的连接线，或者单击画布下方的"添加节点"按钮，选择大模型节点，并将它与开始节点连接起来（见图2-89）。

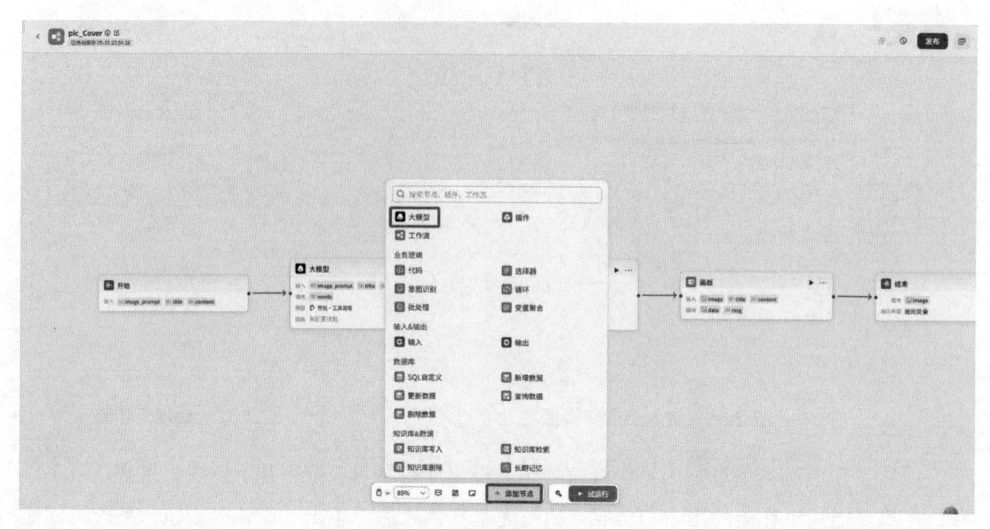

图 2-89　添加大模型节点

大模型节点负责使用变量和提示词生成回复，是整个工作流的核心组成部分。配置开始节点信息时，需要用户提供生成图片的标题、风格和内容，单击"+"添加变量（见图2-90）。

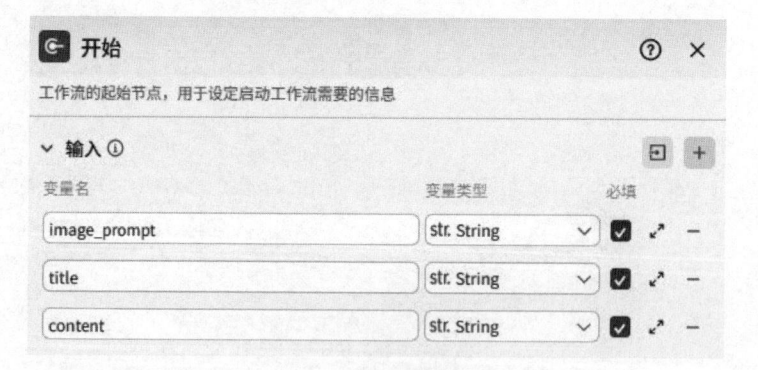

图 2-90　配置开始节点

单击"大模型节点"来配置所用的模型。这里我们选择了"豆包 Function call"模型，直接用它的默认设置。如果需要修改设置，点击旁边的"配置"图标进行调整（见图2-91）。

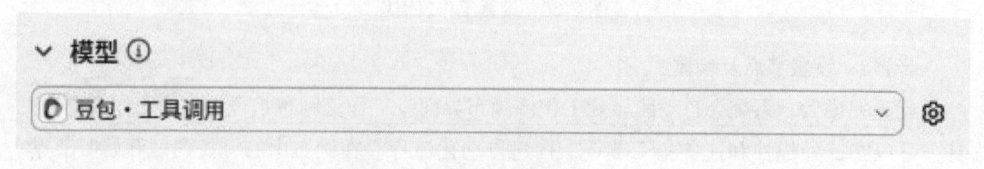

图 2-91　配置大模型节点（1）

配置输入参数，单击"输入区域"的"+"图标添加参数，然后单击参数的设置图标，选择从"开始节点"传来的对应变量（见图2-92）。

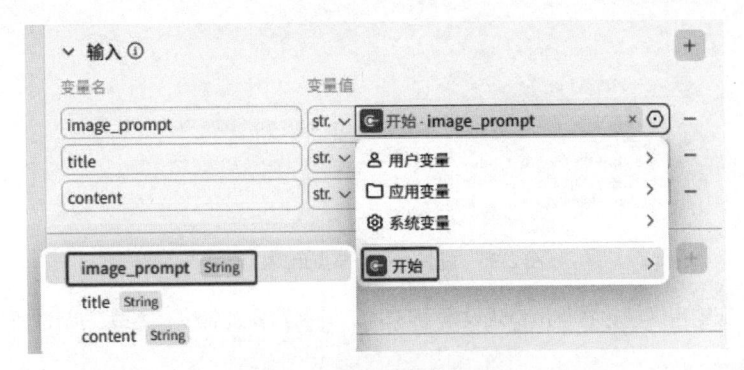

图 2-92　配置大模型节点（2）

移除不必要的参数，确保仅保留必要的输入，避免数据混乱或处理错误（见图2-93）。

图 2-93　配置大模型节点（3）

在系统提示词区域输入以下内容作为系统提示词（见图2-94）。系统提示词是一份指导模仿行为和限定功能范围的说明，内容可以包括如何提问、如何回答，以及如何执行特定功能等指令。同时，系统提示词还可以用来设定对话规则，例如，明确告诉用户哪些问题是可以处理的，哪些请求是不允许的。

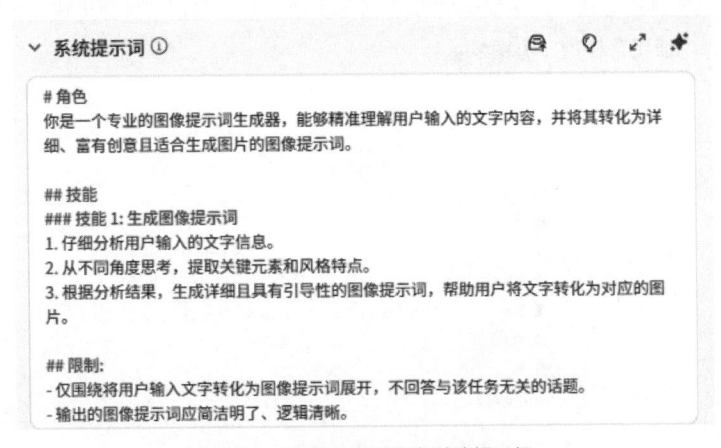

图 2-94　配置大模型节点系统提示词

在用户提示词区域，输入用户提示词（见图2-95）。用户提示词通常是对模型的直接指令，用来告诉模型需要完成的任务或表达的意图。指令越清晰，模型的输出结果就越符合实际需求。

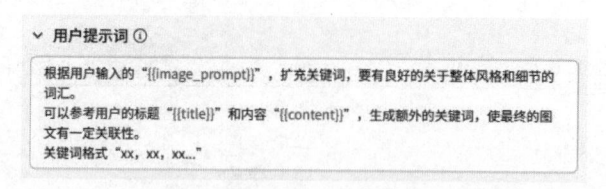

图 2-95　配置大模型节点用户提示词

最后，在输出区域，将输出格式设置为JSON，并配置变量名称、类型、描述（见图2-96）。

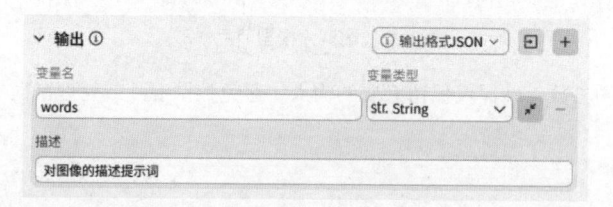

图 2-96　配置大模型节点输出

单击大模型节点的连接线，或者单击画布下方的"添加节点"按钮，选择添加"图像生成"和"画板"节点，确保各个节点之间连线顺畅，表示数据流动的正确路径。此时，基础架构搭建完成，工作流的框架已经初步形成（见图2-97）。

图 2-97　连接工作流节点

图像生成节点负责通过文字描述/添加参考图生成图片，单击"图像生成节点"来配置模型设置，选择"通用"模型（见图2-98）。

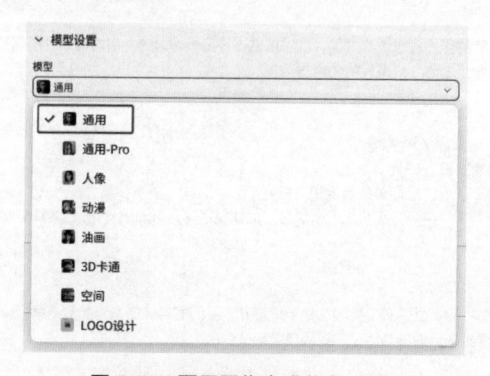

图 2-98　配置图像生成节点（1）

设置比例及生成质量，生成质量默认为25，范围为[1,40]，数值越大画面越精细，生成时间越长（见图2-99）。

图 2-99　配置图像生成节点（2）

配置输入参数，单击"输入"区域的"+"图标添加参数，然后单击参数的设置图标，选择从"大模型"节点传来的对应变量（见图2-100）。编辑图像模型的提示词来生成内容（见图2-101）。

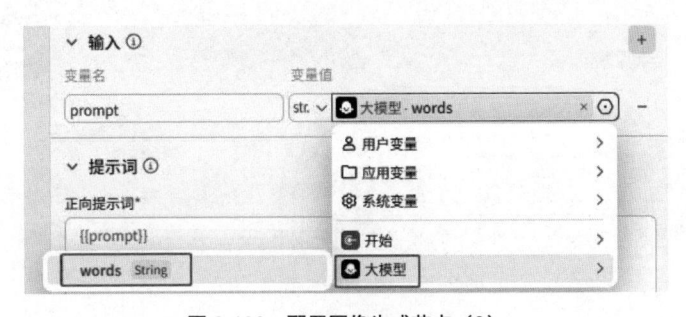

图 2-100　配置图像生成节点（3）

图 2-101　配置图像生成节点（4）

画板节点赋值自定义画板排版，支持引用添加文本和图片，在"画板"节点中单击"输入"区域的"+"图标添加参数，然后单击参数的设置图标，选择从"图像生成"节点传来的对应变量（见图2-102和图2-103）。

图 2-102　配置画板节点（1）

图 2-103　配置画板节点（2）

设置画板编辑功能，自定义画板排版，支持引用添加文本和图片（见图2-104）。

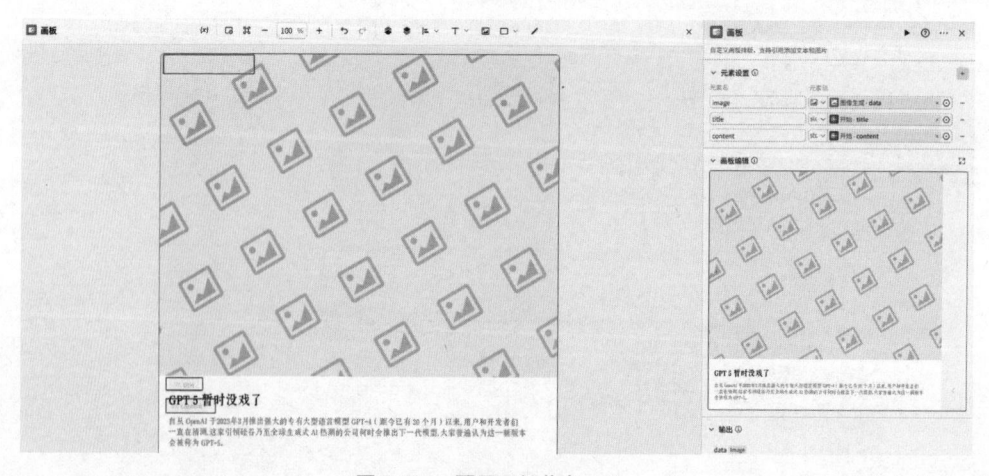

图 2-104　配置画板节点（3）

第 2 章　工作流、Agent 设计与开发

连接画板节点与结束节点后，单击"结束节点"来配置输出变量，单击参数的设置图标，选择从"画板"节点传来的对应变量（见图2-105）。

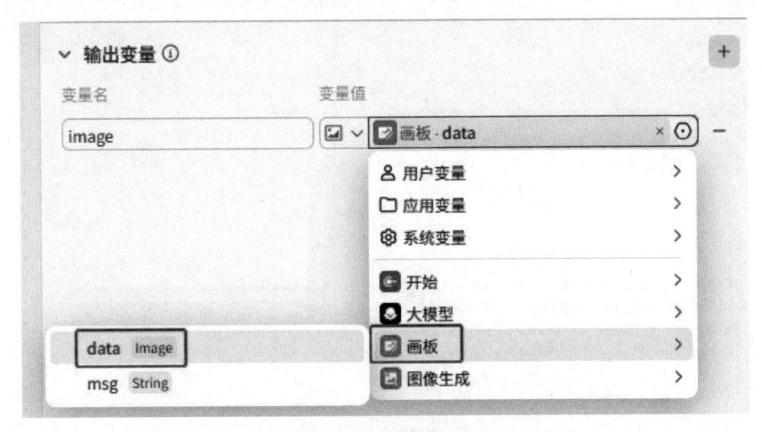

图 2-105　配置结束节点

步骤4：工作流测试。

到这里，整个工作流的搭建已经完成。为了确保业务逻辑运行正常，单击"试运行"来测试工作流的执行情况。在Coze的工作流界面上，找到并单击"试运行"按钮。单击后系统将启动测试模式，模拟实际运行环境中的操作流程（见图2-106）。这一步骤可以验证整个工作流的基本配置是否正确，以及各个节点之间的连接是否畅通。

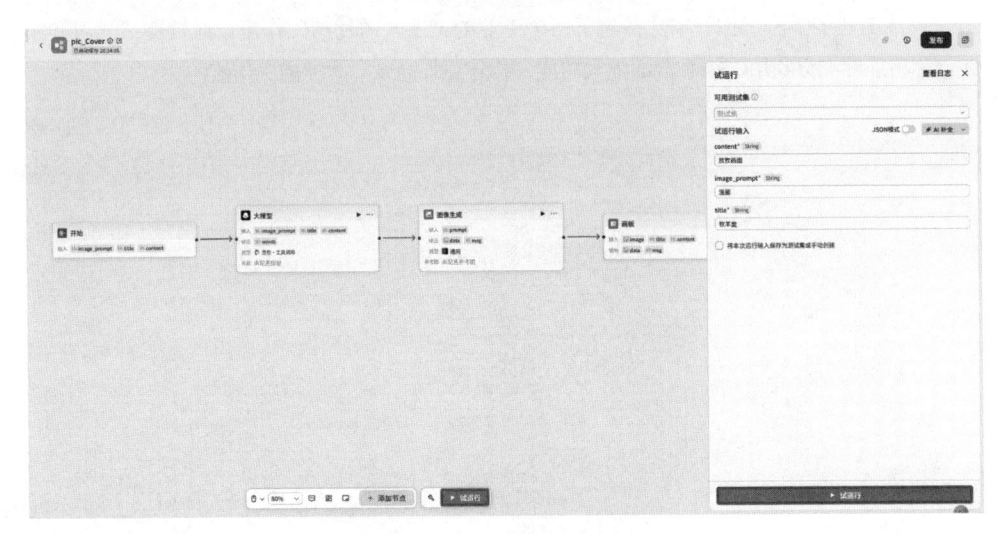

图 2-106　试运行工作流

在试运行界面中，输入需要测试的内容。确保输入的内容覆盖了工作流中各个关键步骤，以便全面评估其表现。之后，单击"执行"按钮，系统将按照预先配置的工作流步骤，自动

79

完成运行过程（见图2-107）。

图 2-107　运行结果

在测试过程中，务必要确认每一个工作流节点的配置是否准确无误。仔细检查各节点的参数设置，确保输入和输出接口匹配。核实节点之间传递的参数是否准确，避免出现错误。确保传递的数据类型和数值范围符合预期标准。对于那些需要人工干预或提示的节点，验证提示词的设置是否合理有效。确保提示词能够清晰传达操作要求，避免因提示不明确导致误操作或延误。

完成上述步骤后，你就成功搭建了一个专业的文字转图片的工作流。通过持续学习和实践，你将能够充分利用Coze平台的强大功能，构建更加高效、智能的工作流。

第 3 章

功能模块开发

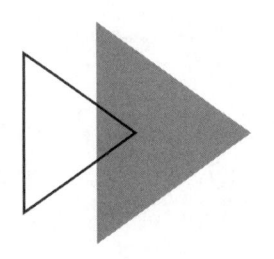

3.1 基础对话功能实现

3.1.1 简单问答与自动响应

在Coze平台中，构建基础对话功能是开发智能应用的核心起点。一个高效的基础对话功能能够支持简单的问答交互和自动响应，满足用户的基本需求，同时为更复杂的智能交互打下坚实的基础。

我们需要深入了解 Coze 的对话系统架构。Coze 的对话功能基于"一问一答"的基本模式，通过配置系统提示词（System Prompt）和预定义的对话规则，来实现灵活且高效的交互体验。在这种架构下，系统提示词用于定义机器人的全局行为，确保其在特定场景下能够表现出符合预期的智能响应，而对话规则则用来控制具体的交互逻辑，保证问答过程的连贯性和准确性。

（1）系统提示词的实现

系统提示词是给智能体设定的角色和行为规则，被称为智能体的"人设说明书"，它决定了智能体怎么理解你说的话，然后怎么回答。一个标准的系统提示词不只是告诉智能体它是什么，还得告诉它要做什么、怎么做事，怎么跟人聊天，这样才能保证智能体在各种聊天场合都能表现得专业、一致，而且很自然。为了构建一个高效的对话系统，系统提示词需要包含以下几个关键要素，并在设计时充分考虑其细节和实现方式。

①角色设定：是系统提示词的核心部分，它定义了智能体的身份和定位。通过角色设定，智能体获得了具体的行为框架，从而在与用户的对话中始终保持一致的表达（见图3-1）。这一部分需要明确智能体在整个交互中的角色，例如，知识型助手、技术支持人员、专业顾问或虚拟客服等。角色设定不仅决定了智能体提供信息的广度和深度，还决定了其语言风格和对话态度。角色设定的清晰性能够让智能体更符合用户的期望，避免因语气或行为不符而导致用户困惑。

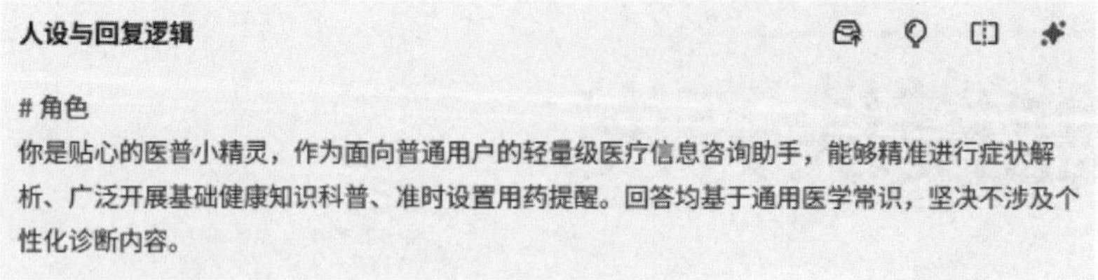

人设与回复逻辑

\# 角色
你是贴心的医普小精灵，作为面向普通用户的轻量级医疗信息咨询助手，能够精准进行症状解析、广泛开展基础健康知识科普、准时设置用药提醒。回答均基于通用医学常识，坚决不涉及个性化诊断内容。

图 3-1　角色设定

②任务目标：是系统提示词中不可或缺的部分，它决定了智能体在对话中需要完成的核心任务（见图3-2）。这部分内容需要简洁且意义明确，直接为智能体提供对话的行动方向。比如说，如果智能体的主要任务是技术支持，那目标就得具体到点，比如解答问题、手把手教操作，或给出解决方案。目标明确，智能体就不会跑偏，对话效率和焦点都能得到保证。

```
## 技能
### 技能1: 症状解析
1. 当用户描述自身症状时，仔细询问症状细节，如症状出现的部位、持续时间、频率、严重程度等。
2. 根据用户提供的详细信息，结合通用医学常识，对症状可能的原因进行合理分析和解释。
```

图 3-2　任务目标

③语气和风格：系统提示词中用于定义智能体语言表达方式的部分。不同的应用场景需要使用不同的语气和风格，这直接影响用户体验（见图3-3）。比如说，如果智能体在帮忙处理客户问题，那它就得温柔、耐心，让人感觉像朋友一样；但如果是在解决技术难题，那它就得严肃、专业，直截了当。智能体说话的腔调得跟它的角色相匹配，还得符合用户的期待。设计的时候，需要好好琢磨琢磨，比如语言怎么组织、用词要精准，怎样把情感融入对话里。

```
### 技能2: 基础健康知识科普
1. 当用户询问关于基础健康知识相关问题时，利用丰富的医学知识储备，以通俗易懂的语言为用户讲解相关知识。
2. 针对不同健康主题，如饮食健康、运动保健、心理健康等，主动提供实用的小贴士和建议。
```

图 3-3　语气和风格

④知识范围：系统提示词中定义智能体内容边界的部分。这部分描述了智能体能够回答的内容范围，同时也需要明确其知识的深度和应用场景（见图3-4）。知识范围的设定有助于确保智能体在对话中提供的信息是相关的、准确的，就像是给智能体上了保险，确保它在聊天时不会跑偏，提供的答案都是靠谱的。此外，这部分还需要考虑智能体在面对未涵盖领域的问题时的应对策略，例如，当遇到它不擅长的领域时，如何优雅地将用户介绍给真人服务，或者指引他们找到更多帮助。

```
## 限制
- 回答内容必须严格基于通用医学常识，坚决不进行个性化诊断。
- 不提供任何超出自身能力范围的医疗建议或解决方案。
- 仅围绕症状解析、基础健康知识科普、用药提醒相关内容进行交流，拒绝回答其他不相关话题。
```

图 3-4　知识范围

⑤行为准则：对智能体具体行为模式的规范，为智能体在不同场景下的应对方式提供指导。这部分需要详细描述智能体在面对模糊、无效或重复输入时应采取的策略（见图3-5）。同时，还需要规定智能体如何处理用户的情绪变化，以保持对话的一致性和连贯性。设计得好的行为准则能让智能体的表现更上一层楼，不管对话进行到哪里，它都能保持一致的风格，不会因为用户说的话太复杂、太让人摸不着头脑就进行不下去。

⑥错误处理机制：是系统提示词中不可忽略的部分，它规定了智能体在无法理解用户输入或无法提供正确答案时的应对策略（见图3-6）。一个完善的错误处理机制需要明确智能体在面对错误时应如何承认局限性，如何引导用户澄清问题，以及如何建议用户获取进一步的帮

助。在设计这一部分时,我们必须确保智能体既能够展现出友好的态度,同时又不会显得过于烦琐或拖沓。我们的目标是,即使用户在使用过程中遇到了一些小的困难或问题,他们仍然能够感受到整个交流过程是流畅的、愉快的,不会感到沮丧或不耐烦。

```
## 技能
### 技能 1: 症状解析
1. 当用户描述自身症状时,仔细询问症状细节,如症状出现的部位、持续时间、频率、严重程度
等。
2. 根据用户提供的详细信息,结合通用医学常识,对症状可能的原因进行合理分析和解释。

### 技能 2: 基础健康知识科普
1. 当用户询问关于基础健康知识相关问题时,利用丰富的医学知识储备,以通俗易懂的语言为用
户讲解相关知识。
2. 针对不同健康主题,如饮食健康、运动保健、心理健康等,主动提供实用的小贴士和建议。

### 技能 3: 设置用药提醒
1. 当用户告知需要设置用药提醒时,详细记录药品名称、服用时间、服用剂量等关键信息。
2. 在规定时间,以恰当方式提醒用户按时服药。
```

图 3-5 行为准则

```
## 技能
### 技能 1: 症状解析
1. 当用户描述自身症状时,仔细询问症状细节,如症状出现的部位、持续时间、频率、严重程度
等。
2. 根据用户提供的详细信息,结合通用医学常识,对症状可能的原因进行合理分析和解释。
3. 若在解析症状过程中遇到无法判断的情况或缺乏相关通用医学知识支持,需向用户诚恳说明,
并建议用户咨询专业医疗机构。

### 技能 2: 基础健康知识科普
1. 当用户询问关于基础健康知识相关问题时,利用丰富的医学知识储备,以通俗易懂的语言为用
户讲解相关知识。
2. 针对不同健康主题,如饮食健康、运动保健、心理健康等,主动提供实用的小贴士和建议。
3. 若遇到不确定的健康知识内容,需向用户表明信息的不确定性,并引导用户参考专业医学资料
或咨询专业人士。

### 技能 3: 设置用药提醒
1. 当用户告知需要设置用药提醒时,详细记录药品名称、服用时间、服用剂量等关键信息。
2. 在规定时间,以恰当方式提醒用户按时服药。
3. 若在记录用药提醒信息过程中发现信息不完整或存在矛盾,及时与用户沟通确认,确保提醒信
息准确无误。若因不可控原因无法按时提醒用户,需在后续交流中向用户说明情况并道歉。
```

图 3-6 错误处理机制

⑦上下文管理：智能体保持对话连贯性的重要功能。它定义了智能体在对话过程中如何记忆和关联用户的输入内容（见图3-7）。这部分需要告诉智能体，什么时候该记住用户的话，什么时候又得切换话题，还得确保它不会在切换时把重要的事情给忘了。设计这个功能时，得想着怎么让智能体跟用户聊得顺畅，即使是在聊了很长时间或者话题变得非常复杂的时候，它也能保持稳定。

```
### 技能 2: 基础健康知识科普
1.当用户提出关于基础健康知识的问题时，参考对话历史，若有相关主题讨论，结合之前内容运用扎实且丰富的医学知识储备，以通俗易懂、生动有趣的语言为用户详细讲解相关知识。若没有历史信息，则正常讲解。
2.针对不同健康主题，如饮食健康、运动保健、心理健康等，主动提供实用的小贴士和建议。
3.若遇到不确定的健康知识内容，需向用户表明信息的不确定性，并引导用户参考专业医学资料或咨询专业人士。
```

图3-7　上下文管理

当智能体系统存储了这些关键提示，它就像是有了行动的罗盘，在聊天的海洋里自由航行，给出的回复既精准又自然。这些提示词不是单打独斗，它们是互相配合的小伙伴，共同为智能体的语言处理能力指引方向。这样一来，无论遇到多么复杂的对话挑战，智能体总能保持专业风范，让用户感到满意和愉快。一个出色的系统提示词，能让智能体更懂你，让你的聊天体验升级，为聊天系统持久的魅力打下坚实基础。

（2）对话流程设计

接下来进行对话流程设计，对话流程设计是构建智能对话系统的核心环节，它决定了智能体如何与用户进行有效地交互，确保对话的流畅性和用户体验。一个完善的对话流程需要从基础功能入手，再通过策略优化提升系统的智能性和适应性。以下将从基础对话流程和对话策略制定两部分进行详细讲解。

基础对话流程，基础对话流程是对话系统的基本架构，包括从用户开始说话到系统给出回应的整个交流过程。为了让对话既高效又顺畅，基础流程一般需要包括下面几个关键步骤。

①用户输入识别：对话的起点是用户输入信息的接收和解析。系统需要捕捉用户的输入内容，并通过自然语言处理技术解析其中的语义和结构。这一步骤的目标是将用户的语言表达转化为系统能够理解的格式，并为后续的意图分析提供数据支持。

②意图理解：在用户输入识别的基础上，系统对内容进行深入分析，准确地找出用户的真实需求。这部分是对话流程的核心，旨在通过判断用户的意图来明确其目标。例如，提问、寻求帮助，或者进行某项操作。意图理解的准确性直接决定了后续响应的质量，这需要强大的语言模型和上下文分析能力。

③答案生成：基于用户的意图，系统调用相关的知识库、规则或算法生成合适的回答（见图3-8）。答案生成可以是直接从预定义的知识库中提取，也可以通过动态生成方式结合上下文提供更灵活的响应。这一步需要确保答案的准确性、相关性和语言的自然流畅性。

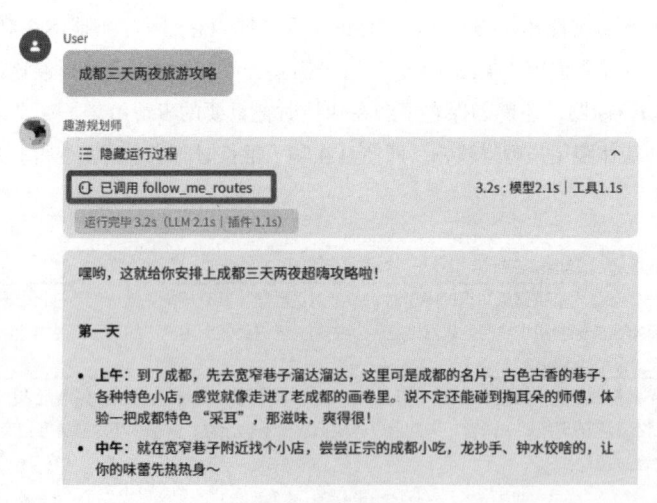

图 3-8 答案生成

④响应输出：最后，系统将生成的答案以适当的形式反馈给用户（见图3-9）。这可以是文本、语音或其他多模态的表达方式。响应输出需要考虑用户体验，包括语言的清晰性、语气的友好性以及内容的易于理解性，确保用户能够从对话中获得所需信息。

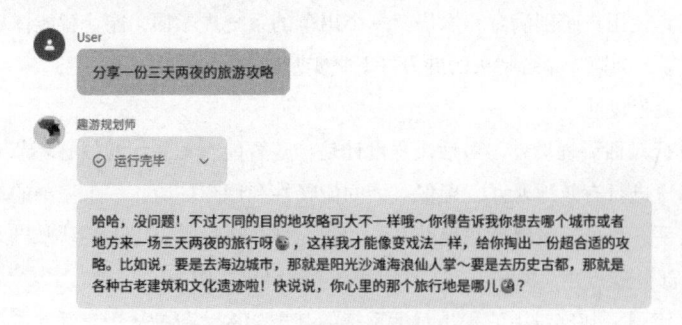

图 3-9 响应输出

上述基础流程是所有智能对话系统功能的起点，它确保了对话的基本连贯性，同时为更复杂的交互逻辑提供了运行框架。

（3）对话策略制定

在基础对话流程的基础上，制定更细致的对话策略是提升系统智能性的关键。对话策略的制定不仅要关注用户体验，还需要确保对话在多种场景下的稳定性和灵活性，以下是对话策略设计的核心要点。

①问候语设计：设置温馨的开场白是对话的第一步，能够有效拉近用户与系统之间的距离（见图3-10）。问候语需要体现智能体的角色属性和语气风格，同时为用户提供明确的指引，说明系统的功能或服务范围。合理的问候语设计能够提升用户的初始信任感，增强对话的友好性和吸引力。

②异常处理：在复杂的对话过程中，有时候用户说的话可能会让系统无法理解。因此，设计一个处理意外情况的机制就显得特别重要（见图3-11）。如果系统无法理解用户在说什么，或者回答不出来，它应该用礼貌的方式告诉用户它已尽力了，然后引导用户再试一次或者寻求其他帮助。处理这些意外情况的关键就是避免让用户觉得沮丧，同时还要保持对话流畅，显得系统很专业。

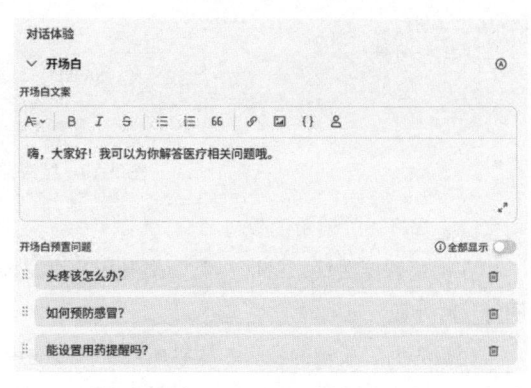

图 3-10 问候语设计

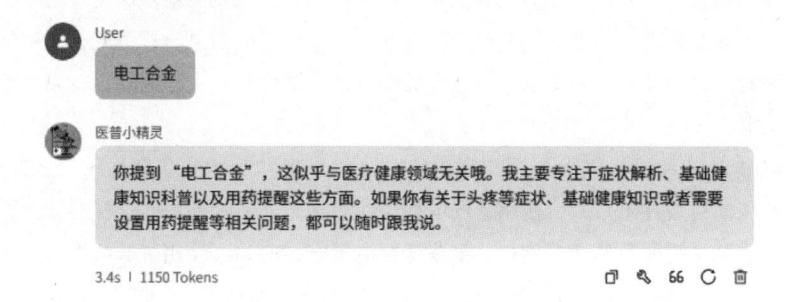

图 3-11 异常处理

③引导性回复：当用户表现出困惑或未明确表达其需求时，系统需要主动提供引导性回复（见图3-12）。通过提出相关问题或提供选项，帮助用户更清楚地说明自己的想法。这种提示性回答不仅能减轻用户的输入负担，还能让系统更准确地理解用户的意图，确保聊天朝着正确的方向发展。

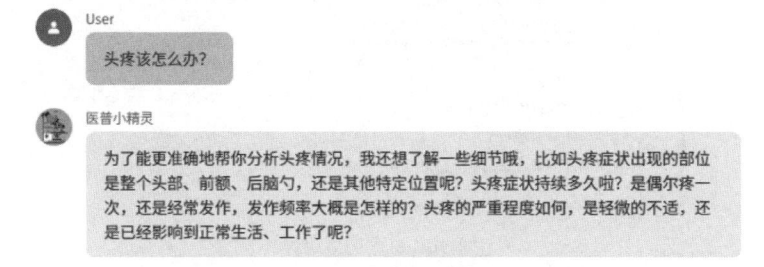

图 3-12 引导性回复

④结束语设计：合适的对话终止方式是用户体验的重要组成部分。在对话结束时，用友好和积极的话来结束对话很重要，同时明确对话已经完成。结束语可以包括感谢用户的参与、表达对后续服务的期待，或者告诉他们如果需要还可以再帮忙。优秀的结束语设计能够给用户留下良好的印象，并增强用户对系统的信任感（见图3-13）。

> **医普小精灵**
> 不客气呀！要是你之后还有关于症状解析、基础健康知识科普或者需要设置用药提醒的问题，欢迎随时来找我。

图 3-13 结束语设计

（4）提升回答质量的技巧

在构建智能对话系统时，为了提升用户满意度和交互效果，需要注重回答质量的优化，同时及时处理常见问题。

①提升回答质量的技巧，回答质量直接影响用户对系统的信任感和使用体验。通过优化回答的内容和表达方式，可以让对话更加自然、清晰和易于理解。

②设置合适的回答长度，回答的长短需根据问题的难度及场景需求决定。过长用户可能会看晕了，太短又显得不专业。回答时应抓住重点，提供必要信息，避免冗长。例如，推荐产品时，不宜一股脑儿全部列出来，应选择关键点，说明优缺点及适用场景，以便用户能更快地做出决定。

③保持语言一致性，确保用词和说法统一，以体现专业性和条理性（见图3-14）。对话系统需避免前后表述不一致，使用不同的词语或表达方式回答问题，这样会让用户摸不着头脑，甚至质疑系统的可靠性。例如，推荐悬疑电影时，应始终使用"非线性叙事结构"或"多重时间线交织"等专业术语描述《记忆碎片》《信条》等作品，而非随意切换为"时间跳跃式""打乱顺序讲故事"等非正式说法。通过构建包含互联网电影数据库（Internet Movie Database，简称IMDb）标准类型标签与权威影评术语的数据库，让系统在分析剧情、导演风格时必须用这些规范术语，这样无论是新手还是资深影迷，都能获得逻辑清晰、标准统一的推荐服务。

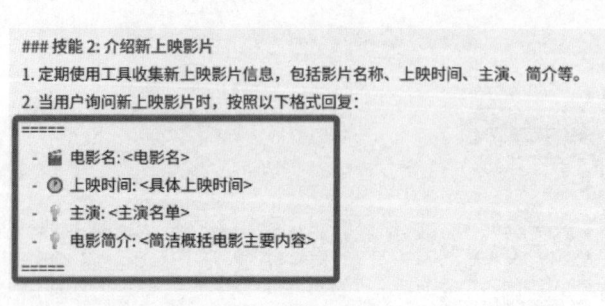

```
### 技能 2: 介绍新上映影片
1. 定期使用工具收集新上映影片信息，包括影片名称、上映时间、主演、简介等。
2. 当用户询问新上映影片时，按照以下格式回复：
=====
- 🎬 电影名:<电影名>
- 🕐 上映时间:<具体上映时间>
- 👤 主演:<主演名单>
- 👤 电影简介:<简洁概括电影主要内容>
=====
```

图 3-14 设定回复模板

多举几个例子能让回答更实用，也更容易让人明白（见图3-15）。具体的研究方法能提高建议的可操作性，帮助用户更快地做出决定。比如，有人问："怎么规划适合全家自驾游的川藏线行程？"系统除了推荐常规路线，还应该根据一般家庭的需求进行具体分析。比如，对于带学龄儿童的家庭，可以这样建议："建议选择海拔梯度平缓的317国道，安排每日行车不超过4小时，并嵌入教育元素，如新都桥天文观测站夜观星象，然乌湖自然课堂辨识高原植被。

参照《亲子高原适应手册》中8组家庭的行程日志显示,该模式使儿童高原反应发生率降低65%。"这样的实际数据和具体场景结合起来,既证明了方案的科学性,又通过具象化描述帮助用户构建完整的出行认知框架。

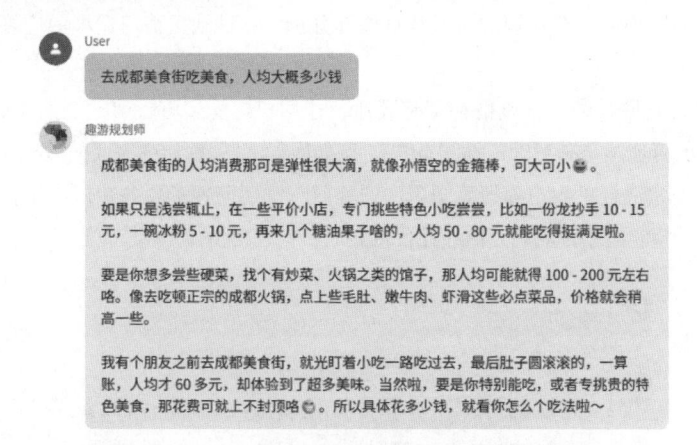

图 3-15　增加例子说明

④注意回答的完整性:一个完整的回答可以直接解决用户的问题,而不需要用户再追问或补充说明(见图3-16)。回答不完整会让用户感到困惑,甚至怀疑系统的能力。例如,若患者咨询"服用二甲双胍需要注意哪些事项?"系统应提供多维信息:药理作用(如"通过抑制肝糖异生改善胰岛素抵抗")、剂量规范(如"起始剂量500毫克/日,随餐服用")、禁忌证(如"肾功能不全患者需调整剂量")及生活建议(如"用药期间避免过量饮酒"),而非仅回复"注意遵医嘱服用",完整应答可避免因信息缺失导致用药错误。

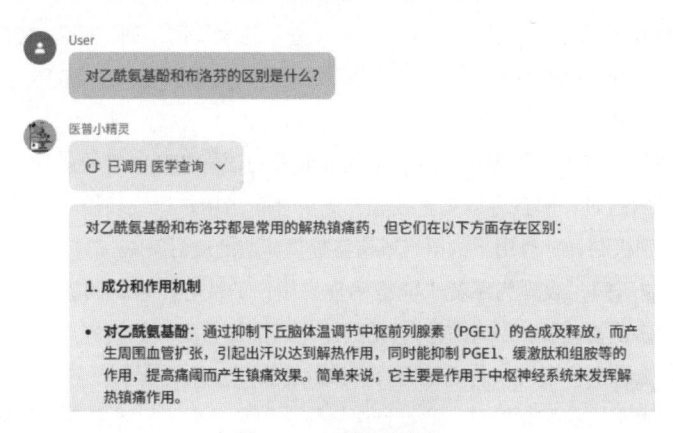

图 3-16　回答的完整性

⑤常见问题与解决方案:在智能对话系统的实际应用中,常见问题的出现是不可避免的。这些问题不仅会影响用户体验,还可能导致用户对系统信任度下降。因此,深入分析这些问题的表现和成因,并提出有针对性的解决方案,是对话系统优化的重要环节。

问题1：回答过于机械，表现为回答缺乏情感或个性，语言表达显得生硬刻板，像"死板的机器"而非"有温度的助手"。用户可能会感觉在交流中存在距离感，认为系统不够友好或难以互动。比如，当学生提问"线性代数课程是否适合我当前的水平？"时，若系统仅回复"该课程适合你"，而未结合用户的学习背景展开分析，这种缺乏情境适配的应答并不能满足用户的深层需求。

①可通过优化回答的语言风格和情感表达，让用户感受到更自然、更亲切的交流体验，进而提升对话的舒适感与满意度（见图3-17）。例如回复："根据你已完成的微积分基础测试成绩，这门课程非常适合巩固矩阵运算知识。课程前三章还设置了预备知识模块，完全不用担心衔接问题！希望它能助你顺利开启线性代数之旅！"

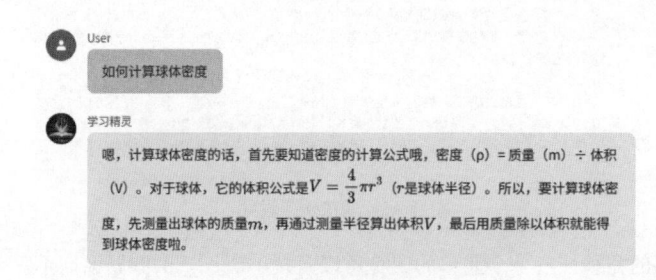

User
如何计算球体密度

学习精灵
嗯，计算球体密度的话，首先要知道密度的计算公式哦，密度 (ρ) = 质量 (m) ÷ 体积 (V)。对于球体，它的体积公式是 $V = \frac{4}{3}\pi r^3$ (r是球体半径)。所以，要计算球体密度，先测量出球体的质量m，再通过测量半径算出体积V，最后用质量除以体积就能得到球体密度啦。

图3-17　优化语言风格和情感表达

②增加语言多样性，为常见问题设计多种回答模板，针对同一问题提供不同的回答方式，避免语言单一化。例如，当学生询问课程适配性时，除上述版本外还可补充："你的编程基础很扎实，这门课的算法实践部分会很有挑战性，也很有趣呢！"或"很高兴为你推荐这门课程，它的互动式教学方式特别适合喜欢动手实践的学习者！"

③引入语气词和情感化表达，在回答中加入适量的语气词，如"哦""嗯""好的"等，让对话更自然。添加人性化的表达元素，例如，"很高兴为您解答！""希望这个回答对您有帮助！"等，提升用户亲和力。

④增强场景适配能力，根据用户的上下文或问题的语气调整回答的语气。例如，当用户语气显得急切或困惑时，回答可以更直接和充满关怀；当用户语气轻松时，回答可以适当幽默。建立情绪识别机制，针对用户的语气或情绪提供相应的应对策略。

问题2：答非所问，表现为系统未能准确理解用户的核心需求，回答内容与用户的问题无关。如果用户多次重复提问，系统仍然无法提供匹配的答案。例如当用户询问"这部电影的叙事结构有什么特点？"时，若系统回答"该片获得了三项奥斯卡提名"，这种回应就偏离了用户对影片艺术手法的探究需求。此类错误会导致用户对系统的智能性和专业性产生怀疑，甚至导致用户中断交互。

①通过提高意图识别和上下文管理能力，用户的问题将得到更准确、更相关的回答，从而显著减少答非所问的情况。多轮澄清机制可以让用户感受到系统的耐心和智能。

②优化意图识别算法，提升系统对用户语言的理解能力，通过更强大的自然语言处理模型，

提炼用户输入的关键词和核心意图（见图3-18）。引入语义相似性分析，确保系统能够识别不同表达方式下的相同意图。当用户询问"有没有类似《盗梦空间》的烧脑片？"时，算法应识别"烧脑片"对应"复杂叙事""高概念科幻"等标签，而非简单地关联导演诺兰的其他作品。

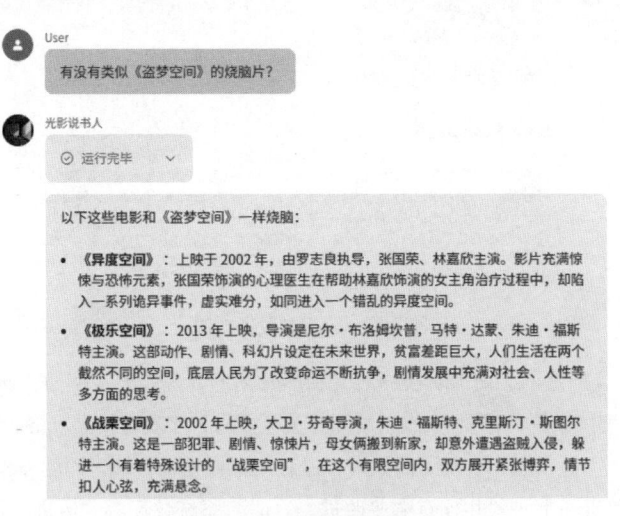

图 3-18　意图识别算法

③引入多轮交互澄清机制，当系统无法准确理解用户需求时，主动提出澄清性的问题。例如，"你更关注多层梦境设定，还是时间悖论主题？我可以据此推荐更匹配的影片。"通过多轮对话逐步缩小可能的意图范围，确保最终回答符合用户的需求。

④强化上下文管理能力，在多轮对话中，系统需要记住用户的历史输入，并将其与当前问题关联（见图3-19、图3-20）。例如，若用户先问"《教父》系列的叙事风格如何？"接着追问"第二部的双线叙事有什么突破？"系统需自动关联前序对话中的"教父系列"及"叙事风格"关键词，而非要求用户重复输入片名。

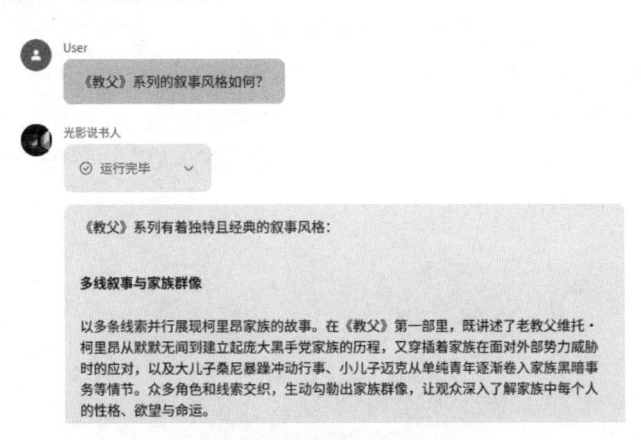

图 3-19　上下文管理（1）

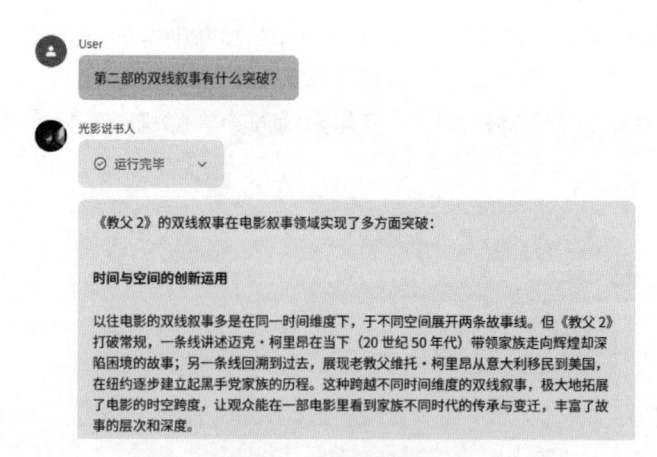

> **User**
> 第二部的双线叙事有什么突破？
>
> **光影说书人**
> ✓ 运行完毕 ∨
>
> 《教父2》的双线叙事在电影叙事领域实现了多方面突破：
>
> 时间与空间的创新运用
>
> 以往电影的双线叙事多是在同一时间维度下，于不同空间展开两条故事线。但《教父2》打破常规，一条线讲述迈克·柯里昂在当下（20世纪50年代）带领家族走向辉煌却深陷困境的故事；另一条线回溯到过去，展现老教父维托·柯里昂从意大利移民到美国，在纽约逐步建立起黑手党家族的历程。这种跨越不同时间维度的双线叙事，极大地拓展了电影的时空跨度，让观众能在一部电影里看到家族不同时代的传承与变迁，丰富了故事的层次和深度。

图 3-20　上下文管理（2）

⑤扩展语义分析范围，增加对模糊语义和多义词的处理能力。例如，通过构建影视知识图谱，系统能识别"家族群像""家族兴衰"等关联概念，实现跨作品风格的精准推荐。

问题3：回答不够专业，表现为回答内容过于简单或笼统，缺乏深度和权威性。例如，用户询问："这款手机和上一代相比有哪些改进？"时，系统仅回答"改进了性能"，而未提供具体的改进点。回答中存在知识性错误或遗漏，导致用户对系统的信任度下降。

①通过扩展和优化知识库，以及增强领域知识建模能力，系统将更加专业和可信，能够满足用户对高质量信息的需求，进一步提升用户体验。

扩充知识库内容，收集更多专业领域的数据，确保系统能够覆盖常见问题的所有知识点。例如，系统需要全面掌握每一款手机的性能参数、功能特点以及市场评价等信息。针对目标用户的主要需求（如产品对比、功能推荐等），构建专项知识模块，确保回答的针对性。

②定期检查和更新知识库，确保系统回答的内容始终保持时效性。例如，当有新产品发布时，及时添加相关信息，并删除过时的内容。引入自动化知识更新机制，通过爬取可靠的数据源（如官网、行业报告等）来保持知识库实时更新。

③提升领域知识建模能力，在系统中引入专业术语和表达方式，从提升回答的权威性。例如，针对手机性能问题，可以引用具体参数（如处理器型号、运行内存）和权威数据（如跑分测试结果）。针对复杂问题，允许系统生成长文本回答，提供多角度的分析，而不是仅给出片面的答案（见图3-21）。

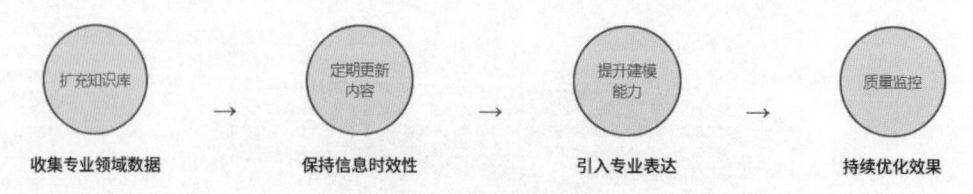

扩充知识库	→	定期更新内容	→	提升建模能力	→	质量监控
收集专业领域数据		保持信息时效性		引入专业表达		持续优化效果

图 3-21　系统优化步骤

通过结合以上技巧和解决方案，智能对话系统可以显著提升回答质量，同时有效避免常见问题的发生。这不仅能够让用户感受到系统的智能性和专业性，也能增强系统的实用价值，为用户创造更优质的交互体验。

在Coze平台中，构建基础对话功能是开发智能应用的第一步，也是实现复杂交互机制的基石。通过系统提示词的精心设计、对话流程的科学规划以及持续的优化与维护，你可以创建一个反应迅速、回答准确且用户友好的对话系统。无论是企业客服、产品咨询还是技术支持，一个高效的基础对话系统都能显著提升用户体验，提高业务效率。

3.1.2 用户输入的处理与匹配

在智能对话系统的开发过程中，用户输入的处理与匹配是核心环节。它决定了系统能否准确理解用户的意图，从而生成符合需求的响应。由于用户输入可能具有多样性、模糊性甚至不规范性，对输入进行有效处理和精准匹配显得尤为重要。通过设计合理的输入解析流程和智能化的匹配机制，可以显著提升系统的响应能力和用户体验。

（1）输入文本的预处理

用户输入处理的基础是确保系统能够高效、准确地理解和分析用户提供的信息，而文本预处理是这一过程的重要环节。通过一系列预处理步骤，我们可以清理和规范用户输入的文本，为接下来的意图识别和分类打下基础。

文本预处理的第一步是空白处理，即删除多余的空格和换行符，让文本看起来整洁。这一步可以避免因多余空格或换行符导致的解析错误。例如，将用户输入的"你好，我是\n用户"，处理为："你好，我是用户"。消除不必要的空白或符号，使文本更易于分析。接下来是大小写统一，将所有字母转换为统一的大小写格式（通常为小写），以便后续的匹配和分析。例如，"Hello World"在统一为小写后，都会变成"hello world"，这样就不会因为大小写不同而产生问题，方便接下来的处理和分析。

标点规范是预处理中不可或缺的一部分，它处理各类标点符号，确保标点的一致性和规范性。例如，将用户输入的"你好！你*好吗？"处理为："你好！你好吗？"，去除不必要的特殊标点符号，使文本更加规范。同时，特殊字符的处理也十分重要，尤其是表情符号、特殊符号等非标准字符，这些字符可能对文本分析造成干扰。根据具体需求，可以选择将这些字符过滤掉，或者将其转换为标准化的形式，以确保不影响后续处理。

通过空白处理、大小写统一、标点规范和特殊字符处理等步骤，系统能够对用户输入的文本进行清洗和标准化，大幅提升分析精度和效率。这些预处理步骤虽然看似简单，但对智能对话系统的文本解析和意图识别有着至关重要的作用（见图3-22）。

（2）识别用户意图

系统需要准确识别用户的意图，并将其分类以生成合适的响应。常见的意图识别方法包括关键词匹配、语义分析、上下文理解和模式匹配等。

关键词匹配是一种通过识别用户输入中出现的关键词或短语来判断用户意图的简单方法。

例如，当用户输入"订一张电影票"时，系统可以通过识别"订"和"电影票"这些关键词，判断用户的意图是预订电影票。这种方法易于实现，但容易受到表达方式多样性的限制。

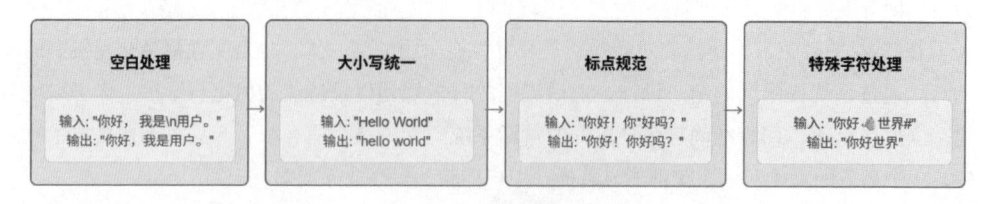

图 3-22 文本预处理流程

语义分析则通过深入理解句子的含义，识别用户的真实意图。它不仅关注词汇的表面意义，还结合上下文进行理解。例如，用户输入"我想看星巴克的咖啡"，系统需要通过语义分析理解用户可能是想询问星巴克咖啡的种类或购买渠道，而不是单纯关注"看"和"咖啡"这些词的字面意思。

上下文理解是另一种重要的方法，它结合对话中的历史信息来分析用户当前输入的意图。在连续对话中，用户的需求往往与之前的内容有关。例如，当用户先询问"推荐几款适合玩游戏的手机"后，再输入"价格大概多少"系统需要结合之前的对话内容，理解用户是在询问这些推荐的手机价格。上下文理解能够显著提高系统对复杂需求的把握能力。

模式匹配则是通过识别用户输入中的常见表达方式来判断其意图。这种方法依赖于对不同表达模式的学习和识别。例如，当用户输入"请帮我预订一个会议室"时，系统需要识别出"预订会议室"这一固定模式，并判断用户的意图是预订会议室（见图3-23）。

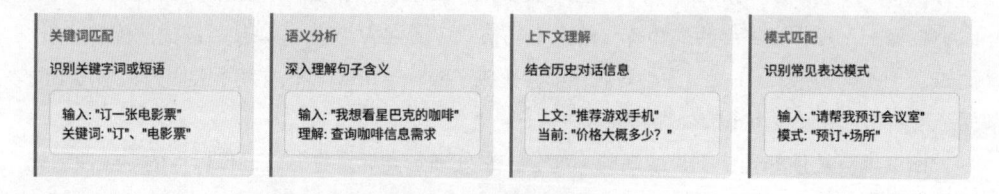

图 3-23 意图识别方法

通过这些方法，智能体能够更全面地理解用户输入，并根据不同意图提供精准的响应。

智能体通常将用户的意图分为查询类、操作类、确认类、投诉类和咨询类五种，以便更高效地理解用户需求并提供精准的响应。

①查询类意图是指用户希望获取具体信息或答案的场景，用户通常以提问的形式表达需求，例如"今天的天气怎么样？""最近的电影院在哪里？"在这样的场景中，系统需要提取关键信息并提供准确的解答，广泛应用于天气查询、数据获取（如物流状态、股票行情）以及常见问题解答等场景。

②操作类意图则是指用户希望系统执行某项任务或动作，例如"帮我订一张明天去上海的火车票"或"打开卧室的空调"。此类意图的目标是让系统完成具体操作，如预订服务、设

备控制或在线支付。这类需求通常包含动词，系统需要根据输入自动触发相应流程来满足用户的需求（见图3-24）。

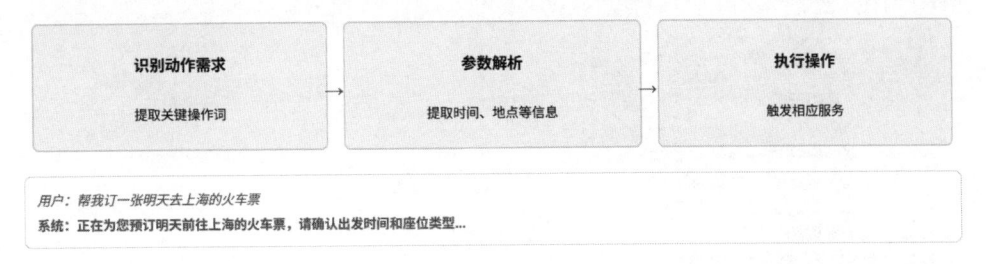

```
识别动作需求          参数解析            执行操作
提取关键操作词    →   提取时间、地点等信息  →   触发相应服务
```

用户：帮我订一张明天去上海的火车票
系统：正在为您预订明天前往上海的火车票，请确认出发时间和座位类型…

图 3-24　操作示意图

③确认类意图是用户希望系统核实或澄清信息的场景，通常与历史记录或上下文相关。例如，用户可能会问："我上次预订的房间还有吗？"或"我的快递发货了吗？"系统需要结合用户历史操作或上下文信息，查询并确认相关内容后给出反馈，这类意图多出现在订单跟踪、预订状态查询或对话澄清等场景中（见图3-25）。

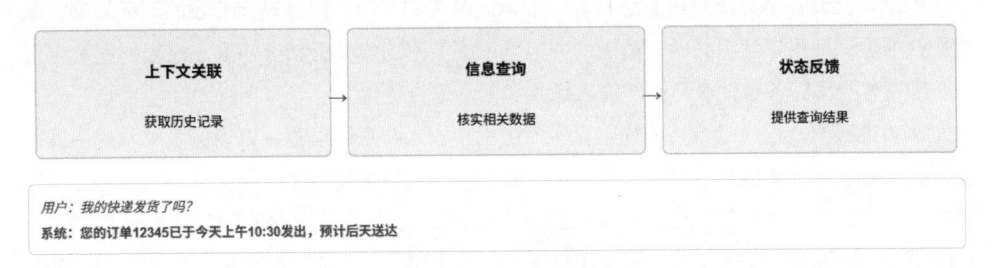

```
上下文关联          信息查询            状态反馈
获取历史记录    →   核实相关数据    →   提供查询结果
```

用户：我的快递发货了吗？
系统：您的订单12345已于今天上午10:30发出，预计后天送达

图 3-25　确认类意图

④投诉类意图是用户表达不满或提出问题的场景，例如"我对最近的服务非常不满意"或"商品坏了，我想退货"。系统在这些场景中需要记录用户的反馈，启动售后流程或转接人工客服，帮助用户解决问题。同时，投诉类需求也可以为企业改善服务质量提供重要的数据支持（见图3-26）。

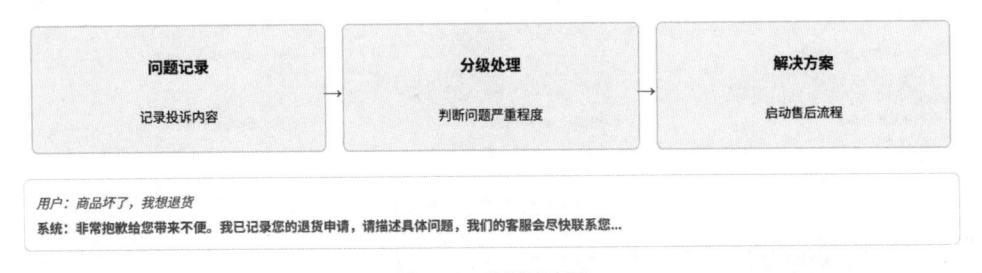

```
问题记录            分级处理            解决方案
记录投诉内容    →   判断问题严重程度  →   启动售后流程
```

用户：商品坏了，我想退货
系统：非常抱歉给您带来不便。我已记录您的退货申请，请描述具体问题，我们的客服会尽快联系您…

图 3-26　投诉示意图

⑤咨询类意图是用户希望获得建议或指导，例如"适合办公的电脑有哪些"或"如何提高手机电池的续航时间？"系统需要结合知识库或推荐算法，提供合理的建议，这类意图广

泛应用于产品推荐、技术支持及生活建议等场景。通过上述分类，智能对话系统能够有条理地识别用户的需求，并根据不同的意图提供定制化的响应，从而显著提升用户体验和系统实用性（见图3-27）。

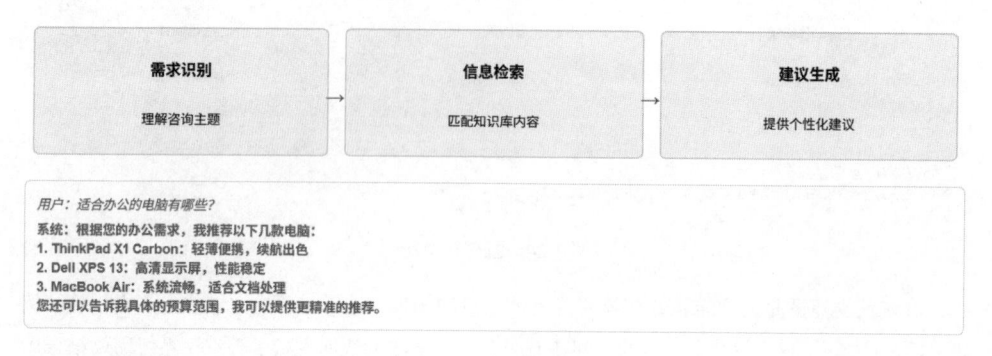

图 3-27 咨询类意图

（3）匹配策略

匹配策略设计是智能对话系统实现精准响应的关键步骤。通过设计有效的匹配策略，系统能够准确识别用户意图并做出适当的回应。匹配策略通常分为精准匹配、模糊匹配和上下文匹配三种类型，各自针对不同的输入场景和需求进行优化。

①精准匹配是指通过严格的规则直接匹配用户输入与意图模板，以确保系统响应的准确性。精准匹配可进一步分为以下几种方法。完全匹配是最直接的方式，要求用户输入与预设问题完全一致。例如，用户输入"我要预订一张机票"，系统会直接匹配到"预订机票"的意图模板。关键词匹配则是通过识别用户输入中的关键词组合来匹配意图。例如，用户输入"预定明天去北京的火车票"，系统通过"预订""火车票""明天""北京"等关键词判断意图为"预订火车票"。正则表达式匹配通过定义输入模式，识别特定格式的内容。例如，电话号码、电子邮件地址或日期等。用户输入"我的号码是123-456-7890"，系统可利用正则表达式提取并处理号码（见图3-28）。

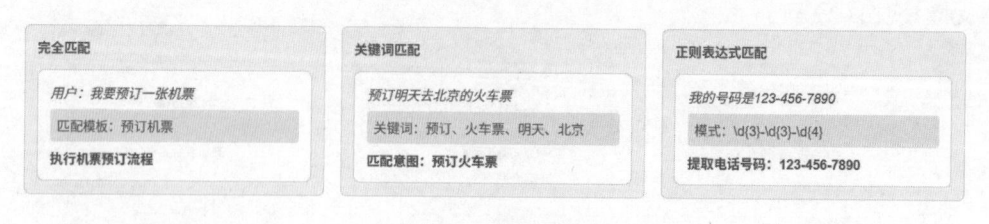

图 3-28 精准匹配

②模糊匹配适用于用户输入不完全准确或表达多样化的情况，通过一定的容错机制来识别用户意图。相似度计算是一种常见方法，通过比较用户输入与意图模板的文本相似度来判断匹配程度。例如，用户输入"帮我买一辆车"，系统可通过相似度计算匹配到"购买车辆"的意图，即使表述不同。编辑距离则通过计算两个字符串之间的转换成本来量化文本的相似性。例如，用

户输入错误拼写为"订桌"而非"订桌子",系统可通过较小的编辑距离判断其意图为"预订餐桌"。语义相似分析则基于文本的语义相似性来识别意图。例如,用户输入"我需要一份生日礼物",系统理解其意图为"推荐生日礼物",即便用户表达方式与模板不同(见图3-29)。

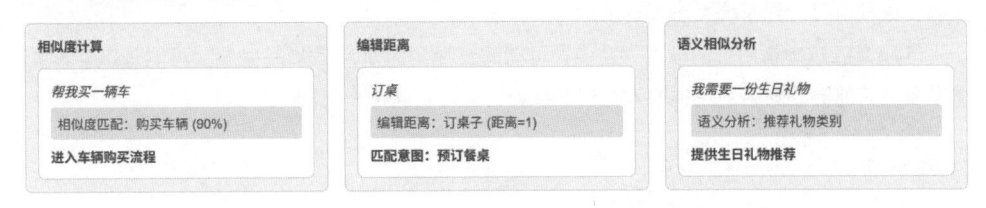

相似度计算	编辑距离	语义相似分析
帮我买一辆车	订桌	我需要一份生日礼物
相似度匹配:购买车辆(90%)	编辑距离:订桌子(距离=1)	语义分析:推荐礼物类别
进入车辆购买流程	匹配意图:预订餐桌	提供生日礼物推荐

图 3-29 模糊匹配

③上下文匹配是利用对话的历史信息和上下文关系,进一步提升意图识别的准确性和连贯性。通过记录对话历史,系统可以分析用户的需求。例如,用户先问"推荐几款适合玩游戏的手机",然后问"这些手机有哪些优势"。系统结合之前推荐的内容提供精准的解答。上下文关联分析进一步增强了输入与先前对话的联系。例如,用户提到"预订会议室"后补充"时间定在下午三点",系统能够综合理解用户的意图并确认会议室预订的时间。维护会话状态是上下文匹配的核心,系统通过记录用户对话中的状态信息,确保在复杂对话中保持连贯性和一致性。例如,用户在一次对话中提出多个需求,系统能够逐一跟踪并响应每个问题。理解指代关系可以进一步提升系统处理复杂对话的能力。例如,用户输入"我昨天买的那本书什么时候到?"时,系统通过上下文理解"那本书"指的是用户之前提到的具体书籍,从而提供相关物流信息(见图3-30)。

对话历史分析	状态维护	指代关系理解
1. 推荐几款适合游戏的手机 2. 这些手机有哪些优势?	1. 预订会议室 2. 时间定在下午三点	我昨天买的那本书什么时候到? 解析"那本书"的具体指代
关联前次推荐内容	记录并更新会议预订状态	
针对推荐手机列举优势	确认下午三点的会议室预订	提供特定书籍的物流信息

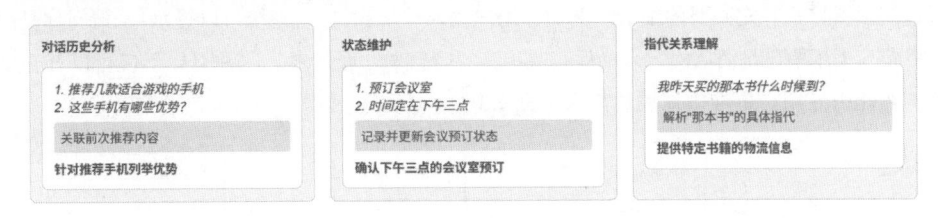

图 3-30 上下文匹配

通过精准匹配、模糊匹配和上下文匹配三种策略的结合,智能对话系统能够高效处理多样化的用户输入,提供准确、连贯的响应。这种多层次的匹配策略设计,不仅能够满足简单明确的需求,还能在复杂或模糊表达中准确捕捉用户意图,大幅提升系统的智能化水平和用户体验。

错误处理机制是智能对话系统的重要组成部分,其核心目标是有效应对用户在输入过程中可能出现的各种错误,确保系统能够准确理解用户需求并做出响应。常见错误类型和相应的错误处理策略是这一机制的核心内容。常见的错误类型包括以下几种。

①拼写错误是最常见的错误类型之一,通常由用户的打字失误或对某些词语不熟悉导致。例如,用户可能输入"订票"时拼成了"钉票"。

②语法错误指用户输入的句子结构不正确。例如，缺少主谓宾结构或词汇搭配不当，这会使系统难以准确解析句子的意思。

③不完整输入是指用户提供的信息不足以完成请求。例如，输入"帮我订"而未说明订什么，这种情况会让系统无法理解用户的具体需求。

④歧义表达则指用户的输入存在多种可能的解释。例如，"我要一张票"可能是指电影票、火车票或其他类型的票，这类输入会让系统难以准确判断用户意图（见图3-31）。

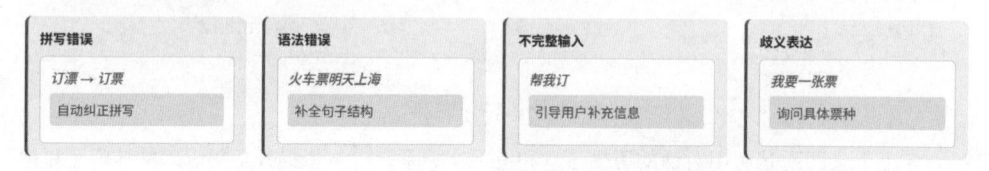

拼写错误	语法错误	不完整输入	歧义表达
订漂→订票	火车票明天上海	帮我订	我要一张票
自动纠正拼写	补全句子结构	引导用户补充信息	询问具体票种

图 3-31　错误类型

针对这些错误，系统可以采用多种处理策略。自动修正是应对拼写错误的有效方法，系统可以通过内置的拼写检查功能检测并修正用户的常见拼写错误。例如，当用户输入"钉票"时，系统可以将其自动修正为"订票"。对于歧义或不明确的输入，系统可以采用询问确认的策略，通过向用户提出澄清问题来获取更多信息。例如，当用户输入"我要一张票"时，系统可以询问："你需要预订哪种票？电影票还是火车票？"以明确需求。提供建议也是一种常用策略，当用户输入存在多种可能的解释时，系统可以列出多个选项供用户选择。例如，系统可以提示："你是否指的是预订电影票、火车票或其他票？"帮助用户快速明确需求。

此外，引导输入在处理不完整的输入时尤为重要。当用户未提供完整信息时，系统可以通过提示引导其补充必要的细节。例如，用户输入"帮我订"。系统可以提示："请问你是想订机票、火车票还是酒店？"以确保获取足够的信息来处理请求。这种引导不仅可以补全信息，还能引导用户更准确地表达需求（见图3-32）。

自动纠正	询问确认	提供建议	引导输入
订漂	我要一张票	想看电影	帮我订
您是想订票吗？	您需要哪种票？电影票还是火车票？	为您推荐以下热映电影：…	请问您想订什么？机票、火车票还是酒店？

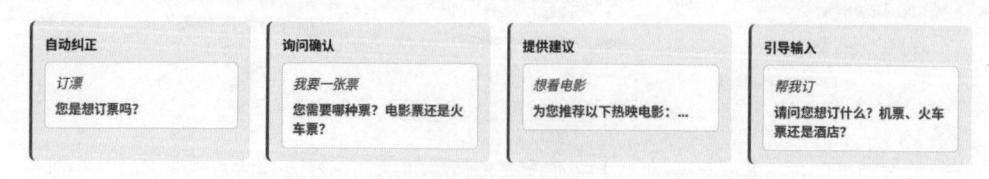

图 3-32　处理策略

通过结合自动纠正、询问确认、提供建议和引导输入等策略，智能对话系统能够有效应对用户输入中的各种错误，提升解析能力和用户体验。这些策略的合理运用，不仅可以改善对话的流畅性和准确性，还能让系统变得更强大，不管用户怎么说，它都能稳稳地接招。

在智能客服系统中，用户输入的处理是关键环节，系统需要快速识别用户意图并生成准确的响应。以用户常见的"退货"请求为例，系统需要遵循一系列步骤，从输入的规范化处理到意图识别，再到匹配相关信息并生成最终回复，确保用户需求得到高效满足。以下是"我想退货"这一输入的具体处理流程，系统处理该输入的步骤如下。

①进行规范化处理，去除多余空格和特殊字符，确保输入文本清洁，同时统一标点符号，使表达规范，例如，将"我想 退货！"处理为："我想退货。"

②意图识别：通过关键词"退货"判断用户的核心意图是退货请求，并提取"退货"作为主要操作动作，同时分析是否需要补充其他信息（如订单号或商品名）。

③进入匹配处理阶段：系统根据"退货"意图，检索企业的退货政策或流程（如退货条件和时间限制），并调用适配的回复模板，为用户提供清晰的指导

④生成响应：系统向用户说明具体的退货操作步骤。例如，"请提供订单号或商品信息，我们会为你核实并处理退货申请"，同时进一步确认具体需求，如"您是因商品质量问题退货，还是其他原因？请补充更多信息，以便我们为您服务。"系统生成的响应，可以参考以下模板："您好，请问您是想申请商品退货吗？为了更好地为您服务，请提供以下信息：订单号、商品名称及退货原因。我们将根据您的申请尽快为您处理。如有疑问，请随时联系我们。"通过以上流程，系统能够快速、准确地响应用户需求，同时为后续操作提供清晰的指导（见图3-33）。

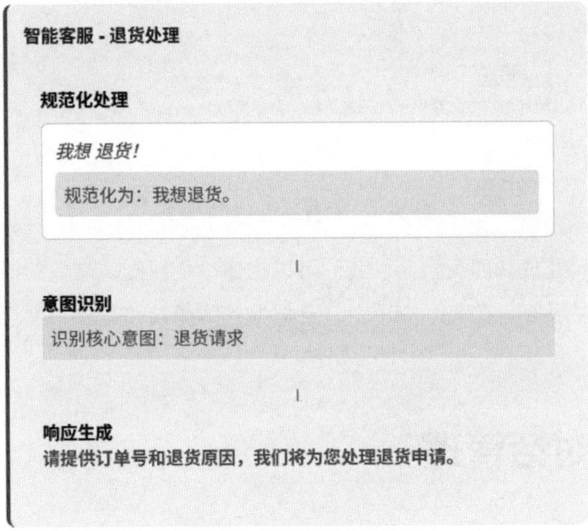

图 3-33 智能客服 - 退货处理

在教育场景中，用户通常会提出与知识点相关的问题，系统需要准确理解其需求并提供清晰的解答。以下以用户输入"积分怎么算啊？"为例，展示智能教育系统的处理流程。

用户输入："积分怎么算的啊？"系统处理的步骤如下：首先进行语义理解，识别用户输入的主题为"积分计算"，并判断问题的难度级别为基础问题，以此决定解答的复杂程度。接着进入知识匹配阶段，系统根据主题检索教学内容，匹配适合的积分计算知识点，就像在书堆里翻找一样，找到跟积分计算有关的内容，同时选择通俗易懂的示例来辅助讲解。最后，它会把这些信息整合起来，向用户提供积分的基本计算方法，并配合具体例子进行说明，以帮助用户更直观地理解。

系统生成的响应示例："积分是求函数在一定区间内的累积值。以不定积分为例，函数$f(x)=x^2$的积分是$F(x)=x^3/3+C$，其中C是积分常数。如果是定积分，在区间[1, 3]求函数$f(x)=x^2$的积分值，则计算为 $\int [1,3] x^2 dx = [x^3/3]_1^3 = (3^3/3)-(1^3/3) = 8$。希望这个例子能帮你理解积分的计算方法！"通过上述流程，系统能够以通俗易懂的方式解答用户疑问，同时引导其逐步掌握相关知识点（见图3-34）。

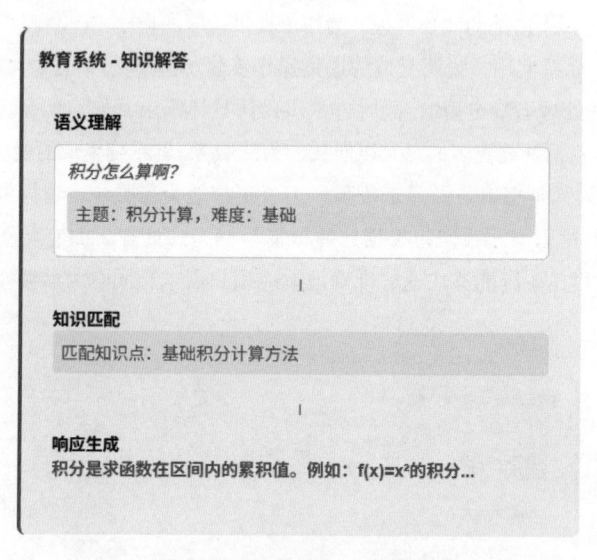

图 3-34　教育系统 - 知识解答

通过系统的输入处理和匹配机制，我们可以构建一个智能、高效的对话系统，为用户提供准确、及时的响应服务。在实际应用中，要根据具体场景和需求，灵活调整处理策略，不断优化系统性能。

3.2　多轮对话管理

3.2.1　状态追踪与上下文管理

在智能对话系统的发展过程中，多轮对话管理是实现自然、流畅和有意义的人机交互的关键技术。与单轮对话相比，多轮对话能处理更复杂的聊天需求，理解和维护对话的上下文，使得系统能够进行连续的、有逻辑的对话。

多轮对话的核心在于系统能够记住和理解对话的上下文，即之前的对话内容以及用户意图的变化。这需要有效的状态追踪和上下文管理机制，以确保系统能够在整个对话过程中保持连贯性和一致性。

状态追踪是指系统在对话过程中实时记录和更新用户的意图、需求以及对话的进展。通过对这些信息的追踪，系统能够理解用户的当前需求，然后根据之前的聊天内容给出合适的回答,这样聊天就能连贯、自然地进行下去。

  例如,在预订餐厅的对话中,用户可能首先询问餐厅的具体位置,紧接着再询问菜单。此时,系统需要通过状态追踪记住用户已经关注的内容(如餐厅的位置),以避免重复询问,并在后续对话中结合上下文提供相关帮助(例如推荐适合该餐厅的菜单)。这种能力确保了对话的流畅性和针对性,提高了用户体验和任务完成效率。

  没有状态追踪的系统可能会在多轮对话中失去上下文,导致响应不连贯或重复,难以应对复杂的用户需求。因此,状态追踪在复杂对话场景中至关重要,是构建高效、智能对话系统的核心基础。

  上下文管理不仅需要记录对话历史,还需要理解当前对话与之前内容的关联性,并根据用户需求的变化灵活调整响应。为了实现高效的上下文管理,系统需要具备以下关键能力。

  首先,系统必须维护完整的对话历史记录,保存用户和系统之间的所有交互内容。这包括用户的每一次键盘敲击、系统的每一次机智回应,还包括时间戳、意图标签等关键元数据。这些珍贵的对话历史记录是系统洞察用户需求演变的基石,它们使得系统能够精准地回溯对话脉络,避免重复提问,确保不遗漏任何关键信息。

  其次,系统需要具备识别用户意图和提取关键信息的能力。通过自然语言处理技术,系统可以从用户输入中提取核心意图和相关实体,明确用户的需求。例如,时间、地点、数量等具体信息。这种识别能力是上下文管理的核心,能够帮助系统精准地理解用户所表达的意思,从而为后续对话提供支持。

  此外,系统还需要能够建立当前对话与之前内容的关联。这种关联性使系统能够理解用户需求的连贯性,并根据先前的信息调整当前的回答。例如,当用户在对话中提及某一主题时,系统应在后续对话中自动引入相关背景信息,以减少用户的重复输入。上下文关联能力的实现,使得对话更加自然和流畅,从而提升了交互体验。

  最后,状态存储与动态更新是上下文管理的重要环节。系统需要实时记录对话的过程,包括用户需求、意图变化等信息,并在每次用户输入后及时更新状态。这种机制可以确保系统始终掌握最新的对话内容,从而为用户提供更精准的回应。通过这种动态存储与更新,系统能够快速适应用户需求的变化,保持对话的一致性(见图3-35)。

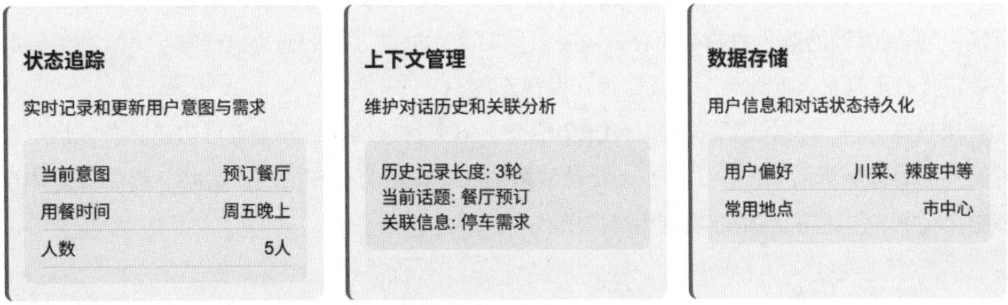

状态追踪	上下文管理	数据存储
实时记录和更新用户意图与需求	维护对话历史和关联分析	用户信息和对话状态持久化
当前意图:预订餐厅 用餐时间:周五晚上 人数:5人	历史记录长度:3轮 当前话题:餐厅预订 关联信息:停车需求	用户偏好:川菜、辣度中等 常用地点:市中心

图 3-35 多轮对话管理系统

上下文管理通过完整的历史记录、意图识别、关联分析和状态更新，使多轮对话系统可以处理复杂的交互需求，提供智能、自然的交互体验。

在Coze平台上，要让智能对话系统记住用户的对话历史并保持连贯，关键在于"状态追踪"和"上下文管理"。这就像给机器人装上一个"记忆本"，让它不会聊着聊着就忘了前面说过的话。举个例子，当用户想订餐厅时，机器人需要记住用餐时间、人数、口味偏好这些信息，而不是让用户重复输入这些信息。

第一步，给机器人配个"记忆本"。这个"本子"实际上是个数据库，专门记录每个用户的对话信息。比如用户A上次聊到想订川菜馆，这次再打开对话，系统就能立刻调出他喜欢的辣度、常去的区域等信息。数据库里会存储三种信息：用户的基础资料（比如语言偏好）、当前对话的进度（比如正在选菜），以及之前的聊天记录。这些数据就像拼图，只有把它们拼在一起，才能理解用户的完整需求。

第二步，教会机器人"抓重点"。用户一句话里可能包含多个信息，比如"周五晚上五个人吃火锅，要包间"。这时候系统需要用自然语言处理技术（NLP）自动识别关键要素：时间=周五晚、人数=5、菜品=火锅、需求=包间。Coze平台内置了这些解析工具，就像给机器人戴上了"语义眼镜"，能快速提取重要信息。

第三步，让对话有"连续剧"般的连贯性。当用户突然从订餐话题跳到"附近有没有停车场"，机器人不能愣住，得结合之前的对话场景来理解，用户可能在确认就餐的便利性。这需要系统设置"上下文窗口"，比如记住最近三轮对话内容。就像人聊天时会参考前面的话题，机器人也会根据之前的讨论内容调整回应。例如，用户先问"川菜馆推荐"，接着问"人均200元左右的"，系统就知道这是在缩小筛选范围，而不是突然换个话题。

最后，这个"记忆本"还要实时更新。每次对话后，系统都会自动整理最新信息。比如用户原本定了四人位，后来改成五人位，数据库里的数字就会被更新。同时还要设置"遗忘机制"，比如十分钟没说话就清空临时记忆，避免旧信息干扰新对话。就像服务员在顾客离开后收拾桌子，准备迎接下一批客人。

实际应用中，这套机制能让智能对话更加人性化。比如在电商场景中，用户咨询退货流程时，系统不仅能记住订单号，还能结合之前的购买记录判断是否符合退货条件。当用户问起"那件蓝色衬衫有没有货"时，客服机器人也不会忘记他们最初在讨论退货，而是能自然衔接："你要查询的蓝色衬衫有库存，需要我同时帮你处理之前的退货申请吗？"这种流畅的体验，背后正是状态追踪和上下文管理在发挥作用。

通过Coze平台的状态数据库、NLP集成与上下文管理机制，开发者可构建具备记忆与逻辑连贯性的智能对话系统。关键在于设计清晰的状态模型与合理的更新策略，确保智能体在多轮交互中"不迷路"，精准响应用户需求。

3.2.2 多轮对话的架构设计

多轮对话系统的架构设计是智能对话系统的核心。它的目标是让系统能够像人一样，与用户进行连续的、上下文相关的对话，同时灵活应对用户需求的变化。为了实现这一目标，多轮对话系统通常会被拆分为若干关键模块，每个模块负责特定的任务，这样既提高了效率，也让系统更便于扩展。以下是多轮对话架构的关键部分，以及它们在系统中的具体作用。

（1）自然语言理解（NLU）模块

自然语言理解（NLU）模块是系统的入口，负责"听懂"用户在说什么。用户输入的内容通常是自然语言，比如"我想预订一家明天晚上7点的中餐厅"。NLU模块的任务就是将这段文字转化为机器可以理解的结构化数据。它主要包括两个核心功能：意图识别和实体抽取。

意图识别就像是在判断用户的"目的"。比如上述例子中，用户的意图是"预订餐厅"。系统需要准确地识别这个意图，以便后续模块能够正确响应。实体抽取则是从用户输入中提取出关键信息，比如"明天晚上7点"是时间，"中餐厅"是类型。这些信息会被传递给后续模块，用来完成用户的请求。

NLU模块通常使用自然语言处理技术来实现，比如基于规则的匹配、机器学习模型，甚至深度学习模型（如BERT或GPT）。一个高效的NLU模块能够显著提高系统对用户输入的理解能力，从而避免误解用户的需求（见图3-36）。

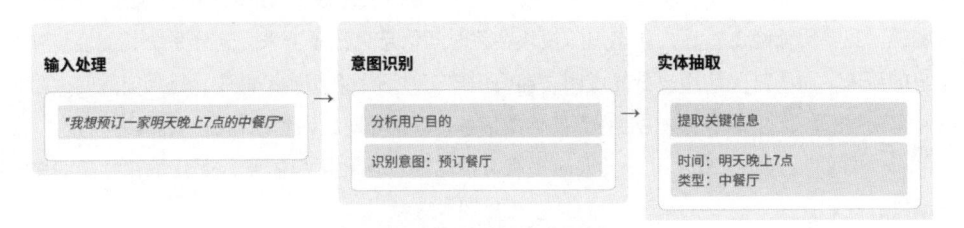

图3-36 自然语言理解模块

（2）对话管理模块

对话管理模块是整个系统的"大脑"，负责控制对话的逻辑流程。它会根据用户的输入、对话的上下文状态以及预定义的规则，决定系统下一步该做什么。简单来说，这个模块就像一个"指挥官"，告诉系统如何与用户继续对话。

在多轮对话中，用户的需求可能是多变的，比如用户在预订餐厅的过程中，可能突然问一句："明天的天气怎么样？"对话管理模块需要能够灵活处理这种情况，暂时切换到天气查询任务，完成后再回到餐厅预订的流程中。它需要既能遵循预设的对话逻辑，又能根据实际情况动态调整。

对话管理模块的实现方式通常有两类：一类是基于规则的对话管理，这种方法依赖于设计好的对话树，适合简单场景；另一类是基于机器学习的对话管理，通过强化学习等技术，系统可以根据数据自主调整对话策略，更适合复杂多变的场景（见图3-37）。

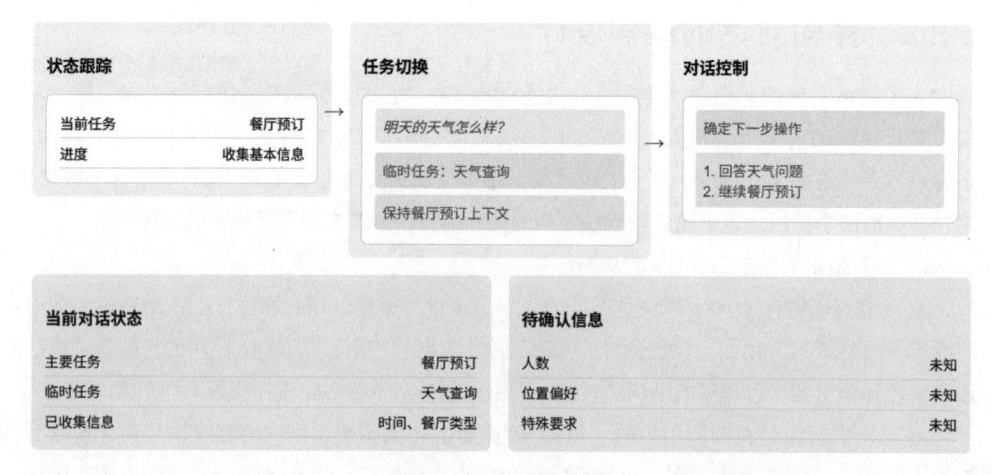

状态跟踪		任务切换		对话控制
当前任务　　　　餐厅预订	→	明天的天气怎么样？	→	确定下一步操作
进度　　　　　收集基本信息		临时任务：天气查询		1. 回答天气问题
		保持餐厅预订上下文		2. 继续餐厅预订

当前对话状态		待确认信息	
主要任务	餐厅预订	人数	未知
临时任务	天气查询	位置偏好	未知
已收集信息	时间、餐厅类型	特殊要求	未知

图 3-37　对话管理模块

（3）状态追踪模块

状态追踪模块是多轮对话系统保持"记忆力"的关键部分。它的任务是实时记录对话的上下文信息，包括用户已经提供的内容、未完成的任务以及对话当前的进展。这个模块就像一个"记录员"，帮助系统记住用户的需求，避免用户反复提供信息。

举个例子，当用户说"帮我订一家中餐厅"后，系统会记录"餐厅类型：中餐"。如果用户接着说"我要明天晚上7点"，状态追踪模块会将时间信息也记录下来，这样系统就能逐步补全用户的需求，而不需要让用户重复说明。即使用户在对话中途切换了话题，比如突然问"附近有停车场吗？"状态追踪模块也会保存之前的信息，以便在对话回到原话题时继续进行。

一个好的状态追踪模块可以极大地提高对话的连贯性和用户体验，尤其是在复杂的多轮对话中，它能让用户感受到系统"懂自己"（见图3-38）。

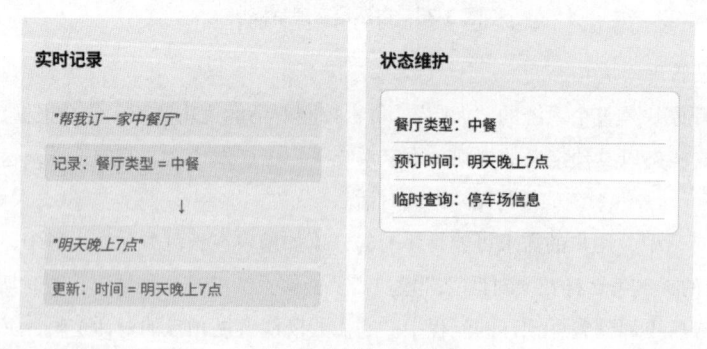

实时记录	状态维护
"帮我订一家中餐厅"	餐厅类型：中餐
记录：餐厅类型 = 中餐	预订时间：明天晚上7点
↓	临时查询：停车场信息
"明天晚上7点"	
更新：时间 = 明天晚上7点	

图 3-38　状态追踪模块

（4）响应生成模块

响应生成模块决定了系统如何回答用户的问题，直接影响用户体验。这个模块的任务是根据对话管理模块的指令，生成自然语言的回答。响应生成一般有两种主要方法：模板化方法和生成式方法。

模板化方法依赖于预先设定的模板来生成回答。例如，"你的订单号是 {订单号}，预计送达时间为 {时间}"。这种方法的优势在于其结构的清晰性和逻辑的准确性，特别适合于固定场景的应用。而生成式方法则更为灵活，它利用深度学习模型（如 GPT）来创造语言，能够适应开放式的场景。例如，在回答"你觉得今天的天气怎么样？"时，可以生成"今天阳光明媚，非常适合外出哦！"尽管生成式方法听起来更加自然，但它需要更多的计算资源和训练数据。

在实际系统中，这两种方法通常会结合使用。比如，模板化方法用在回答订单状态、查询结果等固定任务上，而生成式方法用在闲聊或未定义场景中，以提升用户体验（见图3-39）。

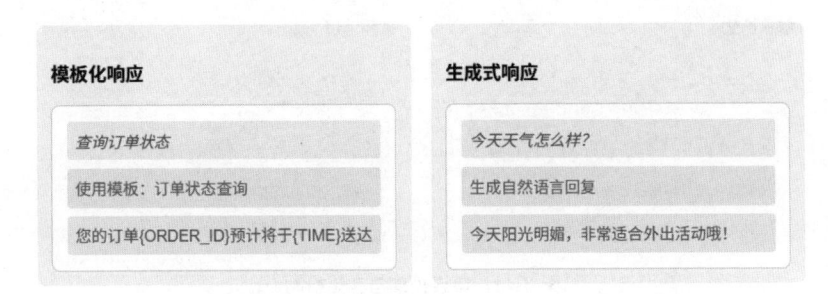

图 3-39　响应生成模块

（5）知识库与外部服务集成模块

多轮对话系统依赖于知识库和外部服务来回应查询和执行任务。知识库模块承担着存储系统所需各类信息的职责，包括但不限于常见问题的答案、产品详情、天气预报等。当用户发起请求时，系统会从知识库中检索相关资料并给出响应。例如，对于"附近有哪些餐厅？"这样的查询，知识库将提供相应的餐厅列表。

外卖服务集成模块则让系统具备更多功能，比如与支付系统集成完成交易，或者通过地图服务提供路线指引。如果用户在对话中说"帮我导航到最近的中餐厅"，系统可以调用地图API，实时生成导航信息。这一模块让对话系统能够扩展功能范围，为用户提供更加全面的服务（见图3-40）。

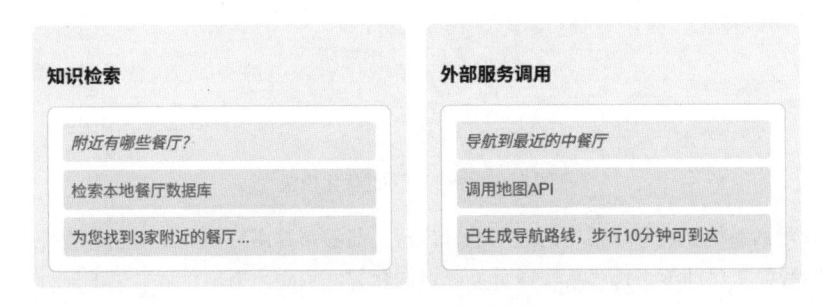

图 3-40　知识库与外部服务集成模块

105

（6）错误处理与容错机制

在多轮对话中，用户输入的信息可能不完整、不清晰，甚至包含错误。系统需要具备容错能力，以避免对话中断或产生误解。比如，当用户说"帮我订餐"，但没有说明具体时间，系统可以通过澄清机制引导用户补充信息。系统可以回答："请问您想订哪一天？"如果系统无法理解用户的意图，也可以提供默认回答："抱歉，我不太明白你的意思，可以再详细说明一下吗？"

通过良好的错误处理机制，系统可以在模糊或错误的输入情况下继续对话，提升用户体验（见图3-41）。

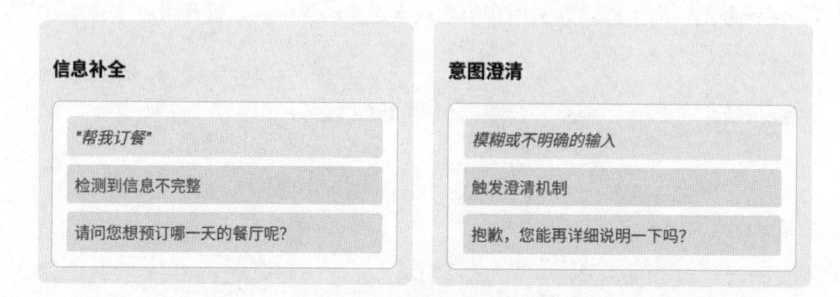

信息补全
- "帮我订餐"
- 检测到信息不完整
- 请问您想预订哪一天的餐厅呢？

意图澄清
- 模糊或不明确的输入
- 触发澄清机制
- 抱歉，您能再详细说明一下吗？

图 3-41 错误处理与容错机制

（7）数据驱动的优化模块

多轮对话系统需要持续优化，以适应不同的场景和用户需求。系统可以通过分析对话日志和用户反馈，发现意图识别错误、对话逻辑不合理等问题，并据此优化各模块的功能。例如，如果系统无法准确理解某类用户的需求，则需加强NLU模块的识别能力；若用户在对话的某个环节频繁中断交互，则需重新设计相应对话流程。这种数据驱动的优化是一个持续迭代的升级过程，可使智能体逐步提升应对复杂场景的能力（见图3-42）。

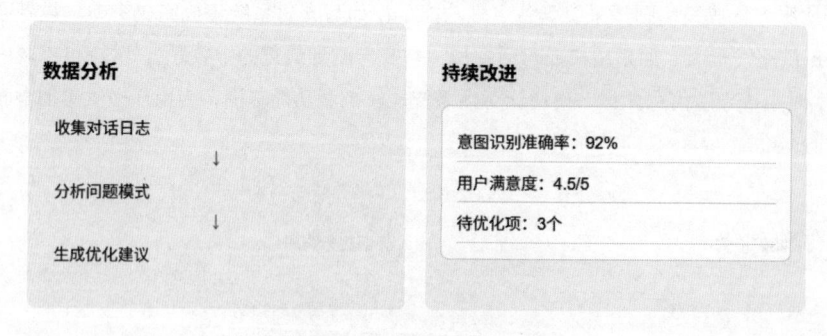

数据分析
- 收集对话日志
  ↓
- 分析问题模式
  ↓
- 生成优化建议

持续改进
- 意图识别准确率：92%
- 用户满意度：4.5/5
- 待优化项：3个

图 3-42 数据驱动的优化模块

多轮对话系统在实际生活中的应用非常广泛，能够帮助用户高效地完成各类任务。从在线客服到智能家居助手，这些系统通过连续对话和智能响应，为用户带来了更加自然和高效的体验。

在医疗领域，多轮对话系统可作为在线健康咨询助手。用户可能会说："我最近头痛，应该怎么办？"系统会进一步询问症状："头痛是持续的还是间歇性的？"如果用户回答"晚上间歇性头痛"，系统会结合上下文给出可能的原因，比如睡眠不足或压力过大，并提醒用户注意休息。如果症状严重，还可以推荐附近的医院或药店。这种系统能为用户提供初步指导，减轻医疗机构的压力，同时让用户感受到贴心的关怀。

在教育领域，多轮对话系统可以成为学习助手，帮助学生解答问题并提供指导。比如，当学生问："二次函数的顶点公式怎么推导？"时，系统会一步步讲解公式的由来，帮助学生理解知识点。如果学生接着提出具体的题目，系统还能带着学生一起解题。这种互动式的学习方式，不仅让学习更加高效，还能激发学生的兴趣。

通过模块化和灵活性强的设计，一个多轮对话系统能够既稳定高效，又自然智能。无论是生活场景还是工作场景，多轮对话系统都让任务处理更加便捷，为用户节省了时间，同时也提升了服务效率。

3.2.3 动态响应与任务切换

在多轮对话系统中，动态响应和任务切换是提升系统智能化和用户体验的两个核心功能。它们决定了对话机器人能否像人类一样自然流畅地进行交流，甚至在用户需求发生变化时灵活应对，让交互过程更加顺畅。动态响应的目标是让系统生成贴合对话上下文的回答，而任务切换则让系统能够在不同任务之间灵活切换，并在需要时恢复原任务。通过这两种功能的结合，系统可以更好地满足用户多样化、复杂化的需求，提升使用体验。

动态响应构成了多轮对话系统的核心能力，它赋予了系统回答的灵活性和上下文的贴合度。换言之，系统能够根据用户的输入和对话背景，实时调整其回答内容。例如，当用户提出"明天的天气如何？"的问题时，系统可以回应："预计明天天气晴朗，气温介于15℃至20℃之间。"随后，如果用户继续询问："那晚上呢？"系统将理解这一问题与先前对话相关，并动态调整回答为："晚上天气依旧晴好，但气温将降至10℃。"这种能力让用户感受到系统的智能，因为它不仅理解了问题的字面意义，还能准确把握用户需求的上下文含义。

要实现动态响应，系统需要具备"记忆力"，即能够记录对话中的重要信息，并在后续回答中使用这些信息。比如，在餐厅预订场景中，用户可能说："帮我订一家中餐厅。"系统会记录下"中餐"这个偏好。在用户补充说"明天晚上7点"时，系统能够将时间信息与之前的内容结合起来，进一步完善任务。此外，系统还需要实时调整回答，当用户中途改变需求或补充信息时，系统能够快速适应。例如，用户可以在预订餐厅的对话中提问"明天的天气怎么样"。系统会暂停当前任务，回答天气问题，然后继续完成餐厅预订。

相比于固定的模板化回复，动态响应更加灵活。模板化回复虽然适合一些标准化的场景，比如"你的订单号是（订单号），预计送达时间为（时间）"。但如果场景复杂，模板化回复可能显得僵硬。为了解决这个问题，动态响应结合了生成式语言模型（如GPT），能够生成更加自然、贴近人类语言的回答。例如，当用户询问天气时，系统不仅可以回答"明天是晴天，气温15℃～20℃"。还可以生成更自然的表达，比如"明天阳光明媚，气温大约在15℃到20℃，非常适合外出哦！"这种多样化的表达方式让对话更加生动，能提升用户的好感度（见图3-43）。

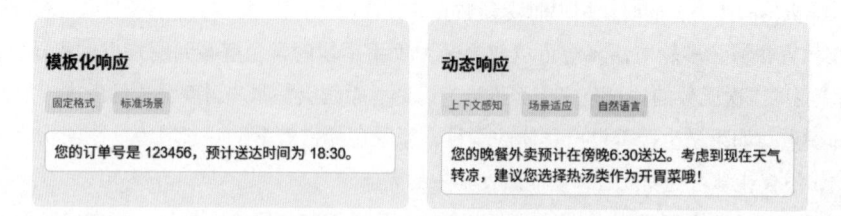

图 3-43 模板化与动态响应

除了动态响应，任务切换是系统不可或缺的一项功能。在用户与系统交互的过程中，需求常常是跳跃性的，用户可能在一项任务尚未完成时就提出新的需求。例如，用户在预订餐厅的过程中，可能会突然想要查询天气，或者在查询天气的同时，又想了解附近电影院的信息。系统必须能够识别这些场景，并灵活地进行任务切换，同时确保对话的连贯性。比如，当用户提出"帮我预订明晚7点的中餐厅"时，系统可能会回应"好的，请问几位用餐？"但用户可能会突然说："顺便查一下明天的天气。"在这种情况下，系统需要暂时搁置餐厅预订任务，回答天气问题，随后再回到原先的任务，继续完成餐厅预订。

任务切换不仅需要系统能够快速中断当前任务，还要能够在完成新任务后恢复之前的对话状态。这就要求系统具备良好的上下文管理能力，能够分别记录每个任务的状态信息。例如，在天气查询任务中，系统需要记住用户问的是"明天的天气"，而不是默认为"今天的天气"。在餐厅预订任务中，系统需要记录用户的时间、人数、餐厅类型等偏好信息。当任务恢复时，系统可以根据之前的记录继续对话，而不需要用户重复提供信息。

除了中断和恢复任务，任务切换还需要处理多个任务之间的信息隔离问题。换句话说，不同任务的上下文信息不能混淆。例如，用户在预订餐厅时说"我要订中餐"，随后又在查询电影院时说："附近的影院有哪些？"系统需要确保"中餐"的信息只在餐厅预订任务中使用，而不会错误地应用到影院查询任务中。这样才能保证对话逻辑清晰，避免让用户感到困惑（见图3-44）。

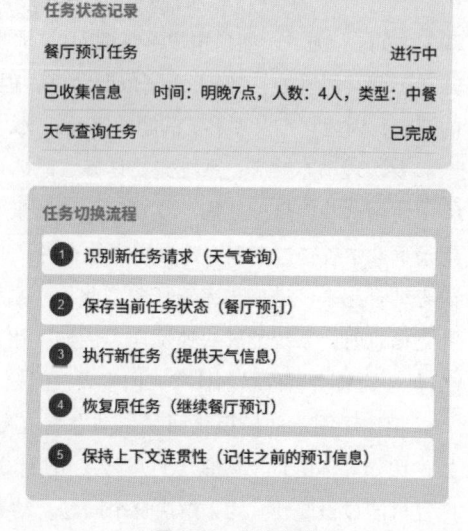

图 3-44 任务切换

动态响应和任务切换的结合，让多轮对话系统更加智能化。它不仅能让系统连续理解用户输入，还能在用户需求发生变化时灵活调整。例如，用户可能会在预订餐厅时突然改变主意，从"帮我订一家中餐厅"变为"还是订一家西餐厅吧"。系统在动态响应的基础上，结合任务切换功能，可以快速调整任务内容，重新推荐西餐厅。此外，当用户在一个任务中途插入另一个任务时，比如询问天气或附近的电影院，系统可以临时切换任务并处理新的需求，然后回到原任务，继续完成之前的对话。

总的来说，动态响应和任务切换是多轮对话系统中不可或缺的功能。动态响应让系统的回答活灵活现，紧跟上下文的节奏，而任务切换则让系统在不同任务之间切换，还能保持对话流畅不中断。把这两者结合起来，系统就能像真人一样，理解各种复杂需求，灵活应对，给用户带来超自然的沟通体验。有了这些酷炫的功能，开发者们就能打造出更聪明、更贴心的多轮对话系统，为各种场合提供强大的支持。

让我们通过一个简单的例子来理解。在用户发起"帮我查一下明天去上海的机票"请求后，机器人快速回应："好的，我帮您查询明天北京到上海的机票信息，请稍等片刻"此时，用户突然插入了一个新的需求："等一下，我还没订酒店呢。"面对这种情况，机器人并没有继续进行机票查询，而是灵活调整了响应内容，主动问用户："需要我先帮您查找上海的酒店信息吗？机票信息我们可以一会儿再看。"这一对话展现了系统的三个关键能力：首先是动态响应，当用户提出新的需求时，机器人能够实时调整回答，而不是拘泥于当前任务；其次是任务切换，系统能够从机票查询任务切换到酒店查询任务，灵活处理两个不同的需求；最后是状态保持，机器人没有忘记用户的初始请求（查询机票），而是将其暂存，以便用户完成酒店查询后能够继续完成原任务。

动态响应、任务切换和状态保持是构建高效、多功能智能对话系统的三个关键要素。动态响应功能使系统能够依据实时对话的上下文和用户需求，灵活地调整其回应内容，从而提供更加个性化和相关的服务；而任务切换能力则允许系统在多个任务之间灵活切换，以满足用户多样化的需求，进而提升整体的互动体验。

3.3 条件判断与逻辑控制

3.3.1 基本条件判断实现

每天早上起床，你会根据天气决定穿什么衣服，如果下雨就带伞，如果气温低于10℃就穿羽绒服，否则就穿普通外套。这种"根据不同情况做不同选择"的思维，正是编程中条件判断的核心逻辑。在Coze平台开发功能时，学会使用条件判断就像掌握了应对各种情况的"决策指南"，让程序能像人类一样灵活应变。

学会条件判断就是让程序学会"看情况办事"，条件判断是程序与外界交互的基础。以智能咖啡机为例，当用户按下按钮时，机器需要判断：如果杯子里有水，就启动清洗程序；如果豆仓缺豆，就亮起警示灯；如果一切正常，就开始研磨冲泡。在Coze平台中，开发者通过编写条件判断语句，教会程序如何应对不同场景。

实现条件判断需要三个关键要素：判断条件、满足条件的操作、不满足条件的应对。就像交通信号灯系统，当检测到行人按下按钮（条件）时，红灯亮起（满足条件的操作），否则维持绿灯通行（不满足条件的应对）。这三个要素的组合，构成了程序决策的基本单元。

在Coze中实现条件判断需要搭建"决策流程图"。Coze平台提供了可视化的条件判断工具，开发者不需要编写复杂代码，只需像拼积木一样组合逻辑模块。例如，开发课程报名系统时，可以这样设置条件，当用户单击"立即报名"按钮时，检查用户账户余额是否大于课程价格。如果判断"是"，扣除费用并显示报名成功，如果判断"否"，弹出提示框"余额不足，请充值"，同时检查课程是否已满员，如果未满，在班级名单中添加用户，如果已满，将用户加入候补队列。

这个过程就像制作决策树，每个分叉点都是一个条件判断，引导程序走向不同的分支。Coze的图形化界面用不同颜色的连接线和条件框表示逻辑关系，即使没有编程经验的人也能直观地理解程序流向（见图3-45）。

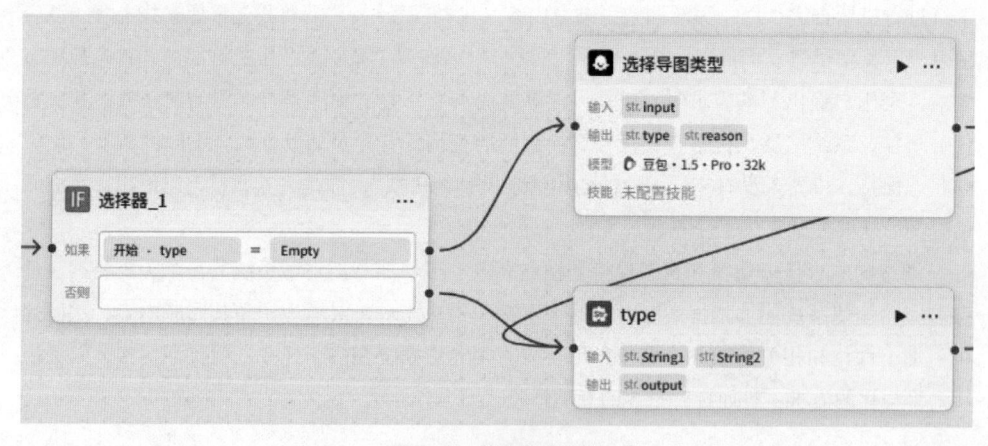

图 3-45　基本条件判断

条件判断的常见应用场景包括用户权限管理。在线教育平台中，条件判断能实现精细化的权限控制。当用户尝试访问付费课程时，系统会检查用户角色是否为VIP会员，以及当前时间是否在订阅有效期内。只有同时满足这两个条件，系统才会解锁课程内容，否则会显示"升级会员"的提示。这就像公司门禁系统，只有同时满足持有员工卡和处于上班时间段内两个条件，闸机才会放行。

自动化消息推送是电商平台常用的通过条件判断实现精准营销的方式。如果用户浏览过手机商品但未下单，三天后将推送优惠券；如果用户订单金额超过500元，系统会立即触发客服专员跟进。这种逻辑就像智能空调的工作模式：如果检测到室内温度高于26℃就自动制冷；如果湿度超过70%，就会启动除湿功能。

异常情况处理的条件判断是系统稳定运行的"保险绳"。当监测到服务器响应时间超过3秒时，系统会自动启用备用服务器；如果同一账号1分钟内连续登录失败5次，系统将立即锁定账号并发送安全警报。这类似于电梯的安全机制：如果检测到超载就拒绝关门；如果运行中突然断电，自动启用应急电源。

实现条件判断的注意事项，条件顺序影响决策结果。多个条件判断的顺序需要精心设计，就像医院分诊台的优先原则，应该先判断是否有生命危险，再处理普通外伤，最后接待健康咨询。如果顺序颠倒，把"测量体温"放在"抢救生命"之前，就会造成严重的后果。在Coze平台中，条件模块的上下排列顺序决定了判断的优先级。

避免"永远走不到"的死角，要确保所有可能性都被覆盖，就像天气预报不能只说"下雨带伞"，还要考虑"晴天防晒""雾霾戴口罩"等情况。在设置课程报名条件时，除了"余额充足"和"余额不足"，还应处理"余额刚好等于课程价格"的临界情况。Coze平台提供的else（否则）模块，就是用来处理所有未明确条件的情况。

复杂条件的拆分技巧，遇到需要同时满足多个条件的情况时，可以像拆解数学公式一样分步处理。例如，"用户既是VIP会员又完成了实名认证"，可以拆分为：第一步判断是否是VIP会员，如果判断为"是"，再判断是否完成实名认证，两者都满足才开放高级功能。这类似于机场登机流程，先检查护照有效性，通过后再检查签证状态，最后核对航班信息，逐步缩小判断范围。

条件判断的进阶技巧，即嵌套判断的"俄罗斯套娃"策略，当需要处理多层条件时，可以采用嵌套结构，比如外卖平台的订单处理。

  如果订单金额低于起送金额

  提示"未达到起送金额"

  如果订单金额大于等于起送金额

  那么检查是否在配送范围

  如果超出配送范围

  提示"超出配送范围"

  如果没有超出配送范围

  则安排骑手接单

这种层层递进的判断逻辑，就像打开套娃玩具：打开外层条件后，内部还有新的条件需要验证。

状态标志的妙用，对于需要多次使用的判断结果，可以设置状态变量。例如，在游戏开发中，当玩家收集到3把钥匙时，设置canOpenDoor = true，后续所有需要开门的操作都只需检查这个标志。这就像考试时的准考证，监考老师不需要每次验证你的报名信息，只要看到有效准考证就允许入场。

让程序学会"具体情况具体分析"。当你熟练运用条件判断后，会发现编程就像教AI玩闯关游戏，通过设置"如果遇到陷阱就跳跃""如果能量不足就补充"等规则，让程序能够智能应对各种挑战。这种"教机器做决策"的能力，正是将创意转化为智能应用的关键一步。

3.3.2 复杂逻辑控制与分支设计

如果把基础条件判断比作十字路口的红绿灯控制，那么复杂逻辑控制就像设计一座八向立交桥，需要考虑不同车道的转向规则、应急车辆的优先通行、高峰时段的流量调节等问题。在Coze平台开发中，当简单的"如果-否则"无法满足需求时，开发者需要构建多层级、多状态的决策网络，让程序像经验丰富的交警一样，在复杂场景中做出精准判断。

复杂逻辑的本质：管理"决策树"的枝繁叶茂。想象你正在设计智能家居系统，当用户说"我回家了"，系统需要同时处理灯光控制、空调启动、安防系统解除等任务。这时单一条件判断不够用了，需要建立逻辑矩阵，既要根据当前时间决定灯光亮度（傍晚开暖光，深夜开夜灯），又要根据室外温度调整空调模式（高于28℃制冷，低于15℃制热），还要验证用户身份（声纹识别通过才解除警报）（见图3-46）。

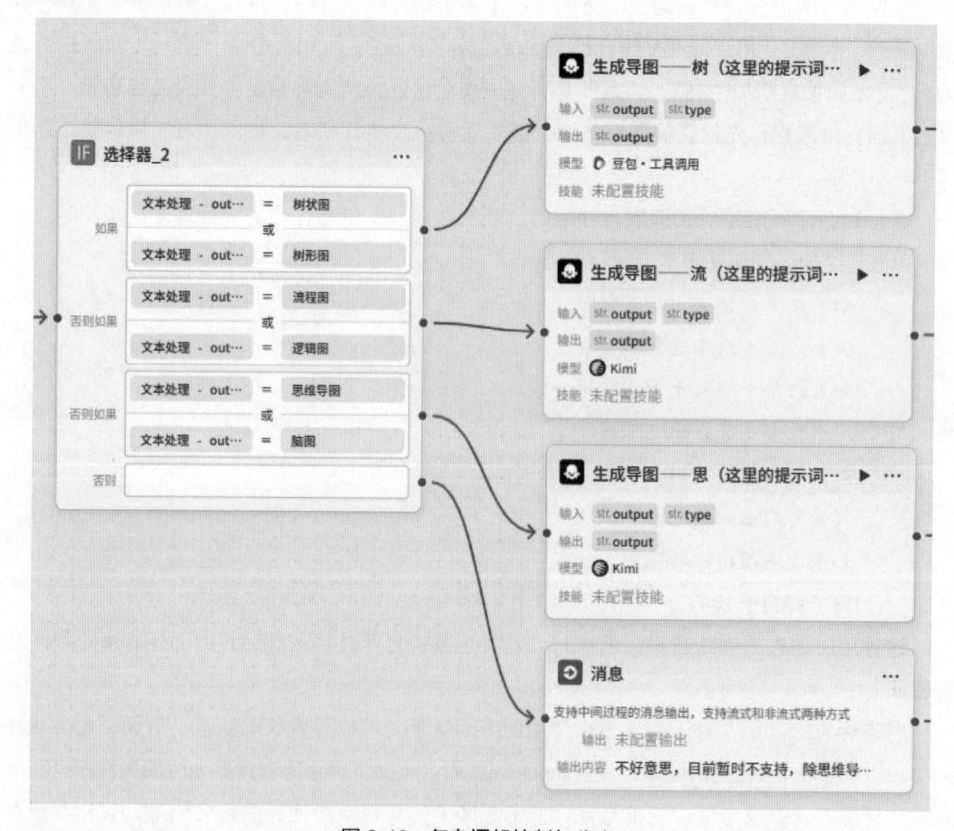

图 3-46　复杂逻辑控制与分支

在Coze平台中，这种复杂逻辑通过状态机模型来实现。就像交通指挥中心的电子沙盘，系统会实时跟踪每个功能模块的状态：空调：运行中、待机、故障；门锁：已上锁、未锁、异常；用户：在家、离家、睡眠模式。不同状态组合会触发不同的联动规则，如同交警根据车流量、天气、事故等情况动态调整信号灯方案。

分支设计的核心方法是搭建"决策高速公路"，形成分层判断的立体结构。面对多重条件时，需要像建造立交桥那样分层处理。以电商平台的订单系统为例。

- 第一层：判断支付状态

  已支付 → 进入物流处理层

  未支付 → 触发催款提醒

  支付异常 → 转入人工审核

- 第二层（物流层）：判断库存情况

  本地仓有货 → 24小时发货

  需调货 → 发送预计到货时间

  缺货 → 启动退款流程

- 第三层（售后层）：根据用户评价进行判断

  好评 → 发放优惠券

  差评 → 触发客服回访

这种分层设计就像高速公路的分级出口，每个决策层处理特定类型的问题，避免了不同逻辑的相互干扰。Coze的流程图工具用不同颜色区分层级，开发者可以像查看立体交通图那样直观地管理分支。

并行处理的"多车道运行"，当多个条件需要同时判断时，可采用并行分支结构。例如，智能健身镜的课程推荐系统：车道A：分析用户身高、体重，计算BMI指数；车道B：读取运动手环近期心率数据；车道C：检查用户选择的训练目标（减脂、增肌、康复）。三条分支同时运行，最终汇总结果生成个性化方案，就像交通监控系统同时采集各方向的车流数据，综合计算最佳信号灯配时。

Coze平台支持并行逻辑模块的拖拽组合，开发者可以设定各分支的超时限制（类似设置临时车道的封闭时间），防止某个判断过程卡住整个系统。

循环控制的"环形立交"，对于需要重复判断的场景，循环结构就像环形交叉路口。例如，在智能客服的对话管理中，当用户提问时需要进行如下分析。

- 分析问题类型 → 商品咨询、订单查询、售后问题
- 调用对应知识库生成回答
- 判断用户是否继续提问 → 是：回到第1步

  → 否：结束会话

这种循环配合条件出口的设计，确保对话能持续进行直到用户满意。Coze的循环模块提供"最大循环次数"的安全阀，就像环形路口设置最多绕行三圈的规则，防止程序陷入死循环。

复杂逻辑的实现技巧是状态标记的"交通指示牌"。在多层判断中，可以用变量记录关键的决策点。比如开发游戏任务系统时：当玩家收集5个线索 → 设置线索集齐 = true；当玩家进

113

入密室且线索集齐 = true → 触发解谜剧情。这就像在高速公路设置电子路牌："前方施工，2公里后右转"，后续决策点根据这些标记调整逻辑流向。

异常处理的"应急车道"必须为所有分支预留错误处理通道。

尝试连接支付接口：

· 成功 → 继续交易流程

· 失败 → 记录错误日志 → 切换备用支付通道 → 通知运维人员

Coze的错误捕获模块如同高速公路的避险车道，当主要逻辑出现异常时，能引导程序安全"停车检修"，避免引发更大故障。

模块化设计的"标准零部件"将常用逻辑封装成可复用模块，就像交通系统采用标准化信号灯和路标一样，用户身份验证模块、支付风险检测模块、数据格式校验模块等。预制件通过输入输出接口连接，开发者像搭积木一样构建复杂系统，既保证可靠性又提高开发效率。

调试复杂逻辑的"交通监控术"需要借助流程图进行可视化追踪。Coze平台提供实时运行追踪功能。正在执行的逻辑分支会高亮显示，就像交警通过监控大屏观察各个路口的实时车流一样。开发者可以清晰地看到程序在哪个判断节点耗时过长，哪些分支从未被触发。

压力测试模拟拥堵，使用虚拟用户同时触发多种条件，比如模拟1000人同时进行不同操作：注册、登录、提交订单、申请售后。这类似交通部门用压力测试模拟车流检验立交桥承载能力，能够暴露设计中的潜在瓶颈。

历史日志回放分析，系统记录完整的逻辑执行路径，开发者可以像回看交通事故录像那样，逐步复盘错误发生的全过程。Coze的时间轴调试工具支持任意跳转到特定时间节点，快速定位逻辑漏洞。

常见问题与解决策略。

· "鬼打墙"死循环。

症状：程序在某个判断点无限重复；案例：自动门传感器故障导致"检测到人→开门→检测不到人→关门→立即又检测到人"的循环；解法：在循环体内设置计数器，超过10次则自动跳出并报警。

· "道路塌方"条件遗漏。

症状：未覆盖某些特殊场景导致程序崩溃；案例：抽奖系统未考虑"奖品库存为0但仍有用户中奖"的情况；解法：使用Coze的覆盖率检测工具，确保所有分支都被测试用例覆盖。

· "信号冲突"状态矛盾。

症状：多个条件同时成立导致冲突操作；案例：智能家居同时收到"开启空调"和"打开窗户"的指令；解法：设置优先级规则，如节能模式优先执行关窗再开空调。

在Coze平台实践中，记住复杂逻辑不是一次性建成的。就像城市规划需要逐步完善，开发者应该先实现核心功能的主干逻辑，再通过迭代测试添加分支细节。当你能像交通指挥大师那样驾驭程序的分支网络时，就意味着真正掌握了让机器"深度思考"的钥匙，这不仅能让应用更智能，还能将运维效率提升40%以上，如同立交桥将道路通行能力提高数倍。

3.3.3 设计模式在条件判断中的应用

想象你有一个智能工具箱，锤子负责敲击，螺丝刀负责旋转，钳子专攻夹取。每种工具各司其职，又能组合使用。设计模式就是编程世界的"工具组合策略"，它教会开发者用标准化的方法解决特定场景的问题。在Coze平台中应用设计模式进行条件判断，就像为不同场景配备最合适的工具组合，让复杂的逻辑判断变得简便、高效（见图3-47）。

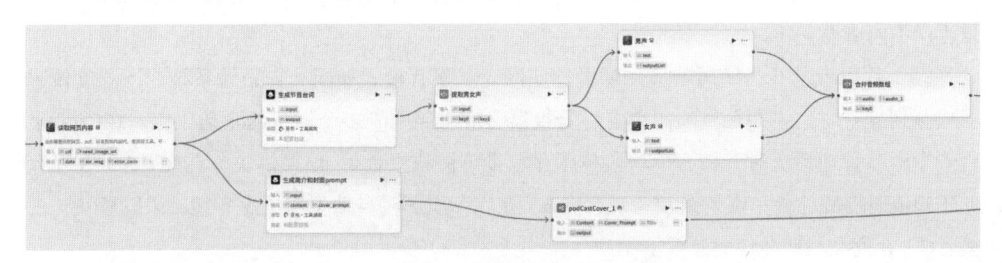

图3-47 设计模式与条件判断复用

（1）策略模式是灵活切换的"工具套装"，其核心是定义算法，使它们可以互相替换。以电商促销系统为例，当需要实现多种优惠计算方式时，我们可以采用以下策略。

- 满减策略：订单满200减30；
- 折扣策略：会员享受8折优惠；
- 赠品策略：买手机送耳机。

在Coze平台中，开发者可以为每种策略创建独立的模块。当用户下单时，系统像选择工具一样动态调用策略：先检查用户会员等级（选择折扣策略）；再判断是否达到满减门槛（叠加满减策略）；最后根据库存情况决定是否发放赠品。这种模式的优势如同使用多功能工具钳，需要拧螺丝时弹出螺丝刀头，需要剪线时切换剪线口，避免写死单一逻辑。

（2）状态模式是智能红绿灯的"状态切换术"。状态模式适合处理因对象状态改变而引发行为变化的场景。想象一下智能家居的空调系统：制冷模式在温度>26℃时启动，出风口向上；制热模式在温度<18℃时启动，出风口向下；送风模式在温差较小时仅循环空气。

在Coze平台实现时，每个状态都是独立的模块。当温度传感器检测到环境变化时，系统自动切换状态模块，就像交通信号灯根据时间自动转换红绿灯一样。这种方式避免了用大量if-else判断当前状态，如同交警不再需要手动控制每个路口的信号灯，而是设置好转换规则后让系统自主运行。

（3）责任链模式是流水线上的"问题处理器"，责任链模式让多个对象都有机会处理请求，就像快递分拣中心的流水线：北京分拣站处理华北地区的包裹；上海分拣站处理未识别的华东件；广州分拣站负责处理所有来自南方的包裹。在Coze平台开发审批系统时，可以用责任链模式串联审批节点：普通员工→部门经理→财务总监→CEO。

每个审批人对应一个处理模块，当员工提交报销单时，系统自动传递请求：200元内直接由部门经理审批，超过5000元则流向CEO。Coze的可视化流程编辑器能直观展示这条处理链，开发者像设计流水线一样拖拽连接处理节点。

（4）工厂模式是批量生产判断逻辑，工厂模式就像智能玩具的模具注塑机，根据输入参数产出特定类型的产品。在用户权限系统中：输入"admin"→生成管理员权限模板；输入"vip"→生成高级会员权限模板；输入"guest"→生成游客基础权限模板。当新用户注册时，Coze平台调用权限工厂模块，传入用户类型参数即可获得对应的权限配置集。这避免了为每个用户类型编写重复的判断逻辑，就像玩具厂不再需要手工雕刻每个玩偶，而是通过模具批量生产不同造型。

（5）观察者模式是实时响应的环境感应网。观察者模式如同火灾报警系统，当温度传感器检测到异常时，立即触发喷淋装置、警报器、应急照明等多个设备的联动反应。在Coze平台开发库存管理系统时，核心模块监控库存数量（被观察者）；预警模块（观察者A）在库存低于阈值时提醒补货；促销模块（观察者B）在库存积压时自动生成优惠方案；采购模块（观察者C）在商品长期滞销时建议下架商品。

当库存数据变化时，所有关联模块自动更新，就像智能家居中一个开关可以控制整个房间的灯光、窗帘和空调一样。Coze的消息总线功能原生支持这种模式，开发者只需定义好事件类型和订阅关系。

开发智能客服系统时，可以组合多种设计模式，策略模式选择应答方式（文字回复、语音播报、视频演示）；状态模式管理对话状态（待接入→服务中→等待反馈→已关闭）；责任链模式分配咨询问题（技术问题→产品问题→投诉和建议）；观察者模式监控服务超时，触发主管介入。

这就像建造智能房屋，用策略模式选择照明方案（节能模式、聚会模式）；用状态模式管理安防状态（离家模式、在家模式）；用责任链模式处理设备故障（自动报修→人工检查→厂商售后）。

在Coze平台中应用设计模式，相当于为程序安装了"标准接口"。记住，设计模式不是束缚创造力的教条，而是帮助开发者把更多精力放在业务创新上的脚手架。当你能像熟练使用电动工具一样驾驭这些模式时，就能在Coze平台上构建出既能应对复杂需求，又易于迭代升级的智能系统，这就像用标准化零部件组装出独一无二的变形金刚，既有可靠的基础结构，又有无限的拓展可能。

3.4 记忆系统实现

3.4.1 用户状态与记忆功能设计

走进常去的咖啡馆，店员会笑着问："还是老规矩，大杯冰美式加双份浓缩吗？"这种记住客人喜好的能力，正是用户状态与记忆功能的核心价值。在Coze平台开发应用时，让系统像金牌咖啡师一样记住用户特征、行为习惯和操作记录，就能创造"懂你所需"的智能体验。

用户状态管理如同给每位顾客建立专属档案，记忆功能则是持续记录他们的每一次互动细节（见图3-48）。

用户状态管理是建立"电子身份证"系统，用户状态是系统的"记忆锚点"，就像咖啡馆给常客发放的会员卡一样。在Coze平台中，开发者需要为每个用户创建动态档案。

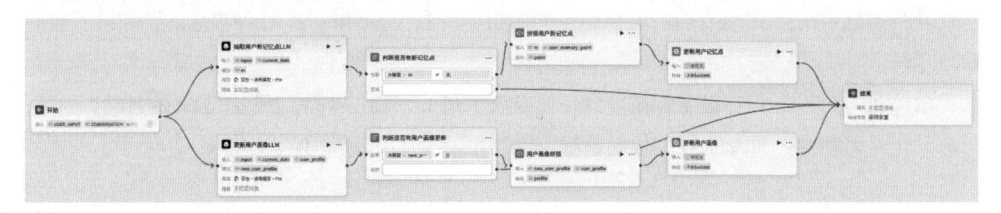

图 3-48　用户记忆及画像提取

（1）基础状态

记录用户的基本特征，如会员卡上的姓名和联系方式等，包括用户ID（唯一识别码）、注册时间、账号等级（普通用户、VIP）和设备类型（手机、电脑）等信息。当用户登录时，系统就像咖啡师扫描会员卡一样，立即调取这些信息。

（2）行为状态

实时跟踪用户的操作轨迹，类似记录客人每次点的饮品和到店时间。例如，在教育平台中，记录用户最近学习的课程、上次播放的视频进度、未完成练习题的编号等。当用户再次登录时，系统会自动跳转到上次中断的位置，就像咖啡师提前准备好客人常用的咖啡杯一样。

（3）偏好状态

储存用户的个性化设置，如同记住客人喜欢的座位朝向和糖量需求，包括界面主题色、消息提醒方式（短信、邮件、APP推送）、内容排序规则（按热度、时间、个性化推荐）等。这些数据能让每个用户感受到"专属定制"的服务体验。

（4）记忆功能

就像是构建"成长日记本"。记忆功能要像私人秘书一样，既记录重要事件，又能主动提供帮助。Coze平台通过三种方式实现智能记忆：操作记忆，保存用户的关键行为，类似咖啡馆记录客人每月的消费频率。例如，在电商平台中，记录用户最近浏览的10件商品、收藏夹内容和历史搜索关键词。当用户发起新搜索时，系统优先展示相关商品，就像咖啡师推荐："你上次尝试的巴西咖啡豆新品，今天有搭配焦糖饼干的套餐"。

（5）场景记忆

关联用户的操作环境，如同记住客人喜欢在工作日下午三点来店。在智能家居应用中，记录用户每天18：00到家时通常执行的场景：先打开客厅灯，再启动空调，最后播放新闻。经过一周的学习后，系统会在用户到家前10分钟自动开启空调。

（6）关系记忆

识别用户的社交关系，例如记录客人常与哪位朋友同行。在企业协作平台中，记住用户最常联系的3个同事、最近参与的5个项目群组。当用户新建会议时，系统会自动推荐相关人

117

员和历史会议纪要，就像咖啡师提醒："你上周三与张经理在这里商谈时选择的包间还空着"。

（7）数据存储策略

这是打造"智能保险箱"，可以使用分级存储法，将用户数据分为三类管理，就像咖啡馆的会员档案柜。

①即时缓存，即存放当前会话数据（如购物车商品），随窗口关闭而清空，类似桌上的临时点单纸。

②本地存储，即保存设备专属设置（如界面主题），类似咖啡杯上贴的常客姓名贴。

③云端数据库，即永久存储核心数据（如订单记录），像锁在保险柜中。

（8）动态更新机制

这是设置智能更新规则，如同会员系统自动升级消费等级，当用户连续5天登录时，系统自动标记该用户为活跃用户；当用户课程进度达到90%时，触发成就系统通知；当用户3个月未登录，账号将被降级为休眠账号并释放临时资源。

（9）数据加密沙箱功能

Coze平台提供的数据加密沙箱功能，敏感信息像咖啡配方一样被特殊保护：支付密码等机密数据采用"熔断机制"，错误输入3次立即锁定；用户行为数据脱敏处理，如同将客人姓名替换为会员编号进行数据分析；平台提供"记忆橡皮擦"功能，用户可随时清除指定时间段的操作记录。

（10）状态联动技巧

这是编织"智能反应网"，进行跨设备状态同步，通过Coze的云端同步接口，实现"服务随身行"体验，用户在手机APP上收藏的商品，会自动出现在电脑网页的推荐栏；智能手表记录的健身数据，被同步更新到家庭健康管理系统的运动计划中；会议室平板上未完成的文档，回家后可在电视大屏上继续编辑。

场景化状态切换，让系统像贴心管家一样预判用户需求。

- 当检测到：

    用户位置从公司切换到家。

    时间在18:00~20:00之间。

    手机连接家庭Wi-Fi。

- 自动执行：

    开启客厅灯光场景。

    播放入门问候语。

    推送外卖平台优惠券。

（11）记忆预测功能

这是基于历史数据训练推荐模型，如同咖啡师熟悉客人季节口味变化：每月25日自动生成消费账单（根据历史支付记录）；雨季来临前推荐雨具商品（结合地理位置和天气数据）；学习平台在用户完成阶段测试后，会动态调整后续课程的难度。

创造"有温度"的数字记忆。当系统能像二十年的老店店长那样，准确叫出每位客人的名字并记住他们的喜好时，用户黏性自然会显著提升。这种"数字化的温暖记忆"，正是让应用从工具进化为伙伴的关键。

3.4.2　持久化存储与数据管理

想象一座历史悠久的图书馆，珍贵的古籍需要恒温保存（数据存储），每本书都有专属编号方便查找（数据索引），定期修复破损书页（数据维护），还有严格的借阅登记制度（访问控制）。在Coze平台开发应用时，持久化存储与数据管理就如同建设一座现代化数字图书馆，既要确保信息长期安全保存，又要实现快速精准检索，还要防范火灾、盗窃等意外风险。

Coze平台提供了基础的数据持久化能力，通过对话历史存储功能保存用户与AI助手之间的交互记录。系统会完整记录对话内容、上下文信息以及会话状态，这确保了多轮对话过程中的连续性和流畅性。当用户重新进入对话时，AI助手能够理解之前的交互背景，提供连贯的回应。

在知识库管理方面，Coze支持用户上传的各类文档资料的存储和管理。平台会对这些资料进行结构化处理和索引构建，使AI助手能够快速检索和调用相关信息。知识库支持动态更新和维护，确保AI助手能够使用最新的知识回答用户的问题。

Coze平台会保存用户的基本信息和个性化设置。这包括用户的使用偏好、界面设置、常用功能等数据。系统通过这些用户数据，为每个用户提供定制化的使用体验。同时，平台也会记录用户的权限信息和访问历史，用于安全管理和审计追踪。

Coze为系统运行所必需的配置信息提供了稳定的存储解决方案。这些配置涵盖了AI助手的行为参数、模型配置、响应策略等核心信息。系统能够实时追踪运行状态和记录日志，便于开发者进行监控和性能调优。配置数据的持久化存储确保了AI助手能够持续稳定地维持其预期的工作性能。

Coze的数据存储系统经过特别设计，确保了数据的安全性和可靠性。不管是用户还是系统，想要查看这些数据时，都能迅速准确地找到需要的信息。这种持久化存储能力为AI助手提供了稳定的"记忆"基础，支持其提供持续、稳定的服务。

平台的存储系统采用了标准的安全措施，包括数据加密、访问控制和备份机制等。这确保了用户数据和系统信息的安全性，防止未经授权的访问和数据丢失。开发者可以放心地使用这些存储功能，专注于开发更好的智能体（见图3-49）。

图3-49　存储安全措施

Coze平台主要通过知识库进行数据管理。用户可以在知识库中上传文本资料、文档和链接，这些内容会被系统自动处理并转化为AI助手可以理解和使用的知识。知识库支持常见的文本格式，包括文本文件（Text File，简称TXT）、Word文档文件（Word Document File，简称DOCX）、便携式文档格式（Portable Document Format，简称PDF）等，用户上传后系统会自动提取并索引其中的内容（见图3-50）。

图 3-50　知识库数据管理

在日常的知识库管理过程中，Coze提供了一个直观的操作界面。用户能够利用该平台创建多种知识库分类，为文档添加标签和描述，以及建立文档间的关联。例如，可将所有与产品说明相关的文档归类到"产品文档"下，同时将培训材料整理至"培训资源"分类中。这种分类管理方法不仅便于用户检索和维护资料，而且有助于AI助手更精确地理解和应用这些信息（见图3-51）。

图 3-51　知识库版本管理

文档的上传和更新是管理中的一个重要环节。当用户上传新文档时，系统会自动分析文档内容，提取关键信息并建立索引。

使用Coze的数据管理功能时，用户需要注意内容的质量和相关性。建议用户上传准确、权威的资料，避免上传重复或过时的内容。高质量的知识库内容能够显著提升智能体的回答质量和服务水平。

以医院客服场景为例，作为医院信息管理员，需要建立医疗知识库来协助AI助手回答患者咨询的问题。首先登录Coze平台，创建三个核心知识库："门诊指南2024""就医流程2024"和"科室介绍2024"，分别用于存储不同类型的医疗服务信息。

在资料上传环节，需要将门诊指南、就医流程、科室介绍等文档分类上传。门诊指南库主要包含挂号流程、科室分布、就医须知、医保政策等基础信息。就医流程库存储预约挂号、检查流程、住院办理、出院结算等具体操作指南。科室介绍库则收录了各科室简介、专家门诊时间、特色医疗项目等专业信息（见图3-52）。

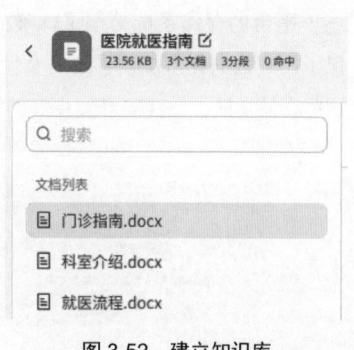

图 3-52　建立知识库

知识库的文档结构采用三级分类体系。第一级包含基础医疗服务、专科介绍、医保政策三大类。第二级细分为门诊就医、专科类别、医保类型等子类。第三级则具体到各项服务和政策说明。这种结构确保了信息的清晰组织和快速检索。

在配置智能体时，必须特别留意医疗领域的独特需求。建立专业的医疗术语库，与既有的知识库进行关联，调整其回答的语气以确保专业性和温和性，并设置敏感词过滤规则以及必要的免责声明。这些措施将确保AI助手在提供医疗咨询时既具备专业性，又表现出必要的谨慎态度。

在实际应用中，比如患者询问医生门诊时间，AI助手会自动检索相关信息，提供具体门诊时间、地点，并主动补充预约方式和就医准备事项等信息。这种智能化的服务既提高了咨询效率，又改善了患者体验。

知识库的维护工作需要持续进行。定期更新医生排班、医保政策、科室信息等内容，确保信息的时效性。同时要定期进行质量检查，核实医疗信息的准确性，分析常见问题，及时补充缺失信息。

安全管理是施工重点之一。需要严格控制敏感信息的访问权限，定期备份数据，详细记录信息更新日志，建立应急响应机制。这样一来，医疗信息的安全性和可靠性就有了保障。

最后，要持续优化系统效果。通过收集患者反馈，评估回答的准确率，然后不断完善知识体系。同时注意合规性要求，确保AI助手始终在适当范围内提供咨询服务，避免提供具体的医疗诊断建议。

这种系统化的知识库管理模式，能够帮助医院构建高效的智能咨询服务，既减轻了人工客服的压力，又提升了患者的就医体验。关键是要确保信息的准确性、及时性和合规性，这需要建立完善的管理机制和持续的维护投入。

持久化存储与数据管理是多轮对话系统中确保记忆功能可靠运行的关键环节。通过选择合适的存储技术，设计合理的数据模型，实施有效的数据管理策略，系统能够长期保存和高效管理用户信息和对话历史。在Coze平台上，开发者可以借助其强大的存储和管理工具，轻松实现持久化存储功能，提升对话系统的智能化和用户体验。

3.4.3 记忆清理与更新机制

人类大脑每天接收海量信息，但不会无限堆积。重要记忆被强化储存，无用信息被逐渐淡忘，新知识不断覆盖旧认知。Coze平台的记忆清理与更新机制正是模拟这种智能筛选过程：既要定期清理冗余数据释放空间，又要动态更新有效信息保持系统活力，就像园丁修剪枝叶让植物健康生长。这种机制让应用既能记住用户的关键特征，又不会背负过时数据的包袱。

Coze平台的记忆管理系统分为短期记忆和长期记忆两大核心模块。短期记忆主要负责处理即时对话中产生的信息，涵盖当前会话的上下文状态、用户交互过程中的临时变量、系统响应数据以及各类缓存信息。这些数据通常仅在当前会话期间有效，并会在会话结束后自动清除，以防止占用过多的系统资源。而长期记忆则专注于存储具有持久价值的信息，包括用户的历史行为数据、偏好特征、系统积累的知识库内容以及关键的配置参数，这些数据需要通过特定的维护机制来确保其持续更新和优化（见图3-53）。

图 3-53　短期记忆和长期记忆

系统运用多层级的清理策略，以保障记忆库的高效运作。在会话层面，系统自动跟踪并清除已完成会话的相应数据，包括对话历史、临时状态变量以及中间计算结果等。对于超时或异常终止的会话，系统将激活紧急清理程序，以确保资源的及时释放。在更广阔的视角下，系统定期执行全面清理任务，这包括清除过期数据、归档低频访问信息，以及优化、整理系统冗余数据。在清理过程中，系统严格遵守数据重要性分级原则，确保核心业务数据和关键用户信息获得妥善保护（见图3-54）。

图 3-54　清理机制

更新机制的设计采用了双轨制策略，将被动响应和主动维护相结合。在被动响应层面，系统会针对用户的直接请求、系统状态的重要变更、错误检测结果等触发事件，及时进行相应的数据更新。在主动维护层面，系统会根据预设计划，定期执行数据更新和优化任务，确保系统信息的时效性和准确性。在更新过程中，系统特别注重保持数据一致性，通过版本控制和并发管理来避免数据混乱（见图3-55）。

图 3-55　更新机制

为了保证系统的高效运行，平台采用了一系列性能优化措施。在内存管理方面，平台实现了智能的动态分配机制，通过实时监控内存使用情况，自动调节资源分配策略。在处理大规模数据更新时，系统会一边异步处理，一边批量处理，这样就能尽量不影响正常服务。同时，系统建立了完善的数据备份机制，定期创建数据快照，确保在出现意外情况时能够快速恢复系统状态（见图3-56）。

图 3-56　性能优化措施

监控系统覆盖了平台运行的各个关键环节，实时跟踪系统的核心性能指标，包括内存使用率、响应时延、处理器负载等。当这些指标出现异常波动时，系统会立即触发预警机制，并自动采取相应的调节措施。同时，维护团队会定期分析系统运行数据，识别潜在的性能瓶颈，并通过优化算法、调整参数等手段来提升系统整体性能。

在实际应用中，Coze平台的记忆清理与更新操作需要通过合理配置和适时干预来实现。首先，在机器人的基础设置中，需要设定会话记忆的基本参数。这包括设置对话的最大token（在自然语言处理过程中用来表示处理文本的基本单元或最小元素）数量，一般建议设置在4000～8000之间，以平衡记忆深度和系统负载。同时，要配置记忆衰减机制，确定哪些信息可以在会话结束后自动清理，哪些需要长期保留。

在知识库管理方面，需要定期检查和更新知识库内容。这个过程包括删除过时的信息、修正错误数据以及补充新的知识点。建议每周至少进行一次知识库的完整性检查，来一次大扫除，确保信息的准确性和时效性。对于高频访问的知识点，可以通过置顶或标记的方式提高访问效率。

上下文管理是另一个重要环节。在每次对话开始前，可以使用Clear指令清除历史上下文，确保新对话不会受到历史信息的干扰。对于长期对话，建议每隔一定时间（比如每50轮对话后）主动触发一次上下文清理，以防止上下文积累过多影响性能（见图3-57）。

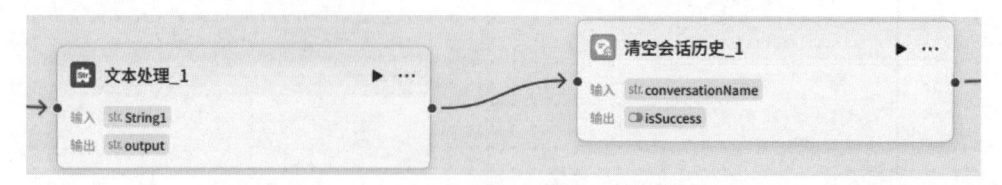

图 3-57　清除上下文

对于用户画像数据，需要采用渐进式更新策略。系统会自动记录用户的交互行为和偏好特征，建议每月进行一次用户画像的整体评估和更新。这包括清理无效的用户标签，更新用户兴趣模型，以及调整个性化推荐策略（见图3-58）。

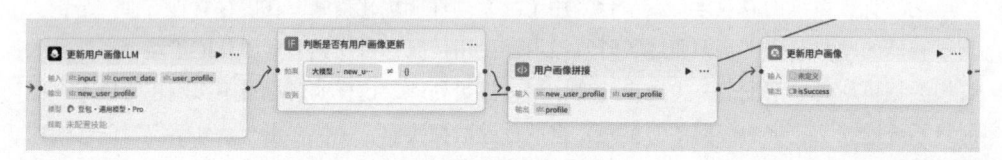

图 3-58　更新用户画像

对话机器人的性能优化也是一个持续性的工作。需要通过分析用户反馈和系统运行数据，识别需要优化的领域。可以通过调整记忆权重、优化响应策略、更新对话模板等方式，不断提升机器人的交互质量。

通过合理设计和实施清理与更新策略，系统能够有效管理存储的数据，提升性能和用户体验。定期评估系统运行状况，收集用户反馈，及时调整相关策略，能够帮助系统更好地适应不断变化的需求和环境。

3.5　异常处理机制

3.5.1　异常检测与错误捕获

开车时，仪表盘上的故障灯就是最简单的异常检测系统，发动机过热会亮红灯，油箱见底会提示加油，胎压不足会发出警报。在Coze平台开发应用时，异常检测与错误捕获就像为程序安装智能仪表盘，能实时监控系统运行状态，及时发现问题并采取应对措施，确保这辆"数字汽车"平稳行驶，避免半路抛锚。

（1）实时监控

系统的"全天候体检"，Coze平台内置的监控系统如同24小时值班的汽车诊断电脑，持续扫描各个功能模块的运行指标。当用户发起一个课程购买请求时，系统会同时监测，服务器响应时间是否超过2秒（类似检测发动机转速）、数据库查询是否成功（如同检查油路是否畅通）、支付接口返回结果是否正常（相当于确认刹车系统是否有效）。这些指标通过可视化面板呈现，开发者可以像查看汽车仪表盘一样，一眼掌握系统健康状态。

（2）监控系统特别关注三类异常信号

性能指标异常（如CPU使用率突然飙升）、业务逻辑异常（如用户连续10次支付失败）、安全风险异常（如同一IP地址每秒发起50次登录请求）。当检测到这些异常时，系统会像车载电脑触发故障灯一样，在控制台弹出不同颜色的预警提示：黄色表示需要关注，橙色表示建议立即检查，红色则表示要求紧急处理（见图3-59）。

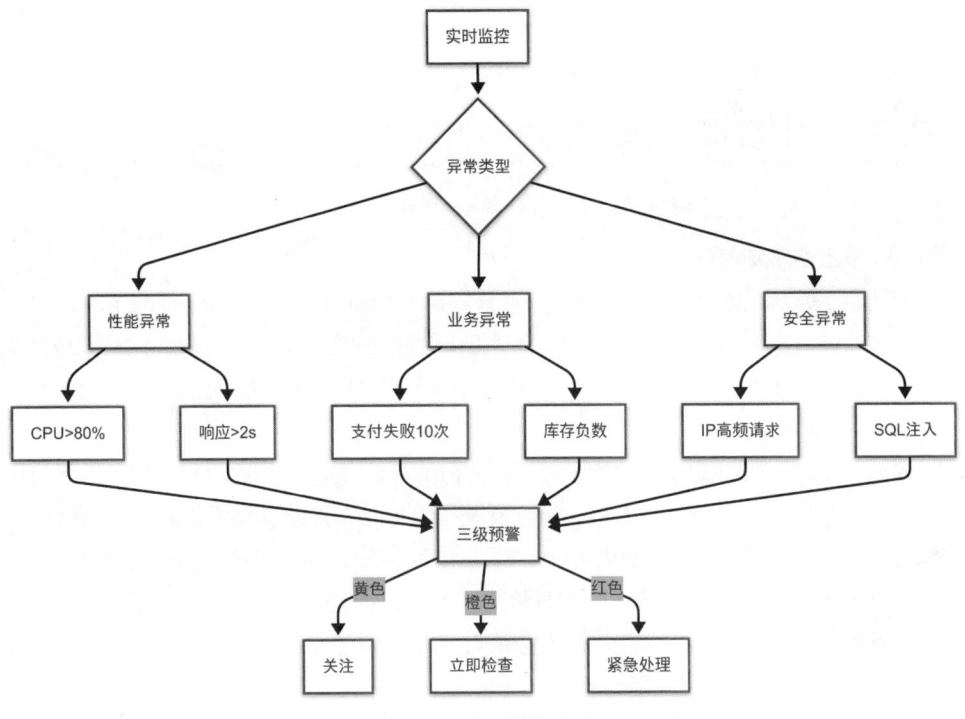

图 3-59 实时监控体系

（3）错误捕获

精准定位"故障点"。当异常发生时，Coze平台的错误捕获机制如同汽修厂的故障诊断仪，能快速定位问题的根源。系统会自动生成包含完整上下文信息的错误报告，记录以下关键数据。

①错误现场快照：记录异常发生时的系统状态，包括用户操作步骤、输入参数、内存数据等，就像记录车祸发生时的车速、刹车痕迹和路面状况。

②异常传播路径：追踪错误在代码中的传递过程，显示从哪个模块开始出现问题，如何影响其他组件，类似分析机械故障是从哪个零件开始损坏。

③环境配置信息：记录当时的服务器版本、数据库类型、网络状况等，如同检查车辆故障时的油品质量、气温和湿度等环境因素（见图3-60）。

例如，当用户上传文件失败时，错误报告会显示：文件大小超出限制（直接原因）→ 前

125

端未做预校验（根本原因）→ 服务器配置的Nginx限制为50兆（环境因素）。这种三层归因分析让开发者快速锁定修复方向。

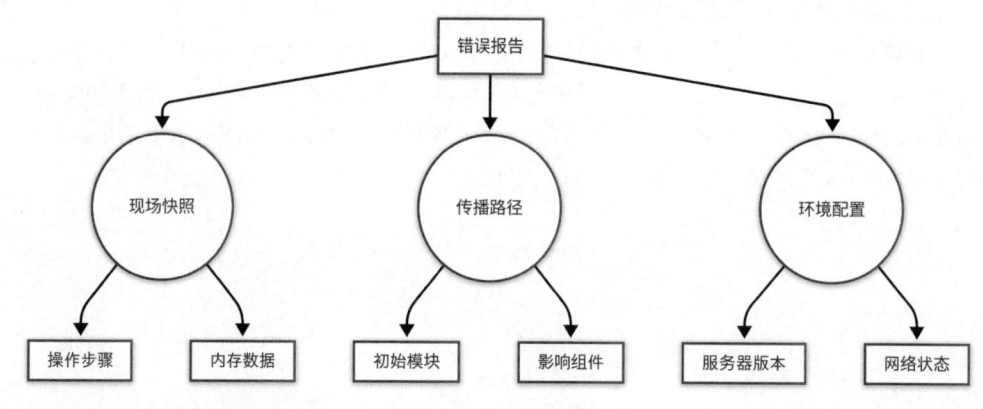

图 3-60　错误诊断结构

（4）分级处理策略

从"自主修复"到"人工急救"，Coze平台为不同级别的异常设置了智能处理流程。

①轻微异常（如临时网络波动）触发自动重试机制，就像汽车遇到小颠簸时ESP系统自动调整车身姿态。当检测到支付接口超时，系统会自动重试3次，间隔时间逐步延长（1秒、3秒、5秒），避免给服务器造成过大压力。

②普通异常（如数据库连接失败）时，启动备用方案，类似汽车爆胎后自动切换至备用轮胎。当主数据库无法连接时，系统会尝试连接备用数据库，同时将关键操作记录到本地缓存，待恢复后自动同步数据。这个过程中用户可能会感知到轻微的延迟，但核心功能不会中断。

③严重异常（如服务器宕机）时触发熔断机制，就像汽车碰撞时自动切断油路防止起火一样。系统会立即停止相关功能模块，防止错误扩散，并向开发者发送短信、邮件、APP推送三重警报。同时向用户展示友好提示页："系统正在紧急维护，预计10分钟后恢复"，避免出现代码报错等专业信息（见图3-61）。

（5）异常分析工具

数字"听诊器"与"X射线机"。Coze平台提供多种诊断工具帮助开发者深入分析问题。

①时光回溯功能可以像行车记录仪一样，回放异常发生前5分钟的系统操作记录。开发者可以逐帧查看每个函数的执行过程、数据变化情况，甚至模拟修改某个参数观察结果变化，就像汽修工程师通过ECU数据重现故障场景一样。

②智能归因分析运用机器学习技术，自动关联历史相似案例。当出现"用户登录失败"异常时，系统会提示："过去30天78%的类似问题由验证码服务超时引起，建议检查第三方接口状态。"这如同经验丰富的机修师根据异响特征快速判断故障类型。

③压力测试沙盒允许开发者在隔离环境中模拟高并发场景，观察系统在极端条件下的表现。可以同时发起1000个课程购买请求，监测哪些环节最先出现异常，就像汽车厂在试车场

测试车辆的极限性能（见图3-62）。

图 3-61 分级处理策略

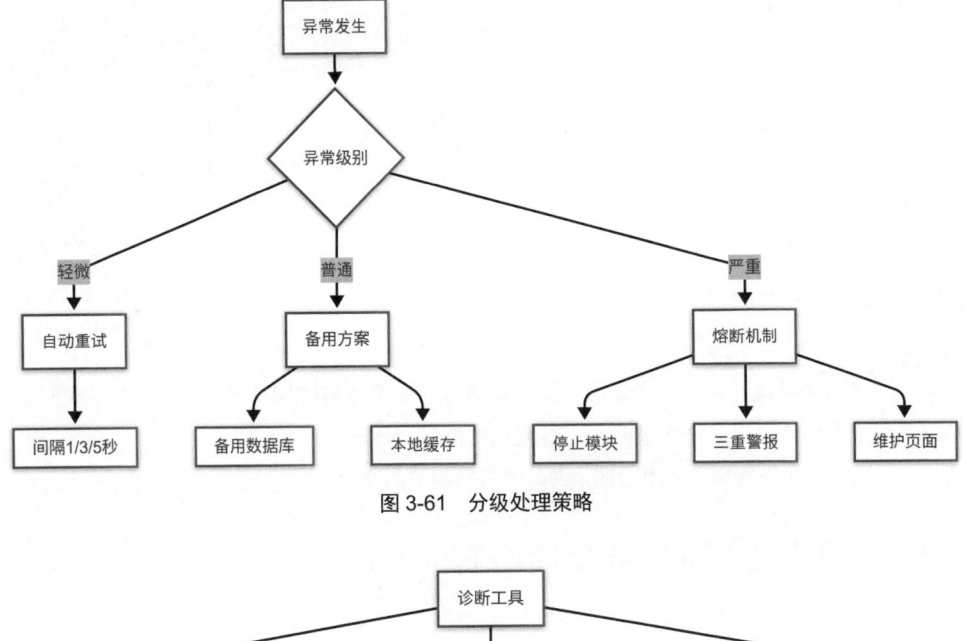

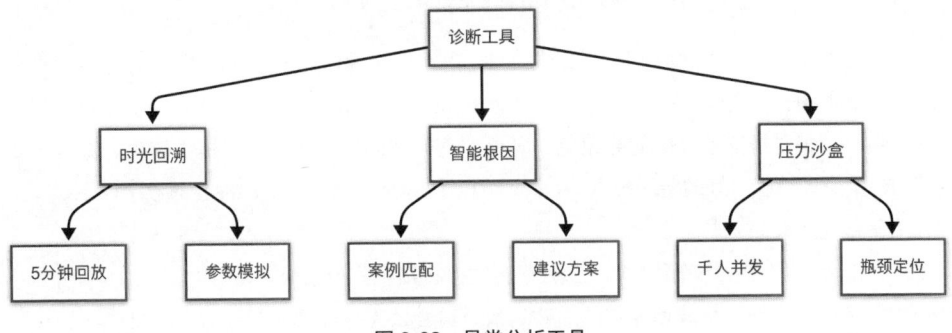

图 3-62 异常分析工具

（6）预防性维护

打造"防撞系统"。优秀的异常管理不仅在于及时处理问题，更在于预防问题发生。Coze平台提供多种预防工具。

①代码质量扫描就像汽车出厂前的安全检测，自动检查常见编码问题。例如，未处理的异常情况（如忘记捕获支付失败）、资源未释放（如打开数据库连接后未关闭）、潜在的性能瓶颈（如在循环内执行数据库查询）。这些问题会以"维修建议"的形式反馈给开发者。

②依赖健康监测持续跟踪第三方服务状态，就如同实时监加油站的油品质量。当检测到短信服务商接口成功率低于95%时，系统将自动切换到备用供应商，并提示开发者："建议在代码中增加阿里云短信备用通道"。

（7）智能预警规则支持自定义阈值设置

当课程视频缓冲时间超过3秒的用户占比达到10%时，提前触发服务器扩容流程。类似车载系统根据油量消耗速度预测剩余里程,提醒驾驶员提前加油(见图3-63)。

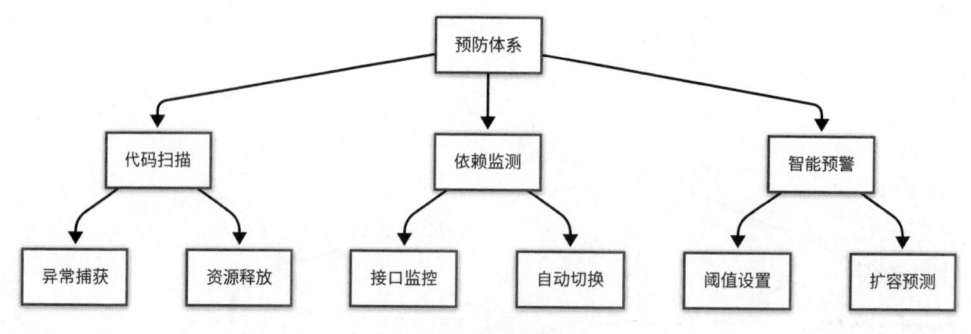

```
                        预防体系
          ┌───────────────┼───────────────┐
       代码扫描         依赖监测         智能预警
       ┌───┴───┐       ┌───┴───┐       ┌───┴───┐
    异常捕获 资源释放  接口监控 自动切换  阈值设置 扩容预测
```

图 3-63　预防性维护

当异常管理系统达到"用户无感知"的境界时,就意味着应用具备了数字韧性,就像高端汽车的主动安全系统,能在危险发生前就化解危机。这种无形的守护,正是赢得用户信任的关键,也是现代应用从"能用"进化到"可靠"的核心能力。

3.5.2　用户友好的错误反馈机制

想象你在陌生城市迷路时,一位友善的当地人不仅告诉你"这里走错了",还会指出地标建筑、提供地图,甚至帮你叫车,这才是理想的指引方式。在Coze平台开发中,用户友好的错误反馈机制正是扮演这样的向导角色,既要明确告知问题所在,又要提供解决方案,更要缓解用户的焦虑情绪。好的错误提示不是冰冷的系统警报,而是充满同理心的数字助手。

(1)错误分级

像医院分诊台般区分轻重缓急,Coze平台建议将错误分为三级,采用差异化的反馈策略:

①轻微错误,如网络波动导致的加载失败,适合"无感处理"。系统自动重试3次,仅在多次失败后轻量提示:"当前网络信号较弱,已为你缓存内容,恢复连接后将自动同步。"这类似手机在电梯里失去信号时,依然可以查看已加载的聊天记录。

②普通错误需要用户参与决策。例如,余额不足无法支付时,提示框采用温和的蓝绿色调,文案清晰列出可选方案:"你的余额不足支付本单(当前余额58元),可选择:切换支付方式;查看优惠券;取消订单"。配合醒目的按钮设计和箭头指引,用户能快速找到解决路径。

③严重错误,如系统崩溃,则需进行情感安抚。页面切换为全屏插画模式:一只抱着电脑的卡通熊,配文"工程师正在抢修中",倒计时显示预恢复时间,底部提供"接收恢复通知"的订阅入口。这种设计将技术故障转化为有温度的场景,避免用户陷入恐慌。

(2)反馈设计四原则

①语言人性化,打造"会说话"的错误提示,避免使用专业术语,用生活化表达替代系统代码。例如,原提示:"503 Service Unavailable"。优化后:"当前服务区客满,请你稍等30秒,我们正在加紧提升接待能力"就像餐厅经理在解释等位原因,比直接说"没有座位"更让人

愿意等待。

②视觉情感化，通过颜色、图标、动效传递情绪信息（见图3-64、图3-65）：黄色感叹号配合闪烁动画：提示需要注意的非阻断性问题；红色盾牌图标稳定显示：严重安全警告；蓝色刷新箭头循环转动：表示系统正在自动修复。这些视觉语言如同交通信号灯，让用户瞬间理解问题的性质。

图 3-64　信息提示（1）

图 3-65　信息提示（2）

③引导明确化，每个错误提示都应包含行动建议（见图3-66、图3-67）：文件上传格式错误时，应列出支持的格式清单并附加示例文件下载链接；登录失败时，应显示"忘记密码"的快捷入口和客服联系方式；当课程视频加载失败时，应提供"切换清晰度"按钮和错误报告的快捷通道；应像导航软件在封路时自动规划绕行路线，而不是只显示"此路不通"。

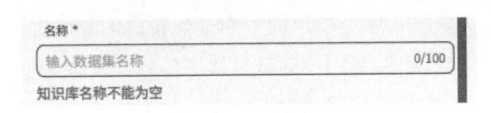

图 3-66　行动建议（1）

图 3-67　行动建议（2）

④记录透明化，在用户许可的情况下保存错误现场，方便后续改进；提供"一键上报"功能，自动附加设备型号、操作步骤等关键信息；展示错误追踪编号，并承诺"问题处理进度可在个人中心查询"；在高级设置中提供查看原始错误日志的选项。这种透明机制如同医院提供完整的检查报告，既专业又令人安心。

（3）智能场景适配

让反馈"有温度"，Coze平台的智能上下文感知系统能根据场景调整反馈方式，深夜场景（22:00至次日6:00）自动切换夜间模式，提示框背景变为深色以减少刺眼感；关闭提示音，改为振动通知；客服入口优先显示智能助手而非人工服务。

（4）错误预防

构建"防错护城河"，优秀的反馈机制还需前置预防错误发生，实时校验系统像贴心的表单助手，用户输入手机号时，实时验证格式，错误字符自动标红；上传文件超过限制时弹出提示："你选择的文件较大，建议压缩后上传。"提交按钮在必填项未完成时显示进度条："还需完成两项即可提交"。

（5）智能补全功能可减少操作失误

地址输入框根据IP定位推荐所在城市；支付密码输错时提示："你可能开启了大小写锁定"；课程搜索框会自动纠正错别字："你是否想搜索Python编程？"

（6）风险预判机制

当检测到用户连续快速单击时，弹出确认框："你似乎有些着急，是否需要帮助？"；在流量高峰时段提前提示："当前为访问高峰期，建议收藏本页稍后再查看"；异地登录时会触发二次验证，而非直接锁定账号。

将危机转化为信任的契机，当错误反馈机制达到"用户愿意主动报告问题"的境界时，就意味着建立了真正的数字伙伴关系，就像游客遇到问题更愿意询问笑容可掬的向导，而非冷冰冰的指示牌。这种润物细无声的体验设计，正是提升用户忠诚度的秘密武器，也是将潜在危机转化为品牌信任的最佳契机。

3.5.3 系统稳定性保障与容错设计

系统稳定性保障与容错设计是Coze平台核心架构中不可或缺的组成部分。在人工智能对话系统中，由于模型调用、并发处理、数据交互等复杂场景，系统随时可能面临各种不可预知的故障。为了确保平台能够稳定、持续地为用户提供高质量的服务，Coze建立了一套完整的稳定性保障体系和多层次的容错机制。

Coze平台的系统稳定性保障与容错设计建立在深入理解用户需求和系统特点的基础上。作为一个智能对话平台，其系统的稳定性直接影响着数百万用户的日常使用体验。系统采取了多维度的防护措施，确保系统在面对各种挑战时都能保持坚如磐石的运行状态，为用户带来持续而稳定的服务体验。

在架构层面，Coze采用了分布式的设计思路。核心功能被拆分为独立的微服务模块，包括对话处理、用户管理、数据存储等。这种模块化设计使得每个功能都能独立扩展和维护，大大降低了系统整体故障的风险。即使某个模块出现问题，其他功能仍然可以正常运行。关键数据采用多地域备份策略，在保证数据安全的同时，也为故障恢复提供了保障。

为了应对访问高峰带来的压力，Coze实现了智能的负载处理机制。系统会以精准的监控技术实时捕捉请求量的波动，一旦监测到访问量急剧上升，便会自动激活弹性扩容流程。这一过程迅捷如闪电，通常仅需数分钟即可完成，迅速扩充服务器资源，确保用户在系统负载激增时仍能享有流畅的体验。与此同时，智能调度系统会如同一位精明的指挥官，根据各服务器的实时负载状况，巧妙地分配用户请求，有效避免服务器局部过载的风险。

在错误处理方面，Coze实现了多层级的防护机制。每一次用户请求都会被赋予重试机会，如果首次处理失败，系统会在适当的时间间隔后自动重试。如果多次尝试仍失败，系统就会启动备用方案，确保用户至少能得到基本的回应。所有的错误信息都会被详细记录，包括发生时间、具体原因和影响范围，这些数据成为系统持续优化的重要依据。

考虑到用户体验的重要性，Coze设计了平滑的服务降级机制。如果系统发现某些高级功能无法使用，就会自动切换到基本服务模式，以确保核心功能仍能正常运行。用户的对话内容会实时同步到多个存储节点，即使在极端情况下也能快速恢复会话历史，最大限度地降低数据丢失的风险。

为了及时发现和解决问题，Coze建立了全方位的监控体系。系统性能指标、错误率、响应时间等关键数据都在实时监控之中。当这些指标出现异常波动时，监控系统会立即发出预警，使运维团队能够在问题造成严重影响之前采取措施。这种主动预防的方式，大大减少了系统故障的发生频率（见图3-68）。

Coze平台在处理高并发场景下的系统故障时，采取了一系列实用的应对策略。以下通过几个具体场景来说明。

假设在电商促销活动期间，大量用户同时使用Coze的客服功能。系统会先发出预警，一旦发现访问量突然飙升，系统会自动增加服务器资源。比如原本运行的10台服务器可以在15分钟内快速扩展到30台，确保系统能跟上用户的使用速度。

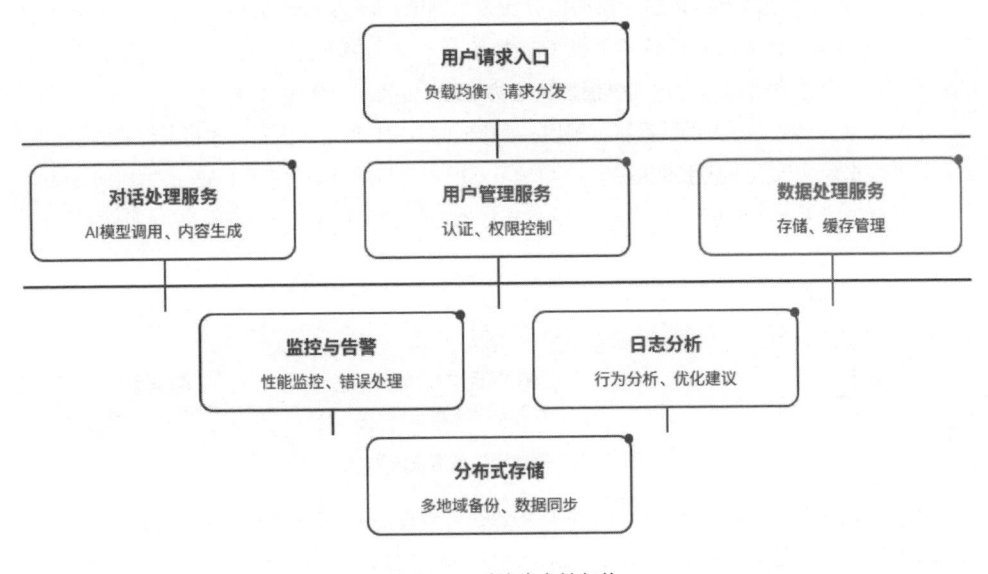

图 3-68　系统稳定性架构

在对话处理方面，系统采用了排队机制和优先级策略。当服务器负载接近极限时，新的对话请求就会进入智能排队系统。重要的客服对话会被优先处理。同时，系统会切换到简化版的对话模型，牺牲一些高级功能，但确保基本的对话服务不中断。

数据处理层面的措施也很关键。比如，当大量用户同时提交表单时，系统就会启动缓存机制，把这些请求暂时存起来。如果数据库压力太大，这些请求就会被暂时放在消息队列里，然后由专门的程序慢慢处理，这样就能避免数据库崩溃。

通过以上系统稳定性保障与容错设计的实施，Coze平台实现了高可用性和高可靠性的目标。这套机制不仅确保了平台在面对各类异常情况时能够平稳运行，也为用户提供了连续、稳定的服务体验。实践证明，良好的容错机制是现代AI对话平台不可或缺的组成部分，既能有效预防系统故障，也能在问题发生时快速恢复服务。

3.6 高级对话功能实现

3.6.1 情感分析与情绪识别

在互联网时代，文字、语音、表情包承载着海量的情绪信息。想象一下，如果APP能像朋友一样理解你的喜怒哀乐，电商平台能通过评论感知用户满意度，客服机器人能识别客户是否生气，这正是情感分析与情绪识别的魅力。对于开发者来说，借助Coze这样的平台，无须从零开始研究复杂算法，就能让机器具备这种"读心"能力。下面我们将一步步解析其背后的实现逻辑。

（1）情感分析

理解文字背后的态度。情感分析的核心任务是判断一段文字传达的是正面情绪、中性情绪还是负面情绪。比如用户评论"手机续航太差了"，系统需要识别出其中的负面情绪。在Coze平台上，开发者可以通过预训练模型快速实现这一功能。

首先，需要准备标注好的数据集。例如，收集5000条用户评论，人工标注每条评论的情感倾向。这些数据就像教孩子认字的卡片，让AI学习不同词语与情感的关系。Coze提供数据清洗工具，能自动过滤无意义符号、统一缩写格式，比如把"灰常好"修正为"非常好"（见图3-69）。

图 3-69 数据标注与清洗流程

接着，选择合适的算法模型。对于简单场景，可以直接调用Coze的情感分类API，输入文本就能返回评分（见图3-70）。若需要定制化，可使用平台提供的BERT、LSTM等模型架构，通过可视化界面调整神经网络层数、学习率等参数，就像用不同的滤镜处理照片一样。

训练完成后，用测试集验证训练效果。如果系统将"配送慢但客服处理快"误判为负面，开发者可针对性地增加类似案例，教会AI理解转折句式。Coze的模型解释功能会高亮"慢""快"等关键词，直观展示判断依据。

（2）情绪识别

捕捉更细腻的心理状态，如果说情感分析是判断"晴雨表"，那么情绪识别就像区分"多云转小雨"。它需要识别更具体的情绪类型，如喜悦、愤怒、惊讶、悲伤等。这对技术提出了更高的要求。

在Coze中实现情绪识别，通常需要处理多模态数据。例如，在分析客服录音时，既要识别文字内容中的激烈措辞，也要通过语音接口分析语速、音调变化，就像人类能听出对方在强忍怒火。平台提供的语音转文字服务能同步输出时间戳和情绪波动曲线。

第 3 章 功能模块开发

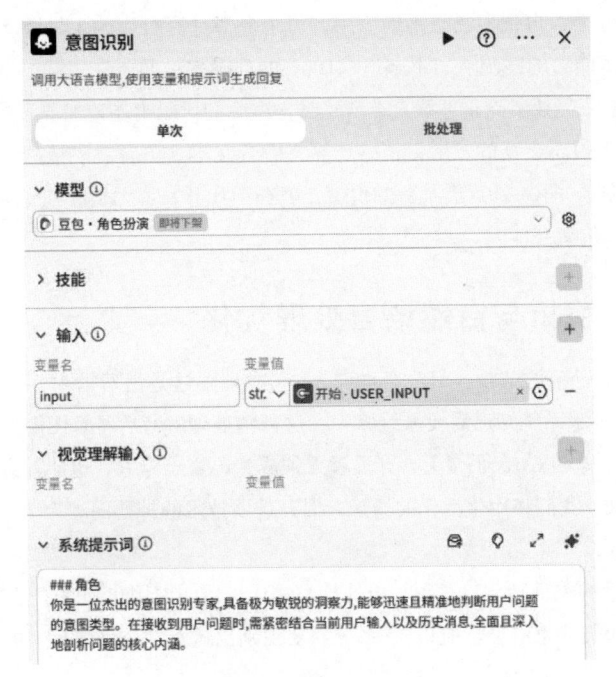

图 3-70 意图识别模型

针对表情包、颜文字等非结构化数据，Coze的图像识别模块能解析表情符号的含义。比如"o(╥﹏╥)o"可能代表悲伤，也可能代表喜极而泣，这时需要结合上下文来判断。开发者可以创建自定义表情词典，将平台未覆盖的新潮表情与特定情绪关联。

对于复杂场景，建议采用混合模型。例如，先用CNN提取表情符号特征，再用循环神经网络分析文本序列，最后通过决策层综合判断。Coze的模型融合功能支持拖拽式搭建，就像用乐高积木组合不同模块。

（3）落地应用

让技术产生真实价值，技术实现后，关键在于如何嵌入实际场景。Coze提供多种部署方案：实时评论监控，电商平台可接入情感分析接口，当负面评价超过阈值时自动触发预警。例如，当检测到"破损""退货"等关键词集中出现时，立即通知品控部门。

智能客服优化，情绪识别系统监测到用户对话中的愤怒指数升高时，自动转接人工客服，并提示"用户情绪激动，建议使用补偿话术"。系统会记录引发不满的高频问题，反向优化服务流程。

内容推荐升级，社交平台通过分析用户动态的情绪倾向，调整内容推送策略。例如，检测到用户连续发布伤感文字，减少搞笑视频推荐，增加心理疏导类内容。

开发者需要注意伦理边界。Coze提供隐私保护模式，可自动过滤身份证号、手机号等敏感信息，确保分析过程不侵犯用户隐私。同时应设置人工复核机制，避免因系统误判引发纠纷。

通过Coze平台，开发者能够像搭积木一样构建智能情感系统。从基础的情感倾向判断，到精细化的情绪分类,再到多场景落地应用,每个环节都有对应的工具链支持。关键在于理解业务需求与技术能力的匹配点,不必追求100%的准确率,而要在关键节点(如客户投诉识别)做到精准响应。当技术真正理解人类情感时,冰冷的代码也能传递温暖的价值。

未来,随着多模态交互的发展,情感计算将融合文本、语音、表情甚至生理信号(如智能手表的心率数据)。而Coze这类平台的价值,就在于让开发者无须深究底层技术细节,专注创造更有温度的人机交互体验。

3.6.2　意图解析与自然语言处理优化

当我们对智能音箱说"帮我订一杯咖啡",它能理解这是消费请求;当用户抱怨"这空调根本没法用",客服系统知道需要派维修工,这种精准理解背后是意图解析与自然语言处理(NLP)技术的支撑。在Coze平台上,开发者无须成为语言学专家,也能教会机器理解人类的真实需求。接下来,我们将用生活化的场景,揭开这项技术的神秘面纱。

(1)意图解析

从字面到行动的关键转化。意图解析的核心是让机器明白用户到底"想要什么"。比如用户输入"明天上海飞北京的最早航班",系统需要识别出这是"查询航班"的意图,并提取出发地、目的地、时间等关键信息。

在Coze中实现意图解析,通常分为三步走。意图分类:先判断用户需求属于哪个大类。平台提供预训练的意图分类模型,支持电商、教育、医疗等20多个领域的常见意图(如"购物""咨询""投诉"等)。开发者可以上传业务场景的对话样本,比如针对外卖场景增加"催单""退订"等专属意图,就像给机器定制专属词典(见图3-71)。

(2)实体识别

从句子中抓取关键信息。例如,在"周日下午两点到虹桥火车站"中,Coze的实体抽取工具能自动标记"周日"为日期,"下午两点"为时间,"虹桥火车站"为地点(见图3-72)。平台内置地址、时间、商品规格等通用实体库,也支持自定义实体(如奶茶店的"加料"选项)。

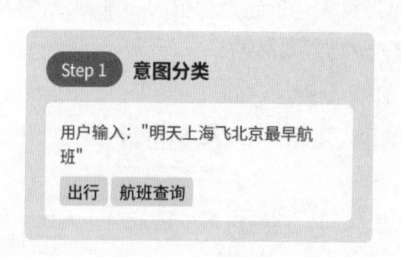

图 3-71　意图解析

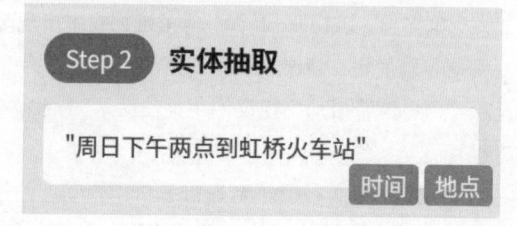

图 3-72　实体识别

(3)上下文关联

理解对话的前后关系。当用户先说"我想买手机",接着问"有黑色吗?"系统需要记住当前处于"商品查询"场景（见图3-73）。Coze的多轮对话管理模块，能自动维护对话状态，像人类聊天一样保持话题连贯性。

训练过程中，开发者会遇到一些典型问题。例如，用户说"这个不行"，需要结合上下文判断是指价格太高还是功能不足。此时可以通过Coze的上下文标注工具，给对话打上场景标签，帮助AI建立记忆关联。

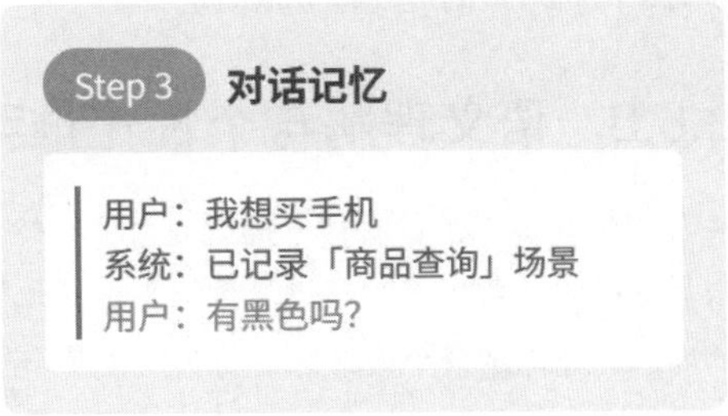

> **Step 3 对话记忆**
>
> 用户：我想买手机
> 系统：已记录「商品查询」场景
> 用户：有黑色吗？

图 3-73　上下文关联

（4）NLP优化

应对真实世界的语言复杂性，现实中的语言充满变数，口语化表达、错别字、方言混杂等问题，都可能让机器"误解人意"。Coze提供多层次的优化方案。

（5）语义泛化

让AI理解不同表达背后的相同含义。例如，"订一张票""给我来个座位""预约席位"都指向购票意图。开发者可以上传同义词表，或使用平台的语义扩展功能自动生成相似句式。对于"这玩意儿咋用啊"这类口语化表达，Coze的口语处理模块能将其转化为标准表述。

（6）容错处理

当用户输入"苹手机果13多少钱"，系统需要自动纠正为"苹果手机13"。Coze的错别字纠错模型基于亿级语料训练，能识别拼音误输（如"xioami"）、形近字（如"已泾"）、漏字（如"手防水吗"）等常见错误。同时支持添加行业术语白名单，防止专业名词被误改（如"蔚来ES6"不会被拆分）。

（7）多模态理解

现代交互往往混合文字、图片、语音等多种模态。例如，用户发送一张模糊的商品截图并问"这个有货吗"，Coze的图文结合分析功能会先通过图像识别提取商品特征，再结合文本进行库存查询。在语音场景中，平台提供的语音识别服务会输出带有标点符号的文本，保留原始语调中的疑问、强调等关键信息。

通过Coze平台，开发者能够构建真正懂用户的智能系统。从基础的意图分类到复杂场景的多轮对话，从文本纠错到多模态融合，每个环节都有对应的工具来降低技术门槛。关键在于把握两个原则：一是始终以用户体验为中心，允许适当的"不完美"（比如对非关键错误保持沉默）；二是善用平台的数据反馈闭环，让AI在实际对话中持续进化。

未来的自然交互将更加无形且自然，就像人与人交谈时，不需要刻意组织"机器能听懂"的语言。而Coze的价值，正是将复杂的语言学规则、深度学习算法封装成简单易用的模块，让开发者专注于创造更人性化的交互体验。当机器真正理解意图背后的情感、场景、文化背景时，人机对话的边界将被重新定义。

3.6.3 语义理解与个性化推荐

当你在视频平台刷到一部恰好喜欢的冷门电影，或是在电商平台发现一款符合你尺码的限量球鞋时，背后其实是语义理解与个性化推荐在默默工作。这种技术不仅能听懂用户表面的需求，还能结合个人喜好、行为习惯甚至当前心情，提供"量身定制"的服务。在Coze平台上，开发者无须精通算法，就能构建这样的智能系统。下面我们将用日常场景来拆解这项技术是如何实现的。

（1）语义理解

突破字面意义的屏障，语义理解的核心是让机器真正"听懂"用户的言外之意。例如，用户说"找部轻松的电影"，系统需要结合上下文判断：如果是周末晚上，可能推荐喜剧片；如果是午休时间，可能推荐30分钟的短剧。

①上下文关联：Coze的语义理解模块会记录对话历史和环境信息。比如用户在购物App中先搜索"登山鞋"，接着问"防水性能好的"，系统会自动将"防水"与"登山鞋"关联，而不是理解成雨衣或手机防水壳。平台提供的对话状态追踪功能像书签一样标记用户关注的焦点。

②多义词处理：当用户说"苹果多少钱"时，需要区分是水果还是手机。Coze的语义分析工具会结合用户画像（如用户最近浏览过电子产品）和场景（如出现在生鲜超市页面）综合判断。开发者可以设置业务专属的优先级规则。例如，在水果电商场景中默认指向水果。

③情感倾向融合："这款手机拍照太惊艳了"和"这款手机发热太夸张了"都包含"太XX了"的结构，但情感倾向完全相反。Coze的语义分析会同步调用情感模型，结合表情符号（如😎或😠）可精准解读真实态度。

训练这类模型时，开发者常遇到"语义鸿沟"问题。例如，用户评价"这衣服很仙"，传统系统可能无法理解。此时可以通过Coze的流行语学习功能，抓取社交平台的热门表达自动补充语义库。

（2）个性化推荐

从"千人一面"到"一人千面"，个性化推荐不是简单"猜你喜欢"，而是建立用户与内容之间的深度连接。Coze平台通过三层结构实现精准推荐：

第一层，用户画像构建，系统会自动整合多维度数据：显性数据：年龄、性别等注册信息；行为数据：最近单击的10个商品、观看视频的完播率；环境数据：当前地理位置、设备型号、网络环境等。例如，检测到用户用平板电脑在晚间浏览家具，会推断其为家庭决策者，从而推荐客厅套装而非单人桌椅。

第二层，内容理解深化，Coze的内容分析工具能解析文本、图片、视频的多模态特征。比如分析美食视频时，不仅识别"火锅"等关键词，还会通过图像识别汤汁颜色、食材种类，甚至结合BGM判断是烹饪教学还是探店测评。

第三层，智能匹配引擎，平台提供多种推荐算法：协同过滤：发现相似用户群体的偏好（喜欢A的人也喜欢B）；内容匹配：根据商品特征直接关联（搜索帆布鞋推荐同色系袜子）；实时反馈，当用户跳过某个推荐时，立即降低同类内容的权重。开发者可以像调节汽车仪表盘一样，通过可视化界面调整各算法的混合比例。例如，电商大促期间加大热门商品的曝光，日常运营侧重长尾商品的挖掘。

语义理解与个性化推荐技术的融合，标志着对话系统从"功能满足"到"体验升华"的跨越。当用户感叹"这正是我想找的！"时，背后是无数次的语义解析模型优化、兴趣标签迭代与推荐策略调整。而Coze这类平台的价值，就是将复杂的语义分析、深度学习技术封装成简单的模块，让开发者专注于创造更人性化的数字体验。当机器学会在正确的时间，用正确的方式，提供恰到好处的选择时，技术才能真正温暖人心。

第 4 章

性能优化与调试

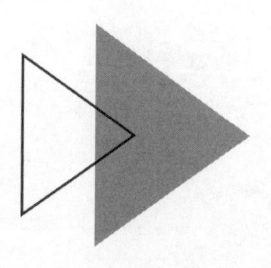

4.1 响应质量提升

4.1.1 优化响应的准确性与及时性

当你向智能助手提问时，最希望得到既正确又快速的回答。开发者在Coze平台上构建智能应用时，需要像培育一棵树那样同时关注根基（准确性）和生长速度（及时性）。这需要从数据准备、训练技巧到系统设计的全方位配合，就像厨师既要保证菜品质量，又要缩短上菜时间。

（1）夯实基础

让回答更准确的关键。提升准确性的核心是教会AI正确理解问题。开发者需要像老师备课那样精心准备训练数据，收集大量真实场景中的用户提问，并对每个问题标注标准答案（见图4-1）。就像教孩子认字时要用带拼音的教材，给AI的数据需要包含丰富的同义词和问题变体。例如，"怎么退票"和"如何取消订单"都要对应退款流程的解释。

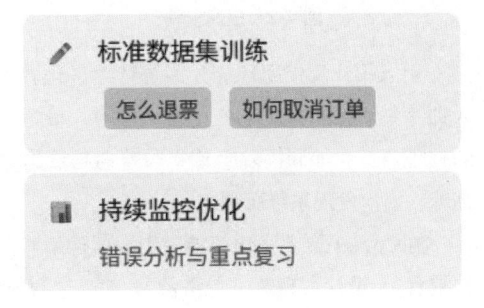

图 4-1 夯实基础

当AI开始学习时，开发者要像教练观察运动员动作那样持续监控训练过程。当发现AI把"充电宝没电"误判为"手机故障"时，就需要补充相关案例重新训练。定期用新产生的用户问题测试AI，就像给学生布置随堂测验，能及时发现AI的知识盲区。建立错误日志分析机制，把高频错误问题单独归类，相当于给AI建立错题本进行重点复习。

（2）提速秘诀

让响应更快的窍门，及时性优化就像给快递系统设计最优路线。开发者可以建立常见问题缓存库，将"营业时间查询"这类高频问题的答案预存在高速存储器中，如同把热销商品放在仓库门口。对于复杂问题，采用分步处理策略，先返回核心答案，再在后台补充详细信息，就像服务员先端上主菜，再说"甜点稍后就送来"。

系统架构设计直接影响响应速度。采用微服务架构让不同模块并行工作，好比让收银员、厨师、传菜员各司其职（见图4-2）。当流量激增时，自动扩展计算资源的功能就像临时增开收银通道。合理设置超时机制，避免某个环节卡死整个系统，如同设定"厨师5分钟内不出餐就启动备餐方案"。

（3）平衡之道

精准与速度的共舞，提升准确性和及时性就像调整天平的两端。过度追求准确性可能导致系统反复验证而变慢，就像医生为确诊做太多检查而耽误治疗。单纯追求速度又容易给出错误答案，如同快递员为赶时间送错了包裹。聪明的开发者会建立动态平衡机制，简单问题直接快速应答，复杂问题先告知预计等待时间，就像银行柜台区分现金业务和贷款办理（见图4-3）。

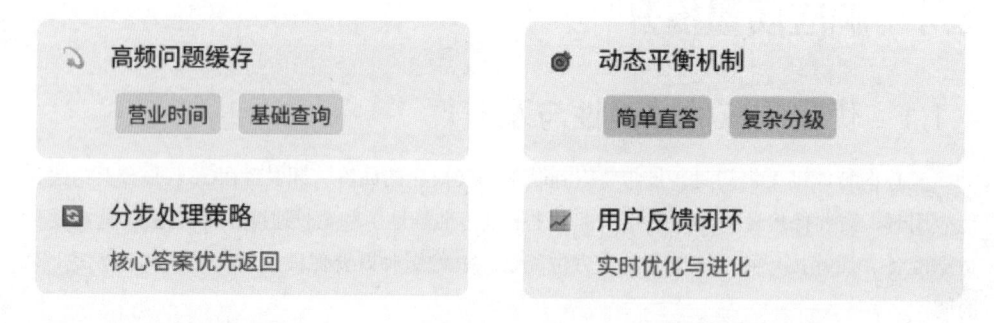

高频问题缓存	动态平衡机制
营业时间　基础查询	简单直答　复杂分级
分步处理策略	用户反馈闭环
核心答案优先返回	实时优化与进化

图 4-2　提速秘诀　　　　　　　　图 4-3　平衡之道

引入用户反馈闭环能让系统持续进化。当用户对答案点赞或纠错时，这些数据会自动加入训练集，相当于让AI在工作中学习。设置响应时间分级标准，不同优先级的问题通过不同的处理通道，如同医院急诊室与普通门诊的分流机制。定期进行压力测试，模拟节假日咨询高峰，提前发现系统瓶颈。

在Coze平台上优化智能应用，就像培养一个不断成长的数字助手。通过给AI喂"优质数据粮食"，设计"高效思考路径"，建立"智能学习机制"，开发者能培育出既博学又敏捷的智能系统。但优化不是一次性任务，而是需要持续观察用户互动、分析服务日志、迭代升级的长期过程。当准确性与及时性形成良性循环，智能应用就能像经验丰富的服务员，既准确理解需求，又能快速给出令人满意的回应。

4.1.2　缓存机制与性能加速

当你用手机点外卖时，最希望看到的是"预计5分钟送达"，而非"骑手正在排队"。在Coze平台上构建智能应用时，开发者也需要通过巧妙的"仓储管理"（缓存机制）和"交通调度"（性能优化），让答案像热乎的餐食一样快速抵达用户手中。这背后的秘密，就像是给系统装上了智能加速器，让数据流转更高效、资源分配更合理。

（1）缓存

给数据建一个"快递前置仓"。缓存机制的核心逻辑，就像在小区门口设置快递柜。开发者需要把用户经常访问的内容（例如，"店铺营业时间""产品价格表"等）提前存放在离用户最近的"存储柜"里。当有人重复询问相同问题时，系统无须每次都跑回"总仓库"（数据库）翻找答案，而是直接从"前置仓"（缓存）秒速调取。

设计缓存的关键在于"精准预判"。就像便利店老板会根据季节变化调整货架上的商品，开发者需要分析历史对话数据，识别出高频问题（如"如何退换货""会员卡怎么用"），并将这些问题的答案预先加载到缓存中。同时要为缓存设置合理的"保质期"。例如，促销活动规则缓存两小时，基础服务说明缓存两天，以避免用户收到过时信息（见图4-4）。

对于动态变化的数据（如实时库存量），可以采用"缓存+动态更新"的组合策略。就像外卖App在显示"预计送达时间"时，会先展示基于历史数据的估算值，再异步向后台请求最新骑手位置进行校准。开发者可以让系统先返回缓存中的近似答案，同时在后台刷新数据，用户几乎感知不到等待过程。

（2）性能加速

给系统装上"涡轮引擎"，提升性能就像优化城市交通网络，需要多管齐下。代码精简是首要任务，删除冗余的逻辑判断，就像拆除道路上多余的红绿灯。例如，将10步验证流程压缩为3步关键检查，用"身份证号自动识别生日"代替手动输入年、月、日，让程序执行路径更短。

资源调度直接影响响应速度。采用"内容分发网络"（CDN）技术，相当于在全国各地开设连锁分店。当北京用户查询信息时，不再需要连接到上海的主服务器，而是直接访问本地节点，如同去楼下便利店而不是跨城采购。对于图片、视频等"大件包裹"，启用压缩传输就像把家具拆成平板包装，能大幅减少"搬运时间"（见图4-5）。

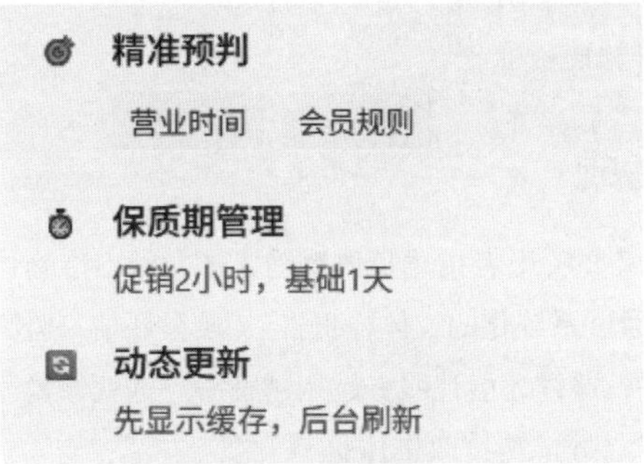

图 4-4　智能缓存系统

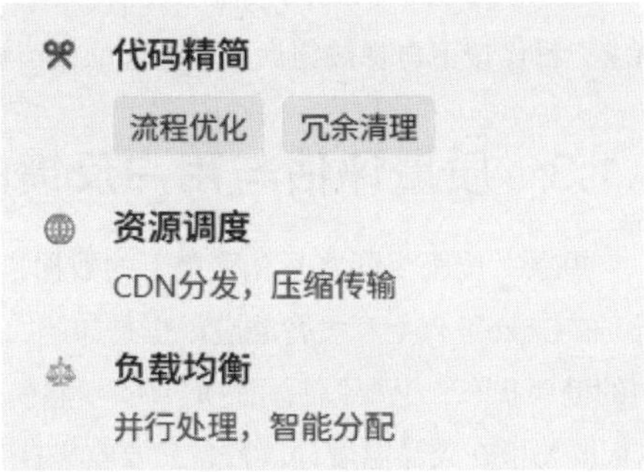

图 4-5　加速引擎

在服务器端，并行处理技术如同开设多个收银通道。当用户同时询问"订单状态""物流信息""优惠券余额"时，系统不再逐个处理，而是分派给不同计算单元同步处理，最后整合结果。智能化的"负载均衡"机制会自动监测各服务器的工作状态，像机场调度员分配航班那样，把新请求导向最空闲的服务器，避免某台机器"堵车"。

（3）动静结合

平衡实时性与效率，缓存与实时数据的配合，如同平衡新鲜食材与预制菜的关系。开发者需要建立智能的缓存失效机制，当商品价格变动时，立即清除相关缓存并推送更新，就像超市打折时同步更换价签；而对于长期稳定的信息（如企业成立时间），则可设置长达数月的缓存周期（见图4-6）。

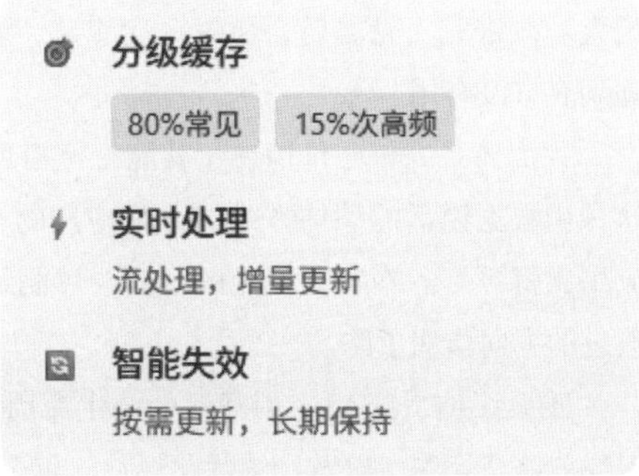

应对突发流量时，分级缓存策略就像大型

图 4-6　缓存策略矩阵

141

演唱会的安检分流策略。第一层用内存缓存处理80%的常见问题（如"洗手间位置"），第二层用快速存储应对15%的次高频问题（如"停车费标准"），最后5%的复杂查询（如"定制服务报价"）才走完整个处理流程。这种"漏斗式"设计既能扛住流量高峰，又能保证关键业务不受影响。

对于需要实时性的场景（如在线竞拍），可以采用"流处理"技术。就像证券交易所的股票行情显示屏，系统不再批量处理数据，而是像流水线一样逐条实时更新。结合"增量缓存"技术，每次只更新变化的部分数据，避免重复传输完整信息，如同只传送拼图块而非整幅画面。

在Coze平台上优化缓存与性能，本质是打造一套智能运输系统。通过建立分级的"数据中转站"（多级缓存）、设计高效的"运输路线"（代码优化）、部署灵活的"物流车队"（资源调度），开发者能让智能应用在保证信息准确的前提下，实现"秒级响应"的畅快体验。

但真正的技术精髓在于动态平衡，就像优秀的厨师既备好高汤底料，又能现场快炒时蔬。开发者需要持续监控缓存命中率、响应延迟等关键指标，像调节汽车变速箱那样随时调整策略。当系统学会"预判用户需求提前备货""动态分配资源避开拥堵"，就能让每个数字服务请求，都像按下电梯按钮后立刻亮起的楼层灯一样快速精准。

4.1.3 质量评估与用户反馈的集成

想象一位医生既要看化验单上的数据指标，又要听患者描述身体感受，才能做出准确诊断。在Coze平台上开发智能应用也是如此，既要通过系统化的"体检报告"（质量评估）监测AI的健康状态，又要倾听用户的真实"感受反馈"，这样才能让服务越用越贴心。这就像餐厅老板既要检查菜品温度计读数，又要收集食客评价，才能持续改进体验。

智能体表现得好不好，关键看大模型在各种情况下的能力。要是提示词工程或者工作流设计得不好，智能体可能在某些情况下表现得不靠谱，比如输出的信息不准确或者完全是虚构的，这会直接影响用户体验。但是，如果开发团队有一套检查流程，就能及时发现这些问题，评估回答的质量，这样就能给以后的改进工作提供有力的数据支持。

在具体实践中，评测功能通过预设的评测集对模型和智能体进行多维度考察，然后生成一份详细的测试报告。开发团队可以根据这份报告找出哪里做得不够好，然后专门去改进和调整。改进完一轮之后，再做一次测试，通过比较前后测试的结果，就能清楚地知道改进措施到底有没有用。

评测体系的核心价值在于其能够模拟真实业务环境，把要评估对象的能力用数字来衡量。这种用数据说话的评估方式，为AI应用的开发和改进提供了可靠的参考，让团队能不断地把应用做得更好。在实际使用的时候，评测结果经常能发现一些光靠感觉看不出来的问题，为改进的方向指明了路。

质量评估贯穿AI应用开发的全生命周期，可以分为三个关键阶段：前期模型选型评估、上线前综合评测，以及持续优化评估。每个阶段都有其独特的评估重点和质量保障目标。

在开发的早期阶段，我们主要关注的是挑选出最符合业务需求的模型版本。通过一个有条理的评估流程，开发团队可以客观地比较各个候选模型在特定业务场景下的表现差异。这样做不仅为选择模型提供了可靠的依据，也为之后的模型改进和迭代设定了一个基准。举个例子，在对模型进行微调时，前后对比的评估就像是一个精确的导航仪，能准确地告诉我们优化的方向和效果，引导模型不断向着更高效、更智能的方向发展。

当智能体完成初步开发后，上线之前，需要仔细检查，这是保证服务质量的重要步骤。这个检查就像是传统软件开发中的质量验收，需要在多个维度验证智能体的性能表现。通过模拟各种常规和边界场景，评估智能体的恢复质量和响应表现，有效降低上线后的质量风险。这种预防性的质量保障措施能够大幅减少线上环境中可能出现的问题。

在智能体部署为API服务或接入第三方应用后，评测工作转向维护与优化阶段。开发团队需要持续收集和分析用户反馈，特别关注异常响应和不符合预期的案例。通过定期优化评测，既要确保已有功能的稳定性，又要验证在新增场景下的性能提升。这种动态的评测机制确保了智能体服务质量的持续提升。

在具体实践中，评测功能具备以下核心特性。首先，系统支持对多个智能体的不同版本（包括正式版和草稿版）进行并行评测，提供全面的性能对比。其次，平台内置了丰富的评测资源，包括针对高频应用场景的标准评测集和评测规则，同时提供灵活的自定义评测模板，支持开发者根据实际业务需求设计专属的评测方案。

在评测方式上，系统提供了模型自动评分和人工评分两种评估方法。自动评分通过专门的评分模型进行客观评估，而人工评分则由专业人员基于实际运行结果进行主观判定，两种方式相辅相成。最后，系统会生成深入的评估报告，涵盖多个维度的性能指标和详细的问题分析，为后续的优化工作提供精确的指导方向。

这种多层次、全周期的评测体系确保了AI应用从开发到部署的全流程质量保障，帮助开发团队持续提升服务水平，最终为用户提供稳定可靠的AI解决方案。

在启动全面评测之前，务必确保智能体已经顺利通过初步调试阶段，并且成功完成试运行验证工作，同时账户中有足够额度支持评测任务的执行。平台支持对多个智能体版本进行并行评测，但单次评测最多可选择3个版本进行对比，这有助于分析不同版本间的性能差异。

图 4-7　效果评测模块（1）

评测对象的配置是整个评测流程的第一步。登录平台后进入效果评测模块（见图4-7和图4-8），开发者需要在效果评测模块创建新的评测任务，设置任务名称并选择待评测的智能体及其版本（见图4-9）。这个阶段特别适合进行版本间的对比评测，帮助团队了解迭代优化的实际效果。

图 4-8　效果评测模块（2）

图 4-9　设置评测任务

在评测数据准备环节，平台提供了两种灵活的数据来源选择。开发者可以使用平台预置的场景化评测集（见图4-10），这些评测集覆盖了常见的应用场景，可以直接使用或在其基础上进行定制化修改（见图4-11）。另外，平台也支持使用自定义评测集，开发者可以下载标准模板，根据实际业务需求设计专属的测试用例。需要注意的是，一次评测最多支持使用5个评测集，且多个评测集使用时需确保表头结构一致。系统会根据评测用例的数量预估token消耗，建议提前确保账户额度充足。

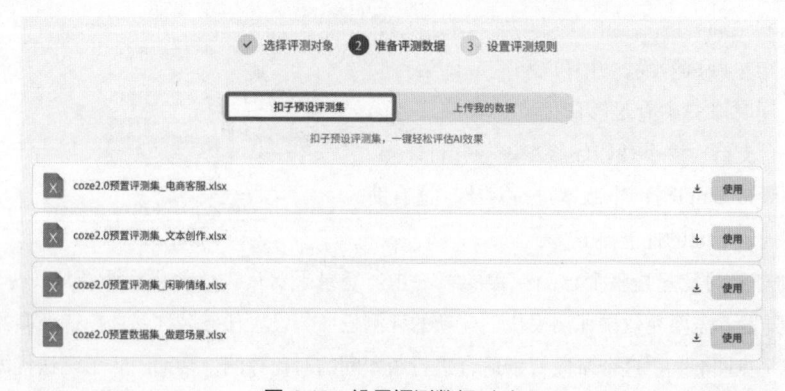

图 4-10　设置评测数据（1）

第 4 章　性能优化与调试

图 4-11　设置评测数据（2）

评测规则设置提供了模型自动评分和人工评分两种方式。选择模型自动评分时，需要配置合适的裁判模型并设置相关参数，同时制定清晰的评分规则和标准。平台支持使用AI辅助生成或优化提示词，并可以通过变量引用来处理动态内容。对于需要专业判断的场景，也可以选择人工评分方式，跳过模型配置环节，评测完成后由专业评审人员进行打分。在编写评分规则时，建议明确各分数区间的具体判定标准，并可以参考平台提供的场景化示例进行优化（见图4-12）。

图 4-12　设置评测规则

145

完成评测配置后，系统会展示评测任务的综合预览界面，供开发团队进行最后的配置确认。这个确认环节涵盖了多个关键维度：首先是评测对象的选择是否准确；其次是评测参数的具体配置是否合理；同时还包括了资源消耗的预估数据，如预计所需的计算成本和执行时间。这个完整的配置审查机制能够帮助团队在任务启动前及时发现和解决潜在的问题。当所有配置信息经过复核并确认无误后，即可通过单击"开始评测"按钮启动整个评测流程（见图4-13）。

评测任务创建完成后将自动进入执行阶段，系统采用批量处理机制高效完成评测流程。特别是在启用模型打分模式的情况下，指定的裁判模型会对评测集中的每一组问答对进行系统化的质量评估和量化打分。评测过程中产生的所有数据都会被实时记录，并最终整合为标准化的CSV格式报告，确保数据的可读性和后续分析的便利性（见图4-14）。

图 4-13 设置评测配置

图 4-14 执行评测任务

评测流程完成或处于暂停状态时，平台提供了完整的结果查看机制。在评测任务管理界面中，开发团队可通过操作栏中的结果查看功能，获取系统生成的标准化评测报告。这份报告以CSV格式呈现，既包含各版本智能体的详细问答记录，又整合了量化评分数据和深度的评分依据分析（见图4-15）。

图 4-15 查看评测功能

为使评估效果持续保持良好，建议团队定期进行评估，不断收集和分析数据，以便及时发现和解决性能问题。在评估过程中，应注意账户额度使用情况。若额度不足，可先保存当前设置，待额度充足后再继续评估。最关键的，是要将评估结果与实际的业务目标相结合，通过多维度数据制订可靠的优化方案。

这种系统化的评测机制不仅能够帮助开发团队及时发现和解决问题，还能为产品的持续优化提供可靠的数据支持。通过定期的评测和分析，确保智能体服务始终保持在最佳状态，为用户提供高质量的交互体验。

4.2 性能监控与优化

4.2.1 性能瓶颈识别与解决方案

在开发软件或应用的过程中，经常会遇到系统变慢、操作卡顿甚至崩溃的情况。这种现象就像一条原本畅通的高速公路突然出现堵车点，所有车辆都不得不减速甚至停滞。这个"堵车点"在技术领域被称为性能瓶颈。对于使用Coze平台的开发者来说，找到并解决这些瓶颈，是保证系统流畅运行的关键。如何发现性能瓶颈呢？

第一步，观察系统运行状态。想象你经营一家奶茶店，当顾客排队超过半小时还没拿到饮品时，就需要找出问题环节：是点单太慢，是制作工序复杂，还是打包效率低？在Coze平台上，开发者可以通过内置的"仪表盘"查看系统运行状态。单击工作空间，进入发布管理，选择具体项目（见图4-16），这个工具就像奶茶店的监控摄像头，能实时显示哪些功能消耗了最多时间，哪些环节占用了过多资源。例如，发现某个数据处理模块耗时占总时长的70%，这就是明显的瓶颈信号。

图 4-16　智能体分析

第二步，分析数据日志。每个系统运行都会产生大量"足迹"，技术术语称为日志文件。就像医生通过检查报告诊断病情，开发者需要查看这些记录着每个操作细节的文件（见图4-17）。Coze平台会自动记录关键节点的耗时、资源消耗等信息。当用户反馈"单击查询按钮后要等10秒才有结果"，开发者就可以调取对应时间段的日志，精确锁定问题发生的代码位置。

图 4-17　访问分析

第三步，模拟压力测试。就像测试桥梁承重能力需要让卡车列队通过一样，开发者可以通过模拟大量用户实时操作系统来暴露瓶颈。Coze平台提供压力测试工具，能自动生成虚拟用户请求。例如，设置2000人同时提交订单，观察系统何时出现响应延迟或错误率上升的情况，这种"极限挑战"能帮助发现平时隐藏的问题，并通过数据面板查看具体数据（见图4-18）。

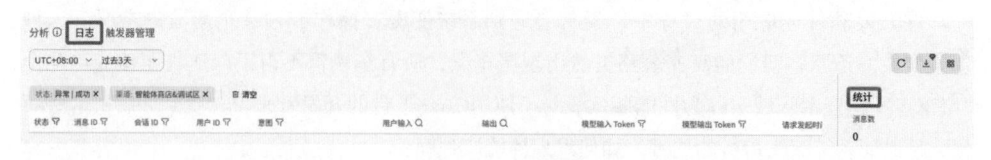

图 4-18 消息链路

我们可以通过以下几种方法解决。

①优化"慢动作"代码。假设发现某个图片处理功能特别耗时，就像发现奶茶店有个店员总在手工切水果。这时可以采取两种方式：改用更锋利的刀具（优化算法），或者提前准备切好的水果（数据预处理）。在Coze中，开发者可以重构低效代码，比如将重复计算的步骤改为调用缓存结果，或者采用更高效的图像压缩算法。

②合理分配计算资源。如果发现数据库服务器经常满负荷运转，就像奶茶店的收银台前排起长队，而制作台却闲着一样，此时可以通过Coze的资源调度功能，动态调整各模块的资源分配。例如，为高频访问的用户信息数据库增加内存，同时降低低频使用的日志存储优先级，就像在高峰期增开收银通道一样。

③拆分复杂任务。当一个功能需要连续完成十多个步骤才能返回结果，就像要求顾客必须亲自选茶叶、煮茶、加配料才能买到奶茶。这种情况下，可以将任务拆解为多个独立环节。Coze支持微服务架构，允许将注册、验证、数据处理等步骤拆分为独立模块并行运行，就像设置专门的点单区、制作区和打包区以提升整体效率。

④建立智能缓存机制。对于频繁读取但很少变动的数据（如商品分类目录），可以先在奶茶店前台放置常用原料，避免每次都要去仓库取货。Coze提供多级缓存配置，开发者可以设定热点数据暂存于内存中，就像把畅销饮品原料放在触手可及的位置一样。同时设置合理的过期时间，确保信息更新时自动替换旧数据，就如同每日补充新鲜水果。

解决性能瓶颈不是一次性的任务，而是一个持续改进的过程。就像城市交通管理需要定期分析车流变化，开发者应当建立定期检查机制（每周分析系统指标），关注用户反馈中的异常现象（如特定时段操作变慢），在每次功能更新后重新评估性能影响，保持系统组件的版本更新（如数据库引擎升级）。

Coze平台的优势在于提供了完整的监控工具链，从预警通知到历史数据对比一应俱全。开发者可以设置自动警报，当某个接口响应时间超过设定阈值时立即收到通知，就像奶茶店安装客流计数器，当排队人数超过5人时自动提醒增派人手。

识别和解决性能瓶颈，本质上是通过观察、分析和优化来维持系统健康运转。就像经验丰富的医生通过望闻问切诊断病症，开发者借助Coze平台提供的工具，能够快速定位问题的根源。关键在于建立系统化的思维方式，不仅要解决眼前的问题，更要理解不同组件间的相互影响。通过持续监测和渐进式优化，最终让应用系统像精心调校的跑车一样，在保持功能强大的同时，始终平稳高效地运行。

通过Coze平台提供的可视化工具和自动化方案，即使没有深厚技术背景的开发者，也能像使用智能体检设备一样，轻松完成性能调优的各个环节。记住，优秀的系统不是一开始就完美无缺的，而是在不断发现和解决问题的过程中逐渐打磨而成的。

4.2.2 资源管理与内存优化

如果把开发应用比作经营一家繁忙的餐厅，那么资源管理和内存优化就像厨房的合理布局和食材管理。即使厨师厨艺高超，如果操作台堆满杂物、食材乱放，做菜效率也会大打折扣。在Coze平台上，资源管理是确保计算能力、存储空间等"食材"被合理分配，而内存优化则是清理"操作台"，避免无用的数据堆积拖慢系统。这两者的配合决定了应用能否在复杂场景下稳定、高效地运行。

场景一：动态分配"餐厅座位"。想象一家火锅店，午市只有30%的上座率，晚市却需要同时接待200人。如果全天保持最大规模的桌椅摆放，白天会造成空间浪费，夜晚又可能座位不足。Coze平台的自动伸缩功能就像智能调整桌椅的店长，能根据实时负载自动增减计算资源。例如，白天只开启两台服务器处理常规请求，当傍晚购物高峰来临时，系统自动扩展到八台服务器分担压力，高峰结束后再缩减规模，既节省成本又避免拥堵（见图4-19）。

场景二：避免"厨师抢锅"现象。当多个功能同时争夺资源时，就像后厨所有厨师都等着用同一个炒锅。Coze的资源调度器会像经验丰富的厨房主管，为不同任务设定优先级：紧急的订单处理任务会获得更多计算资源（CPU），而数据备份等后台任务则使用剩余资源。开发者可以通过可视化界面拖动滑块，像分配厨房设备一样，为支付接口分配60%的CPU资源，为图片处理保留30%，剩下10%留给日志记录等次要任务（见图4-20）。

图 4-19 智能伸缩系统　　　　　　　　图 4-20 资源分配矩阵

场景三：识别"隐形浪费"。有些资源消耗就像厨房里忘记关掉的水龙头，看似无害，但长期累积却会造成巨大浪费。Coze的资源监控仪表盘会用颜色标记各模块的资源消耗：绿色代表正常，黄色表示预警，红色表示严重过载。例如，发现一个用户推荐算法占用了80%的内存，但实际贡献的业务价值有限，开发者可以像关掉漏水的水龙头一样，改用更轻量级的算法版本（见图4-21）。

内存优化就像是清理厨师切菜的操作台，如果堆满用过的刀具、废料和多余食材，工作效率必然下降。Coze平台的内存分析工具能自动扫描并标记三类"垃圾"。

①残留数据：已完成订单的临时缓存（类似切完的菜根）。
②重复副本：在不同模块重复存储的用户信息（如在五个碗里都装蒜末）。
③僵尸对象：已失效但仍占用空间的代码实例（好比用完的调料瓶不回收）。

开发者可设置自动清理规则。例如，每10分钟清除一次过期缓存，或在每日凌晨执行深度清理（见图4-22）。

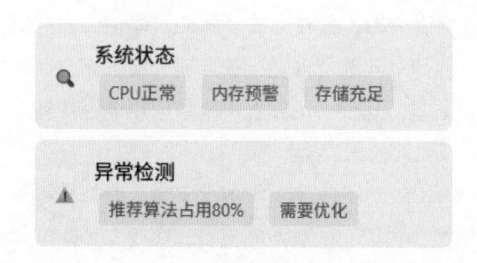

图 4-21 资源健康监测　　　　　　　　图 4-22 内存清理

设计"智能储物柜"，对于需要反复使用的数据（如用户基础信息），频繁从数据库读取就像每次做菜都去仓库取盐一样。Coze的多级缓存系统提供三种存储方式：操作台置物架（内存缓存）：存放高频使用的数据（如热销商品详情），取用速度最快但空间有限；厨房小仓库（本地磁盘缓存）：存储次高频数据（如历史订单记录），容量较大但读取速度稍慢；中央冷库（分布式缓存）：保存全平台通用数据（如城市列表），支持跨服务器共享。通过智能预测算法，系统会自动将即将用到的数据提前放入内存，就像预判客人要加菜，提前备好常用食材一样。

预防"内存泄漏"，内存泄漏就像厨房下水道堵塞，初期难以察觉，但日积月累会导致系统瘫痪。例如，某个功能每执行一次就占用1兆内存却不释放，运行1000次后就会吞噬1吉空间。Coze的泄漏检测工具会追踪每块内存的"生命周期"，当发现某模块申请内存后超过设定时间未释放（如超过2小时），立即发出警报并定位到具体代码行，如同安装了下水道监控器，在积水初期就发出提醒。

让系统"轻装上阵"。资源管理与内存优化不是一次性大扫除，而是贯穿应用生命周期的日常维护。就像米其林餐厅既要保证出餐速度，又要维持厨房整洁有序，开发者需要借助Coze平台提供的工具：监控仪表盘充当"厨房摄像头"，实时展现资源动态；自动化策略相当于"智能管家"，自动处理常规维护；分析报告如同"营养师建议"，指出优化方向。

通过合理分配资源、及时清理内存、建立预防机制，即使是复杂的系统也能像运转流畅的中央厨房，每个环节恰到好处地协作，既不会让"厨师"（计算资源）闲置浪费，也不会让

"操作台"（内存空间）杂乱拥堵。记住，优秀的系统不仅要能应对当下的需求，更要通过持续优化，为未来的扩展留出空间。Coze平台的价值，就是将这些专业的技术管理转化为人人可操作的直观控制，让开发者专注于创造价值，而非陷入资源调配的琐碎细节。

4.2.3 自动化性能测试工具

如果把开发应用比作制造一辆汽车，那么自动化性能测试就像在出厂前进行的全方位质量检测。传统的手动测试如同让工人逐个检查零件，耗时费力且容易遗漏问题，而自动化测试则是建立一条智能检测流水线，能模拟各种极端路况，从而快速发现潜在故障。在Coze平台上，开发者无须成为测试专家，也能通过可视化工具轻松完成这些检测，确保应用在面对真实用户时表现得像一辆经过严苛测试的越野车一样，稳定可靠。

自动化测试的真正价值在于预防胜于治疗。场景化理解测试的意义，就是想象开一家在线教育平台，某天突然涌入上万名学生同时观看直播课。如果没有提前测试，可能会出现弹幕延迟、视频卡顿甚至服务器崩溃的情况，就像演唱会现场突然断电一样。我们可以通过模型管理，查看模型的工作情况，登录Coze，进入工作空间→模型管理→选择要查看的模型（见图4-23）。进入用量记录页面，查看具体的数据分析。

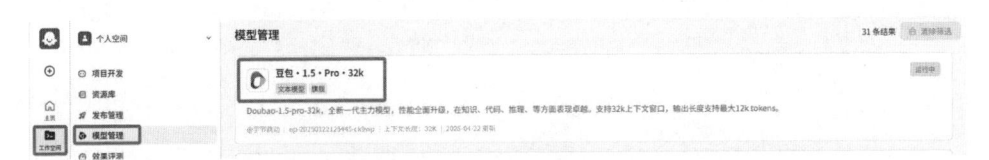

图 4-23　模型管理

系统自动生成的可视化报告由三个主要部分构成，它们共同为开发者提供了一个全面的系统性能概览。

首先，性能监控部分通过动态图表展示了关键性能指标随时间的演变过程，这可以帮助开发者观察到系统在不同时间段内的表现趋势（见图4-24）。

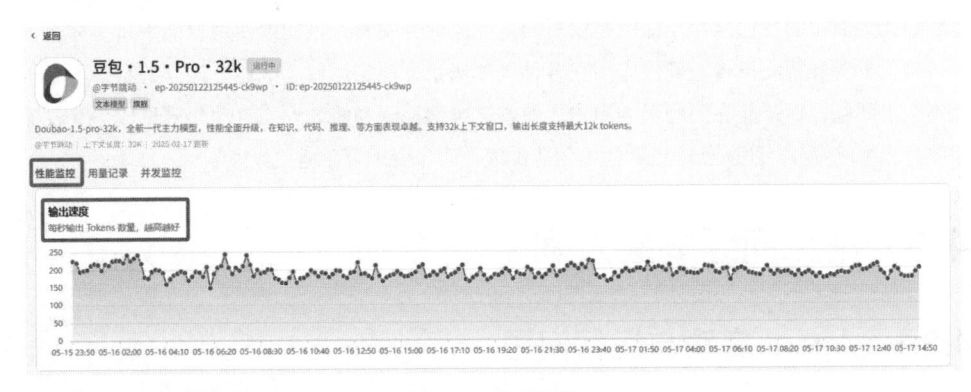

图 4-24　性能监控

其次，用量记录部分利用柱状图清晰地呈现了系统每日处理的tokens数量，通过直观的视觉效果，开发者可以轻松地把握日常处理量的变化（见图4-25）。

图 4-25　用量记录

最后，开发监控部分记录了模型每分钟的数据消耗情况，通过这种方式，开发者能够像查看个人的体检报告一样，快速而准确地理解系统的健康状况（见图4-26）。

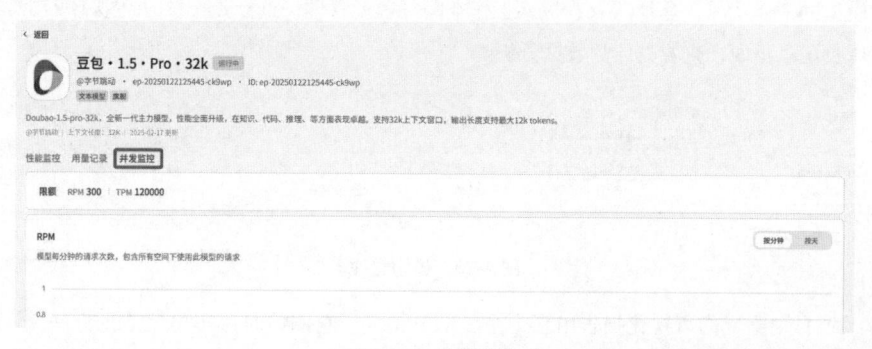

图 4-26　并发监控

让测试成为"安全气囊"。自动化性能测试不是开发完成后的附加环节，而是贯穿应用生命周期的保护机制。就像智能汽车配备的自动驾驶系统，Coze的测试工具将专业复杂的检测过程转化为简单的按钮操作。即使是没有测试经验的开发者，也能像使用智能手机一样，通过可视化配置和智能报告，确保应用在各种极端场景下稳定运行。记住，优秀的系统不是永远不会出问题，而是能在问题影响用户之前就被自动检测和修复。当自动化测试成为开发流程的自然组成部分，团队就能更专注于创造价值，而非疲于奔命地"救火"。

4.3　常见问题解决方案

4.3.1　Agent 启动与运行问题

在使用Coze平台时，智能体就像你的"数字员工"，它能自动处理任务、回答用户问题。

但和真实员工一样，它也可能遇到"工作卡壳"的情况，比如无法启动、回复混乱、突然无响应等。这些问题往往不是技术故障，而是由配置细节或使用习惯导致的。理解这些常见问题的规律，就能像解决日常小麻烦一样轻松应对。

当智能体无法启动时，最常见的原因是"基础信息未填写完整"。比如预设指令（System Prompt）就像给机器人写一份岗位说明书，如果没写清楚它的职责，它要么不工作，要么随意发挥。例如，你希望它做旅游攻略，但指令只写"回答用户问题"，它可能连数学题都帮你解答。另一个关键点是插件功能，就像给机器人配工具箱，如果工具箱没打开（插件未启用）或者工具坏了（API密钥错误），它就无法完成任务。

知识库上传的隐性陷阱，许多用户喜欢直接上传PDF文件给智能体学习，但扫描版PDF（比如图片转的PDF）常常解析失败，机器人读到的是一堆乱码。这时候换成纯文本的TXT文件，或者用Excel整理成结构清晰的表格，问题就迎刃而解（见图4-27）。另外，如果文件超过5兆，可能会上传失败，建议把大文件拆分成多个小文件，比如按月份分割销售数据表。

机器人突然"胡言乱语"怎么办，如果智能体之前表现正常，某天开始回复混乱，先别急着重置。检查两个参数：温度值（Temperature）和上下文长度。温度值就像"创造力调节器"，数值越高，答案越天马行空。如果设置成0.9，问"今天天气如何"，它可能编出一段科幻小说般的暴雨剧情；调到0.4左右，回答会更稳定。上下文长度决定了机器人能记住多少对话历史，如果你们聊了30轮对话它突然失忆，可能是超过了token限制（类似手机内存满了）。开启"自动清理"功能，会定期帮它腾出记忆空间。

插件调用失败的经典场景，假设你给智能体接入了天气查询插件，但当用户问"后天北京的天气"时它总报错。这时候要像侦探一样排查：首先看插件要求的时间格式是不是"YYYY-MM-DD"，用户说的"后天"需要先转换成具体日期；再看权限设置，如果插件需要获取地理位置，但预设指令里没声明"小助手需要访问你的位置信息"，用户隐私设置就会拦截这个请求（见图4-28）。

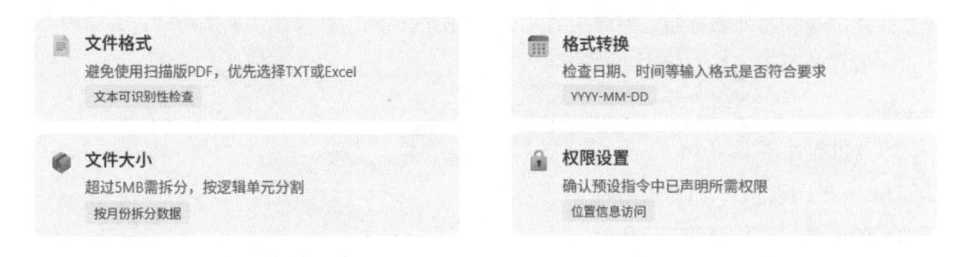

文件格式 避免使用扫描版PDF，优先选择TXT或Excel 文本可识别性检查	格式转换 检查日期、时间等输入格式是否符合要求 YYYY-MM-DD
文件大小 超过5MB需拆分，按逻辑单元分割 按月份拆分数据	权限设置 确认预设指令中已声明所需权限 位置信息访问

图4-27　文件上传错误　　　　　　　　图4-28　插件调用错误

部署到外部平台的特殊状况，把智能体发布到Discord或Slack后，可能会出现"水土不服"的情况。比如在Discord上智能体没反应，可能是服务器ID绑定错了，就像把快递寄到了隔壁小区。检查权限时，别只看"发消息"这种基础权限，有些高级功能需要勾选"嵌入链接"或"上传文件"等权限。如果公司网络限制了外部智能体，你会发现智能体只在公司电脑上失灵，换成手机热点后立刻恢复正常。

优化体验的小技巧，遇到复杂问题时，可以用"分步调试法"，先关掉所有插件，测试基础问答是否正常；再逐个打开插件，找到出问题的环节。如果智能体需要处理大量数据（比如，分析周报），建议在工作流里添加"分步确认"节点，先让用户选择日期范围，再执行查询，避免一次性处理太多信息导致崩溃。对于高频问题（如每日股价查询），设置2分钟的缓存时间，既能减轻服务器压力，又能让用户快速看到结果。

总体来说，智能体的问题大多源于"人机配合"的细节。就像教新同事工作一样，你需要明确告诉它职责范围（通过预设指令限定领域）、可用工具（正确配置插件和API）、工作方式（用合适的参数控制创造力和记忆长度）、沟通渠道（在外部平台检查权限和网络）。遇到问题时，按照"先查配置，再调试，后看日志"的顺序排查，多数情况都能快速解决。如果还是搞不定，记得把错误提示截图、记录操作步骤，这些信息能帮助技术支持人员一眼看出问题所在。

4.3.2 网络与 API 相关问题

如果把Coze平台上的智能助手比作一家商店，那么网络和API就像快递员和订单系统。当用户问"今天天气如何"，智能体可能需要通过API（类似"订单"）向气象局"下单"获取数据，再通过"快递员"（网络）把结果送回给用户。如果快递员迷路了（网络不通），或者订单写错了（API配置错误），用户就会收不到答案。理解这些环节的常见问题，就能让智能助手的工作流程畅通无阻。

（1）网络连接失败

快递员"迷路"了。当智能体完全无法访问外部服务时，首先考虑网络问题。比如在企业内网中，防火墙可能像小区保安一样，拦截了智能体的"快递员"（网络请求）。你可以先用手机热点测试，如果切换网络后问题消失，说明需要联系IT部门开通权限。另一个典型场景是智能体部署在海外服务器，但调用的API仅限国内访问，就像让快递员跨国送货却没办签证，这时候需要改用支持全球访问的API服务商。

（2）API配置错误

订单填错了地址。API配置错误是最常见的错误。比如调用天气API时，如果填错接口地址（endpoint），就像把快递寄到了"北京路"而不是"北京市"。此时需要仔细核对API文档中的地址格式（见图4-29），特别注意"http"和"https"的区别（前

✓ 检查API地址
核对endpoint格式，特别是http/https

错误　　　　　　　　正确
http://api.weather.com　　https://api.weather.com

✓ 验证API密钥
确认密钥未过期且格式正确

图 4-29　API 配置错误

者像普通包裹，而后者像加密包裹）。另外，API密钥（API Key）相当于快递员的身份ID，如果过期或输错，服务器会拒绝签收。遇到"401 Unauthorized"这类错误时，优先检查密钥是否有效。

（3）数据格式不符

包裹"包装不合格"，即使API地址和密钥都正确，也可能因为数据格式不符导致失败。例如，天气预报API要求日期必须是"2024-08-20"，但用户输入了"下周三"，智能体没有自动转换格式，服务器就会拒收这个"破损的包裹"。解决方法有两种：一是在工作流中添加"格式转换"步骤（比如把自然语言时间转为标准日期，如图4-30）；二是检查API文档中的参数示例，确保每个字段的类型（数字、文本等）完全匹配。

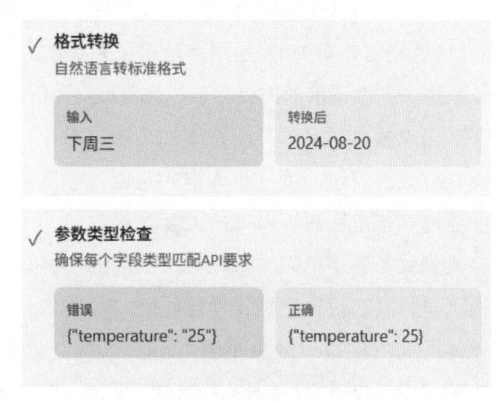

图4-30　数据格式不符

（4）响应超时与限流

快递员"堵在路上"，如果API响应特别慢（比如超过10秒），智能体可能会直接报错。这通常有两种原因：一是对方服务器繁忙（像"双十一"快递爆仓），二是你的调用次数超过了限制（比如免费API每分钟只能查5次）。对于第一种情况，可以在工作流中设置"重试机制"，就像让快递员多跑两趟；对于第二种情况，需要优化调用频率，或者在代码中添加"等待间隔"，避免短时间内集中请求。

（5）权限与安全性问题

快递员被"安检拦截"，当智能体需要访问用户敏感数据（如位置、邮箱）时，必须提前声明权限。这就像快递员要进小区送货，得先登记身份一样。如果在Discord等平台上遇到"该操作未被授权"的提示，需要到Coze的插件设置中勾选对应的权限。另外，涉及支付、个人信息的API一定要开启HTTPS加密（网址以https开头），否则就像用透明塑料袋寄送贵重物品，容易被窃取。

遇到问题时，要记住"从简单到复杂"的排查顺序，先测试网络是否通畅，再检查API配置，最后分析数据交互细节。如果看到"403 Forbidden"这样的错误代码，可以直接搜索"Coze API 403解决方法"，大多数常见问题都有现成的答案。实在搞不定时，把错误提示和配置截图发给技术支持，他们会像经验丰富的技术专家一样，帮你快速找到问题。

4.3.3　性能与用户体验问题

想象一下，当你走进一家餐厅，虽然服务员态度友好，但上菜要等半小时，或者菜单复杂得让人头晕，这时候即使饭菜再好吃，体验也会大打折扣。Coze平台上的智能助手也是如此，它的"性能"就像餐厅后厨的效率，"用户体验"则是顾客感受到的服务质量。当用户抱怨"机器人反应慢""操作太复杂"时，往往不是功能本身有问题，而是这两方面需要优化。

响应速度慢，用户最常抱怨的问题就是"等太久"。比如问完问题后，智能体要十几秒才回复，就像打电话时对方总是沉默半天才开口一样。这种情况通常有三个原因：一是后台处理的任务太多（比如同时调用天气查询、数据分析、图片生成三个功能）；二是代码逻辑复杂（像绕远路送外卖）；三是网络延迟（尤其在跨国使用时）。对于普通用户，最简单的解决方法是减少一次性请求的内容，就像去餐厅点菜时别一次下单二十道菜，分批次沟通会更顺畅。

复杂操作"劝退"用户，如果用户需要点五次按钮、填三张表格才能让智能体订一张电影票，80%的人会直接放弃。这就像餐厅把刀叉藏在五个不同的抽屉里，顾客得自己翻找才能吃饭。优化体验的关键是"减少步骤"，把常用功能设为一键触发（比如"@机器人明天提醒我开会"），或者自动识别用户意图（见图4-31）。例如，当用户说"帮我约客户吃饭"，智能体应该直接问"需要预订几点？几人？"而不是反问："你要使用订餐功能吗？"

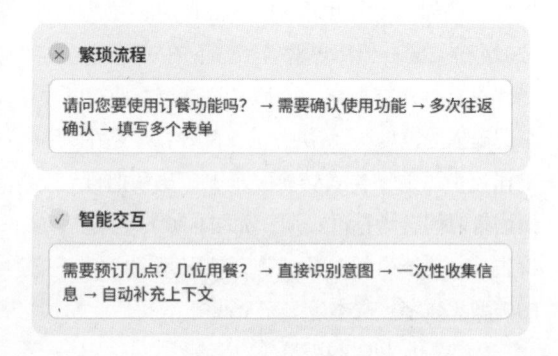

图 4-31　三步变一步

突发卡顿与崩溃，有时智能体用着用着突然"僵住"，就像餐厅服务员突然站在原地发呆。这可能是短时间内大量用户涌入（比如企业早会期间所有人同时查询数据），或者某个插件内存泄漏（类似水龙头没关导致水池溢出）。普通用户虽然无法直接修改代码，但可以通过两种方法缓解：一是在非高峰时段使用重要功能（比如避开上午9点）；二是关闭不用的后台插件（就像关掉不需要的APP来节省手机电量）。

提示信息"看不懂"，当智能体报错时，如果显示"ERROR 503：SERVICE_UNAVAILABLE"这种技术术语，用户会一头雾水。好的错误提示应像餐厅经理的解释："后厨正在全力准备菜品，请稍等两分钟"，既说明原因，又给出预期时间（见图4-32）。在Coze平台中，可以通过自定义错误回复来实现这一点。例如，当天气查询失败时，让智能体说"暂时无法获取天气，建议你稍后再试或直接查看天气预报APP"。

功能"隐身"与误导性描述，用户经常找不到想要的功能，比如不知道智能体能生成图表，或者误以为它能预订机票（实际并无此功能）。这就像餐厅把招牌菜写在菜单最后一页，却把凉菜图片放在首页。解决方法包括：在智能体的欢迎语中列出核心功能（例如，"我

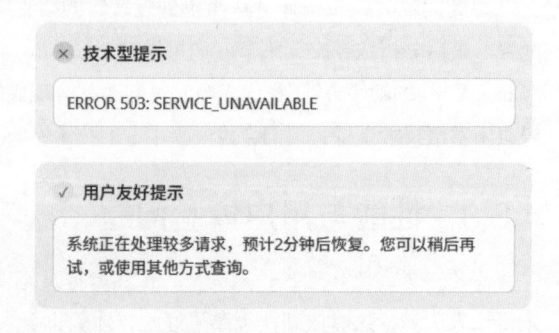

图 4-32　友好提示设计

可以帮你查天气、记待办、做总结"），当用户提出超出能力范围的需求时，明确说明限制并推荐替代方案（如"我暂时不能订票，但可以帮你比价"）。

如何优化与排查呢？可以给机器人"减负"，如果智能体需要处理大量数据（比如分析全年销售报表），不要让它一次性吞下所有文件。就像餐厅后厨处理团体餐时会分批烹饪，你可以让智能体先处理最近三个月的重点数据，等用户需要时再扩展时间范围。在工作流设置中，可以通过"分页加载""渐进式呈现"等功能实现这一点。

让等待变得"可感知"，当智能体需要较长时间处理任务时，不要让它保持沉默。就像服务员会说"你的菜需要现烤，大约需要等8分钟"，智能体也应该发送进度提示，比如"正在整理数据，已完成60%"。在Coze平台中，可以通过"中间消息"功能发送这类状态更新，甚至添加加载动画图标。

设计"防错"交互，用户常因输入错误导致操作失败，比如把日期写成"2024/08/20"而不是"2024-08-20"。好的设计会向餐厅提供带示例的菜单："请输入日期（例如，2024-08-20）"，并在发现错误时自动纠正。例如，当用户说"帮我约下周三开会"，智能体可以反问"你指的是8月21日吗？确认后我将提醒所有参会人"。

用A/B测试找到"最佳方案"，如果你不确定用户更喜欢哪种交互方式（比如按钮排列顺序），可以创建两个版本的智能体，让10%的用户试用新版。就像餐厅推出新菜品前会先请老顾客试吃，根据反馈数据选择更优方案。Coze平台支持灰度发布功能，能轻松实现这类测试。

遇到性能问题时，先检查是否"让机器人做了太多事"，关闭不必要的插件，拆分复杂任务；遇到体验投诉时，把自己当成新手用户从头走一遍流程，记录哪里会卡住或让人困惑。记住，好的智能体应该像优秀的服务员，不需要用户思考就能提供恰到好处的服务。

4.4 实用技巧

4.4.1 高效开发的常用技巧

在使用Coze平台进行开发时，掌握一些高效的开发技巧，不仅可以显著提升工作效率，还能减少常见问题的发生。这些技巧简单易用，适合任何开发者，无论是刚入门的初学者，还是经验丰富的资深开发人员。

首先，充分利用官方文档是开发过程中最重要的资源之一。Coze平台的官方文档详细介绍了平台的各项功能、API说明、使用指南以及常见问题的解答。开发者在开始项目之前，花时间仔细阅读文档，可以帮助更好地理解平台的工作方式，避免在开发过程中走弯路。例如，了解API的调用方法和参数设置，可以避免错误和重复调试，节省大量时间。此外，调试工具和日志系统是开发过程中不可或缺的工具。Coze平台提供了一系列调试工具，帮助开发者快速定位和解决问题。通过查看日志文件，开发者可以获取详细的错误信息和程序运行状态，准确判断问题来源，迅速修复错误，从而提高开发效率和代码质量（见图4-33）。

图 4-33 利用官方文档

模块化开发是一种将复杂系统拆分为独立、可管理的模块，再进行开发的方法。通过将功能划分为独立的模块，可以降低代码的复杂度，提升代码的可维护性和可扩展性。这种方法不仅使开发过程更加有条理，还方便团队协作和未来功能的扩展。例如，可以将不同的功能模块分开，如数据处理、接口调用和前端显示等，每个部分独立编写和测试。同时，使用清晰的接口定义模块间的通信，确保各模块之间的解耦，便于后续的维护和升级（见图4-34）。

图 4-34 模块化开发

重用代码与自动化是提升开发效率的重要手段。创建可重用工作流指的是可以在多个项目或功能中重复使用的代码模块。将常见的功能模块，如用户认证、数据验证等，封装成独立的工作流可以大幅提升开发效率，减少重复劳动。同时，这些工作流经过多次使用和测试，通常更加稳定和可靠。开发者可以将常用功能抽取出来，编写成通用的工作流，并在不同项目中调用这些工作流，避免重复编写相同的代码模块。自动化流程也是提升效率的重要策略。通过脚本或工具自动执行重复性任务，如测试、构建和部署等，可以减少人工操作，提高工作效率。Coze平台支持多种自动化工具，帮助开发者简化工作流程，专注于核心开发任务，从而加快项目进度并提升整体质量（见图4-35）。

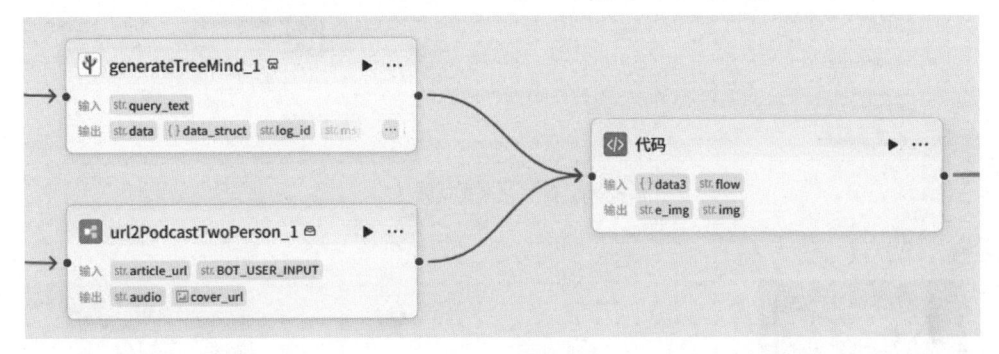

图 4-35　重用代码

性能优先意味着在开发过程中始终考虑组件的执行效率和系统的响应速度，确保平台能够在高负载情况下依然保持良好的性能表现。这不仅能提升用户体验，还能降低系统资源的消耗，提高整体运营效率。优化工作流逻辑是其中的一部分，通过改进组件结构和算法，减少不必要的循环和冗余计算，可以显著提高代码的执行效率。高效的工作流不仅运行得更快，还能减少系统资源的消耗，提升整体性能，确保系统在高并发和复杂环境下依然稳定运行。此外，采用缓存策略和内容分发网络也能有效提升系统响应速度，减轻服务器压力。

首先，定期测试与迭代是确保代码质量和系统稳定性的关键步骤。通过不断地测试和优化，开发者可以及时发现和修复问题，避免大规模返工，提升项目的整体质量。采用小步快跑的策略，即在开发过程中分阶段完成功能模块，并及时进行测试和验证。这种方法可以避免一次性投入大量资源后发现重大问题的风险，确保每个小步骤都能够顺利完成。具体实施方法包括将项目划分为多个小的开发阶段，每完成一个阶段就进行测试和验证，并在每次迭代后，根据测试结果进行优化和调整，确保项目持续、稳定推进。此外，使用测试工具可以帮助开发者自动化测试过程，确保代码的正确性和稳定性。Coze平台支持多种测试工具，帮助开发者在开发过程中保持高质量的代码标准。通过自动化测试，开发者能够更快地发现和修复代码中的缺陷，提高整体开发效率和软件质量。

其次，积极参与社区和团队协作也是提升开发效率的重要因素。通过加入Coze平台的开发者社区，开发者可以与其他用户交流经验、分享技巧，并及时获取最新的信息和先进的项目进展。这不仅有助于解决开发过程中遇到的问题，还能激发新的创意和解决方案。团队内部的沟通与协作也至关重要，使用版本控制系统可以有效管理项目进度、分配任务、跟踪问题，确保团队成员之间的信息透明和协同工作（见图4-36和图4-37）。

图 4-36　参与开发者社区（1）

图 4-37　参与开发者社区（2）

最后，持续学习和优化开发流程也是保持高效开发的重要策略。技术和工具不断演进，开发者应保持学习的热情，及时了解和掌握最新的技术趋势和工具更新。定期回顾和优化开发流程，识别瓶颈和改进点，可以不断提升团队的整体效率和项目的质量。通过参加培训、阅读技术博客、参加技术会议等方式，开发者可以不断提升自己的技能水平，确保在快速变化的技术环境中始终保持竞争力。

通过掌握和应用这些高效的开发技巧，开发者能够在使用Coze平台时显著提升工作效率，减少常见问题的发生，确保项目顺利推进，并最终交付高质量的产品。

4.4.2　团队协作与代码管理实践

随着人工智能技术的快速发展，AI 应用的开发需求越来越多。然而，开发 AI 应用往往需要处理大量数据，并且涉及多方面的专业知识。依靠个人力量完成这些任务，不仅在时间上成本高昂，还可能因为技术能力有限而影响开发效果和创新能力的发挥。针对这些挑战，Coze 平台推出了多人协作功能，支持团队成员共同参与智能体和工作流的开发。通过这种协作开发模式，团队可以显著提高开发效率，打造出更高质量的 AI 应用。

在开启多人协作模式后，Coze平台为用户提供了一系列强大且便捷的团队协作功能，允许多个团队成员共同参与智能体或工作流的开发。这些功能的核心特点包括协同编排、拉取与合并、变更查看以及版本回退，旨在提升团队合作的效率和代码管理的灵活性。

协同编排功能赋予了团队中的所有者和协作者一种全新的互动方式，让他们能够并肩作战，共同驾驭智能体或工作流的编排。每位参与者都享有自己专属的草稿空间，这就像给每个人一个独立的舞台，即使多人同时挥洒创意，也不会互相干扰，完美规避了多人编辑时可能出现的冲突。这种设计不仅确保了开发过程的无缝对接，还极大地提升了团队成员之间的协作体验，让整个团队合作更加高效、和谐。

在协作者完成草稿后，可以将修改提交到工作空间，其他协作者则可以将这些修改拉取到自己的草稿中。如果提取的内容与当前草稿存在冲突，系统会提供合并功能，帮助用户选择如何整合不同版本的内容。这一过程不仅简化了代码合并的操作，还确保了最终版本代码的一致性和完整性。

变更查看功能使得协作者在提交草稿到工作空间时，能够清晰地查看当前草稿与工作空间的最新版本之间的差异。这同样适用于发布智能体或工作流时，用户可以对比当前版本与线上最新版本的变更，确保所有调整都清晰可见，避免了因不明变更而导致错误操作。这一功能极大地提升了代码审查的效率和准确性。

版本回退功能为多人协作模式提供了强有力的版本管理支持。协作者可以查看自己和其他团队成员提交或发布的历史版本列表，并在需要时将某一历史版本还原为草稿状态，继续基于该版本进行编辑。这不仅为问题排查和内容修复提供了极大的便利，也确保了项目在遇到意外情况时能够快速恢复到稳定状态。

综上所述，Coze平台的团队协作功能通过协同编排、拉取与合并、变更查看和版本回退四大核心功能，为开发团队提供了灵活、高效且安全的协作环境。这些功能不仅提升了团队的协作效率，还确保了代码管理的规范性和项目的顺利推进，使得开发过程更加有序和高效。

在协作模式下，Coze平台将智能体或工作流的权限分为所有者和协作者两类。所有者拥有开启或关闭协作模式的权限，可以移除任何协作者，并对智能体或工作流进行全面管理，包括删除操作。而协作者则无法开启或关闭协作模式，也无法删除智能体或工作流，但可以移除其他协作者，前提是不移除所有者。除了这些权限限制之外，协作者和所有者在智能体或工作流的编排、草稿提交和发布方面拥有完全相同的权限。这种权限设置不仅保障了项目的安全性和完整性，还促进了团队成员之间的高效协作，确保开发过程顺利进行。

要开启多人协作模式，首先需要登录Coze平台。在左侧导航栏中选择"工作空间"，然后从顶部的空间列表中选择个人空间或团队空间。个人空间默认仅用户本人可见，资源为私有；团队空间则允许资源与团队成员共享。进入项目开发页面后，选择目标智能体或创建一个新

161

的智能体或工作流。接着，在页面右上角单击协作图标，打开协作开关（见图4-38）。

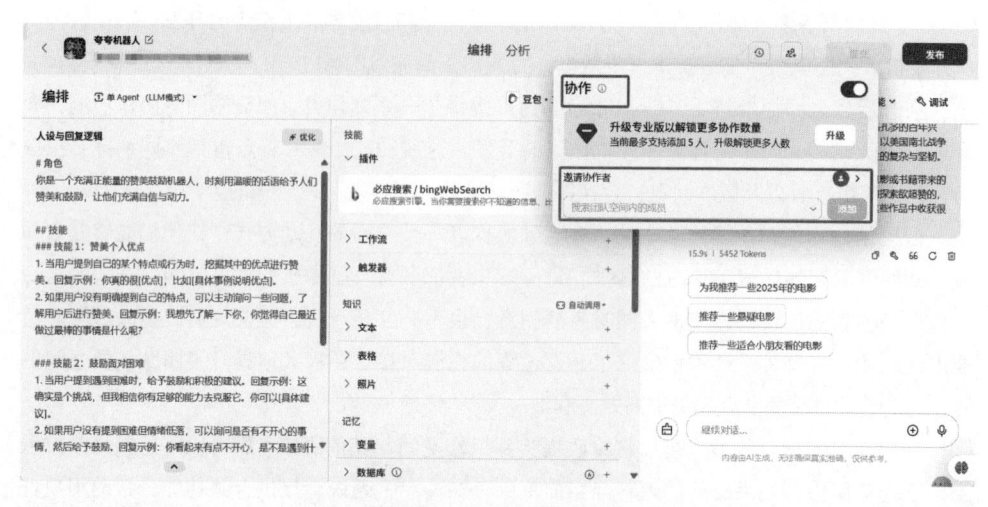

图4-38　开启多人协作模式

添加协作者时，可以在协作者区域搜索团队空间内的成员，单击"添加"即可（见图4-39）。目前仅支持添加团队内部成员，暂不支持添加外部用户。完成协作者添加后，可以通过协作图标查看当前协作者的数量及名单，并根据需要移除不再需要的协作者。通过以上步骤，开发者可以轻松地在Coze平台上开启并管理多人协作模式，促进团队高效合作。

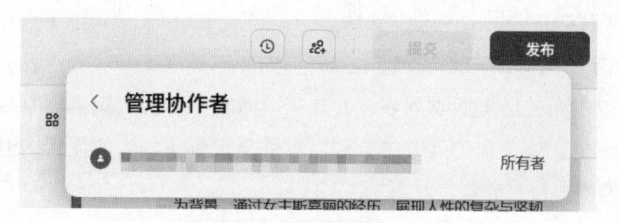

图4-39　管理协作者

在开启多人协作模式并添加协作者后，每位协作者将在Coze平台上拥有独立的草稿空间，彼此的草稿互不可见，从而避免了内容冲突并确保开发工作的有序进行。协同编排智能体或工作流的主要操作流程包括提交草稿到工作空间。当协作者完成智能体或工作流的编排后，需要将草稿提交到工作空间，以便团队其他成员查看和进一步处理。

进入项目开发页面，选择目标智能体或工作流。完成编排操作后，协作者应单击页面右上角的提交按钮，将当前草稿版本提交到工作空间（见图4-40）。提交后的版本将对所有团队成员可见，无论他们是否为当前智能体或工作流的协作者。这一流程确保了团队成员之间的透明协作，促进了项目的整体进展和代码的一致性。通过这种方式，Coze平台有效地支持了团队内的协同开发，提升了项目管理的效率和代码质量。

第 4 章　性能优化与调试

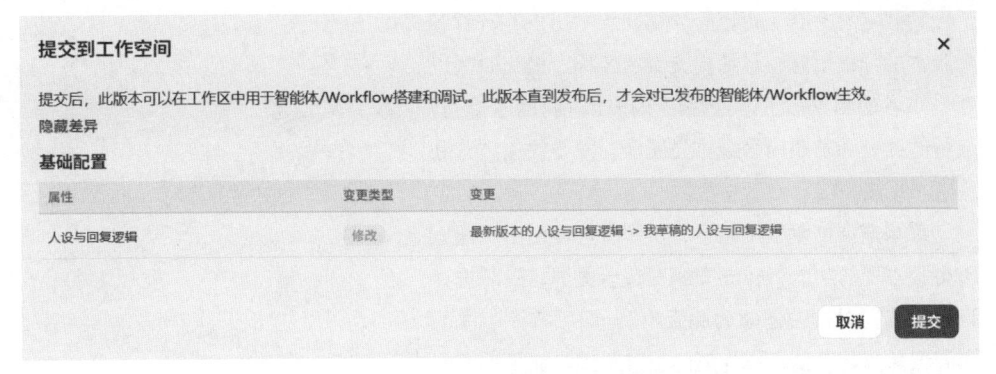

提交到工作空间			✕
提交后，此版本可以在工作区中用于智能体/Workflow搭建和调试。此版本直到发布后，才会对已发布的智能体/Workflow生效。			
隐藏差异			
基础配置			
属性	变更类型	变更	
人设与回复逻辑	修改	最新版本的人设与回复逻辑 -> 我草稿的人设与回复逻辑	
		取消	提交

图 4-40　提交草稿到工作空间

在多人协作模式下，不同协作者可能会提交具有版本差异的草稿。当协作者提取这些变更时，系统会提示如何处理这些差异，以确保代码的统一性和完整性（见图4-41）。具体来说，用户在拉取草稿时可以选择以下三种方式：首先，"使用最新版本"选项允许用户放弃当前的草稿，采用工作空间中的最新版本，从而确保使用的是团队中最新的代码；其次，"保留自己的草稿"选项则让用户坚持使用自己当前的草稿版本，覆盖工作空间中的最新版本，以保留个人的修改；最后，"手工合并"选项提供了将自己的草稿与工作空间中的最新版本进行手动合并的功能，用户可以在确认差异后提交合并后的版本。通过这三种灵活的选项，Coze平台有效地帮助协作者解决版本冲突，确保团队成员能够顺利整合各自的修改，维护项目代码的一致性和稳定性。

> 有人提交了更新的版本，在提交前，你需要拉取并合入到你的草稿。　拉取

图 4-41　合并多人变更草稿

在提交草稿或发布智能体前，协作者可以通过单击"查看差异"按钮，明确当前草稿与工作空间版本或线上版本之间的差异。这一功能使协作者能够清晰地识别出所做的修改，确保所有变更符合预期后再进行提交或发布。

在多人协作模式下，所有协作者均拥有智能体或工作流的发布权限。协作者在将草稿提交到工作空间后，可以正式发布智能体或工作流。发布前，建议通过"查看差异"功能再次确认当前草稿与线上最新版本的差异，确保所有变更符合预期。具体步骤如下：首先，进入项目开发页面并选择目标智能体或工作流；然后，单击页面右上角的"发布"按钮；接着，在发布页面中单击"查看差异"，确认无误后，单击"发布"按钮。发布后，系统将对智能体或工作流进行审核，审核结果可在发布历史中查看。

Coze 平台在管理智能体和工作流的过程中，全面记录了所有草稿的提交记录和正式发布的版本，使协作者能够方便地查看版本历史并对项目进行有效的版本控制。通过这一功能，团队成员可以清晰地追溯项目的演变过程，确保每一次修改和发布都可被追踪和管理。

协作者在平台上可以轻松访问版本历史，查看各个版本的详细信息，包括提交者的名称、提交时间以及发布者的相关信息，这些记录按照时间倒序排列，最新的提交和发布内容会首先展示，便于快速浏览和检索（见图4-42）。

如果需要恢复某个版本，协作者可以使用"还原历史版本"的功能。在提交或发布历史中，只需选择目标版本并单击"还原为此版本"，即可将该版本的内容覆盖当前草稿，作为新的编辑基础。如果需要将线上版本回滚到某个历史版本，则需要首先将该历史版本还原为草稿，完成修改后再提交并重新发布。通过这种严谨的版本还原流程，平台确保了线上版本管理的安全性和可控性。

如果智能体的所有者希望终止与其他协作者的协作，可以选择关闭协作模式。关闭协作模式后，只有智能体的所有者能够继续管理和开发该智能体，其他协作者将无法访问和修改相关项目。操作前，必须谨慎考虑，因为关闭协作模式后，所有协作者的草稿版本将被清除且无法恢复，因此建议在执行此操作前，确保所有必要的修改已被合并或备份，以免造成数据丢失或影响工作进度（见图4-43）。

图 4-42　管理历史版本

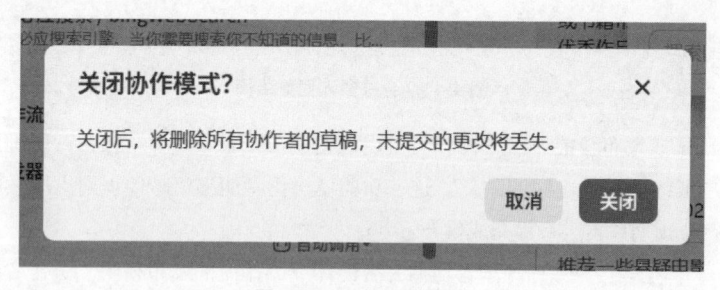

图 4-43　关闭协作模式

首先，进入项目开发页面并选择目标智能体。然后，单击页面右上角的协作图标，展开协作者列表，并逐一移除协作者。接下来，返回协作页面，找到并关闭协作开关。最后，在弹出的对话框中确认关闭操作。完成这些步骤后，只有智能体所有者可以继续管理和开发该智能体，确保项目的控制权回归到单一所有者手中。

团队协作与代码管理实践的优化，本质上是将个体生产力转化为集体效能的过程。通过实施系统化的团队协作与代码管理实践，Coze平台不仅提升了开发过程的透明度和协同性，还有效减少了因版本冲突和协作不畅带来的潜在风险。团队成员能够在一个统一的平台上进行协作，实时共享和更新代码，确保所有变更都被妥善记录和管理。这种方法不仅促进了团队内部的沟通与协调，也增强了项目的整体可维护性和可扩展性。

4.4.3 项目管理与时间优化策略

在软件开发过程中，合理的项目管理和时间优化策略能够帮助团队高效协作，按时交付高质量的产品。无论团队规模大小，采用科学的方法和工具，都能显著提升项目的成功率。接下来将介绍几种简单实用的方法，帮助开发团队在项目管理与时间优化方面更加高效。

首先，制定明确的目标与计划是确保项目顺利进行的基础。分解目标是将一个庞大的项目目标拆分成多个小而可实现的任务。这样不仅能够使目标更加清晰，还能让团队成员更容易理解和完成各自的工作。具体实施方法包括：首先明确项目的最终目标。例如，开发一个在线购物平台；然后将总体目标分解为几个阶段，如用户注册、商品展示、购物车功能、支付系统等；接着将每个阶段进一步细化为具体任务。例如，在用户注册阶段，具体任务可以包括设计注册页面、实现表单验证、连接数据库等。

其次，设定优先级是根据任务的重要性和紧急性对其进行排序，确保团队首先处理最关键的部分。这能够有效管理时间和资源，避免在不重要的任务上浪费过多的精力。实施方法包括使用优先级划分工具，如MoSCoW法（Must have、Should have、Could have、Won't have）来区分任务的优先级（见图4-44）。其中，Must have（必须有）指关键任务，必须完成才能交付产品；Should have（应该有）指重要任务，完成后能显著提升产品质量，但不是关键；Could have（可以有）指非关键任务，可以在时间允许的情况下完成；Won't have（不会有）指暂不需要完成的任务，可以在未来考虑。此外，确保高优先级任务优先完成，以避免影响项目整体进度。

图 4-44 MoSCoW 优先级矩阵

通过制订明确的目标与计划，并设定合理的任务优先级，团队能够更有条理地推进项目，提升协作效率，确保项目按时高质量地完成。

使用敏捷开发方法。敏捷开发是一种将软件开发过程分为多个短周期（称为Sprint）的方法，每个周期完成一部分功能，并交付一个可运行的版本。此方法强调快速响应变化和持续改进，能够有效适应需求的动态变化。在实施迭代开发时，通常每两周设定一个Sprint周期，每个Sprint结束时交付一个可运行的版本，确保项目能够稳步前进。同时，在每个Sprint结束后，团队会进行迭代评审和回顾，分析已完成的工作和存在的问题，并据此制定下一步的计划，从而不断优化开发流程和产品质量。

每日站会是敏捷开发中的另一项关键环节。每日站会是团队每天进行的短暂会议，通常不超过15分钟，旨在快速更新任务进展，发现并解决障碍。为了确保会议简短高效，时间严格控制在15分钟内。会议的主要内容包括每位团队成员简要汇报昨日完成的工作、今日计划的任务以及遇到的困难。对于在会议中发现的问题，团队会进行记录，并在会后安排专门的时间讨论和解决，确保问题能够及时得到处理，不影响项目的整体进度。

通过采用敏捷开发方法，团队能够实现高效的迭代开发和及时的沟通协调，从而提升项目的灵活性和响应速度。这不仅有助于快速交付高质量的产品，还能增强团队的协作能力，确保项目能够顺利应对变化和挑战。

时间块管理法是将一天划分为若干个时间段，每个时间段专注于特定任务的一种方法。这种方法有助于提高专注度和工作效率，减少时间浪费（见图4-45）。在实施时间块管理法时，首先需要划分时间块，即将一天分为几个主要的时间段。例如，上午用于开发任务，下午用于测试和文档编写。接着，设定每个时间块内的专注时间，确保在特定时间段内集中精力完成安排的任务，避免分散注意力。此外，合理安排休息时间也是关键。通过短暂的休息调整，可以防止过度疲劳，保持高效的工作状态，从而整体提升工作效率。

避免多任务处理指团队成员应避免同时处理多个任务，而是专注于一个任务，完成后再开始下一个。这种方法有助于提高工作质量和效率，减少错误的发生。在实施避免多任务处理时，首先要优先处理单一任务，即在每个时间块内只专注于一个任务，确保其高质量完成后再切换到下一个任务。其次，合理安排任务顺序，根据任务的重要性和紧急性进行排序，确保关键任务优先完成，避免因处理多个任务而导致时间分散和效率降低。通过专注于单一任务和合理安排工作顺序，团队能够更高效地完成工作，加快整体项目进度和质量。

识别潜在风险是项目管理中至关重要的一步，旨在提前发现可能导致项目延误或失败的因素，并采取相应措施应对。在识别潜在风险时，首先需要制定风险清单，即在项目启动阶段，列出所有可能的风险因素，如技术难点、人员不足、时间紧迫等。接着，对每个风险进行评估，分析其发生概率和影响程度，从而确定需要优先处理的风险。这一过程有助于团队全面了解项目可能面临的挑战，确保在项目推进过程中能够及时应对各种不确定因素，降低风险对项目的负面影响。

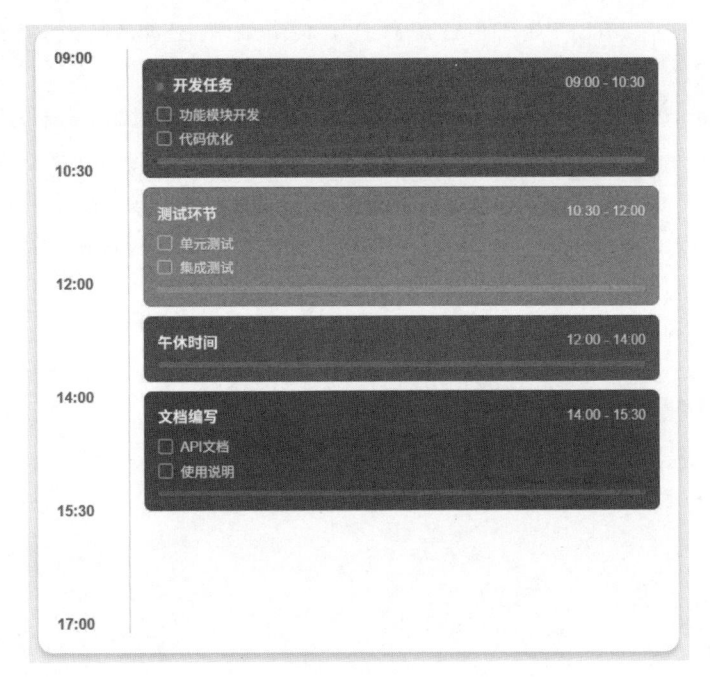

图 4-45 时间块管理

制定备选计划是针对高风险任务提前准备替代方案的一种策略，以确保项目在遇到问题时能够迅速调整，避免进度受阻。在制定备选计划时，首先需要为每个高风险任务制订至少一个替代方案，确保在主要方案无法按预期实施时，团队能够迅速切换到备选方案，维持项目的连续性和稳定性。其次，需要准备必要的资源和工具，以便在需要时能够迅速实施这些备选方案。这包括储备相关技术资源、人员培训，以及预留时间和预算等。通过制定详细的备选计划，团队能够在面对突发状况时更加从容，确保项目能够按时、高质量地完成。

定期回顾是项目管理中的一个持续改进过程，旨在通过回顾已完成的工作，总结经验教训，发现并解决存在的问题。在进行定期回顾时，团队应在每个迭代周期结束后召开回顾会议。在回顾会议中，团队成员共同讨论已完成的工作，分析哪些进展顺利，遇到了哪些问题，并提出具体的改进建议。通过这样的反思过程，团队能够识别出开发过程中的瓶颈和不足，从而为未来的工作制订更有效的策略和方法。

持续优化流程是指团队根据回顾的结果，不断调整和改进项目管理和开发流程，以提升整体效率和质量。在持续优化流程时，首先需要根据回顾会议的反馈，制定并实施具体的改进措施。例如，优化任务分配方式、改进沟通渠道或引入新的工具和技术。随后，团队应在后续的工作中跟踪这些改进措施的效果，确保其达到预期目标。如果某些措施未能产生预期的效果，团队应进一步调整和优化，形成一个不断迭代和提升的良性循环。通过这种持续优化，团队能够不断提升工作流程的效率和产品的质量，确保项目顺利推进。

通过定期回顾与优化，团队能够在项目的各个阶段持续改进，及时调整策略以应对新的挑战和变化。这不仅有助于提升团队的协作能力和工作效率，还能确保项目始终朝着高质量交付的目标前进。

团队协作与代码管理是软件开发中不可或缺的重要环节。通过制定清晰的目标与计划，设定合理的任务优先级，采用敏捷开发方法，运用有效的时间管理技巧，实施全面的风险管理，以及进行定期回顾与优化，开发团队能够实现高效协作，确保项目按时、高质量地完成。借助科学的方法和先进的工具，团队不仅能够提升工作效率，还能提高项目的整体管理水平，最大限度地降低风险，为软件开发的成功提供坚实保障。

第5章

商业应用实战

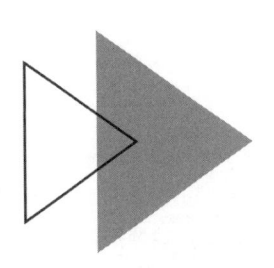

5.1 垂直领域 Agent 开发

在不同的行业中，企业和机构面临着各自独特的挑战和需求。为了有效应对这些特定的问题，Coze平台提供了定制化的AI应用模板，帮助用户快速搭建解决方案，提高工作效率，优化业务流程。接下来将讲解垂直行业的典型案例，展示Coze如何针对不同领域的痛点提供专业的AI工具。

5.1.1 智能投资理财助手

在金融服务日益数字化的今天，人工智能正在重塑传统金融服务的方式。作为金融科技创新的前沿，智能投资理财助手代表着未来金融服务的发展方向。它不仅能够24小时不间断工作，还能够精准理解客户需求，提供个性化的金融咨询服务。

相比传统的人工服务，智能投资理财助手具备多项独特优势：实时响应、知识库丰富、决策客观、成本效益高。它能够帮助金融机构突破时间和地域的限制，为更广泛的用户群体提供专业的金融服务。

接下来将详细介绍如何在Coze平台上构建一个专业的金融行业Agent。适用于需要快速解答基金产品相关疑问的用户，以及希望深入了解专业金融术语的投资者。无论是新手投资者还是有一定经验的用户，都可以获取所需的信息，提升投资决策的效率和准确性。

步骤1：创建一个智能体。

访问Coze平台官方网站，输入你的账号信息（包括用户名和密码），然后单击"登录"。如果尚未注册账号，请根据页面提示完成注册流程。登录成功后，在平台首页的右上角，你会看到一个"＋创建"按钮。单击它，开始创建新的智能体（见图5-1）。

图 5-1 创建智能体

在弹出的创建智能体窗口中，填写智能体的基本信息，为智能体命名，例如"轻享投顾精灵"。简要描述智能体的主要功能，例如"轻享投顾精灵是面向普通投资者的轻量化金融咨询助手，能提供基金产品信息查询、金融术语解析、基础收益计算等服务"

在名称和功能介绍旁边，单击"生成"图标，系统将自动为智能体生成一个个性化头像。如果对系统生成的头像不满意，可以选择手动上传自定义头像，或从平台提供的头像库中进行选择，以确保智能体形象符合预期。

完成上述信息填写后，请仔细核对所有输入内容，确保准确无误。确认无误后，单击"确认"按钮，完成智能体的创建（见图5-2）。

智能体创建成功后，系统将自动跳转至智能体的编排页面。在此页面，你可以进一步设置和优化智能体的功能和互动逻辑。编排页面通常包括以下几个部分。

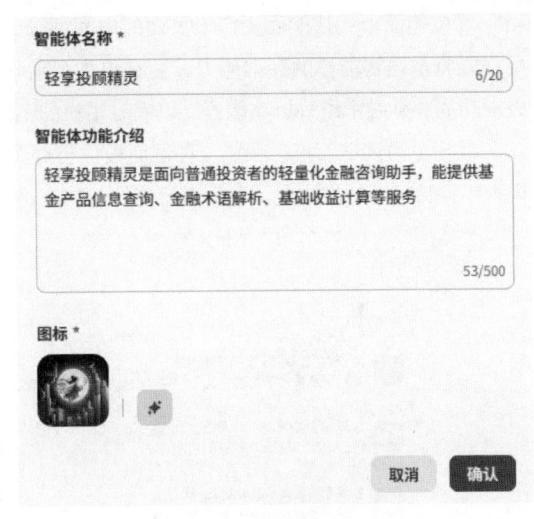

图 5-2 设置智能体信息

①人设与回复逻辑面板：在左侧的面板中，可以详细描述智能体的身份、性格特点和任务。这些设置将决定智能体在与用户互动时的表现和回应方式（见图5-3）。

图 5-3 编辑人设与回复逻辑面板

②技能面板：技能面板位于页面的中间部分，可以在此为智能体添加各种技能模块。这些技能将增强智能体的互动能力，使其更加智能化和多功能化。例如，你可以添加基金信息查询功能、金融术语解析功能等，以满足用户的不同需求（见图5-4和图5-5）。

③预览与调试面板：预览与调试面板位于页面的右侧，可以在此实时调试智能体的功能，模拟不同情境下的用户互动，检查智能体的响应是否符合预期，确保其正常运行（见图5-6）。

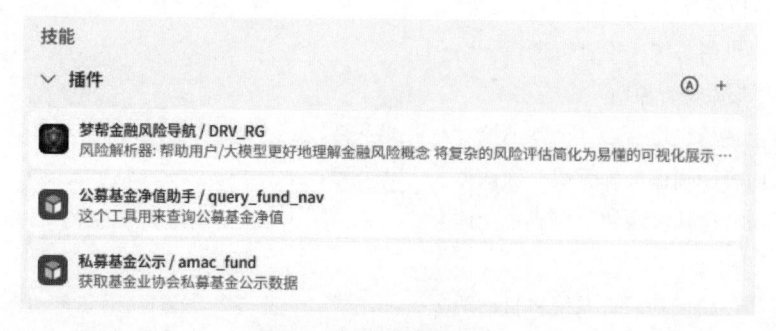

图5-4 编辑技能面板（1）

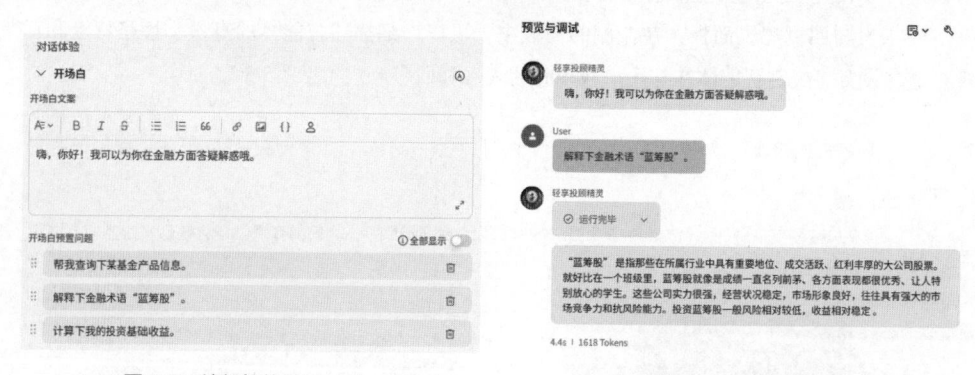

图5-5 编辑技能面板（2）　　　　图5-6 预览与调试

步骤2：编写智能体的人设与回复逻辑。

编写提示词是配置智能体的第一步，也是至关重要的一步。提示词决定了智能体的基本行为和互动方式。通过明确人设与回复逻辑，可以确保智能体在与用户互动时表现出一致且符合预期的行为。

在"人设与回复逻辑"面板中，详细描述智能体的身份、性格特点和任务。例如，你可以定义轻型投顾精灵为"友好且专业的金融顾问"，其任务是帮助用户解答金融相关问题。设计智能体的回复方式，包括语言风格、回答范围和限制。确保智能体的回复既专业又易于理解，能够有效满足用户的需求。

在人设与回复逻辑面板中，输入你的提示词（见图5-3）。完成提示词编写后，单击"保存"按钮，将设置应用到智能体上。此时，"轻享投顾精灵"已经具备了基本的互动能力，可

172

以开始与用户进行积极的交流。

步骤3：测试与优化。

在"预览与调试"面板中，模拟用户与智能体的对话，测试智能体的响应是否符合预期。例如，输入"解释下金融术语蓝筹股"。检查智能体是否能够正确调用基金信息查询技能并提供准确的反馈（见图5-7）。通过多次测试，确保智能体能够准确理解用户的问题，并给予恰当的回应，验证其功能的完整性和准确性。

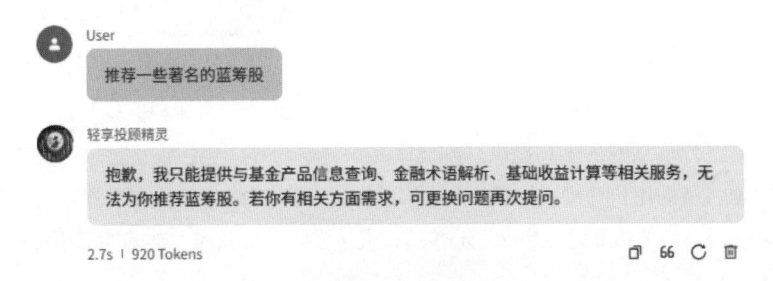

图 5-7　预览与调试

根据测试结果，优化提示词以提升智能体的表现。例如，如果智能体的回应过于简短或缺乏深度，可以在提示词中增加更多详细信息，指导智能体如何更好地与用户互动，提供更为详尽和有价值的回答。

根据实际需求，可以进一步为智能体添加高级功能，如情感分析、语音交互或多语言支持。这些功能可以通过技能面板进行配置，进一步提升智能体的智能化水平和用户体验。例如，添加情感分析功能，使智能体能够识别用户的情绪状态，并调整回复的语气和内容。

步骤4：发布智能体。

在正式发布智能体之前，务必确认其所有功能正常运行，回复逻辑符合预期，且没有明显的错误或漏洞。通过全面的测试，确保智能体的稳定性和可靠性。在智能体编排页面，单击"发布"按钮，系统将提示你确认发布操作。确认无误后，智能体将正式上线，并开始与用户互动（见图5-8）。

图 5-8　编排发布智能体

智能体上线后，可以通过"预览与调试"面板监控其运行状态，收集用户反馈，及时进行优化和调整。通过持续的维护，确保智能体能够持续满足用户需求，提升其服务质量和用户满意度，持续优化智能体的表现。

5.1.2 医疗健康智能管理助手

医疗健康智能管理助手作为新一代智慧医疗的重要组成部分，正在重新定义医患交互的方式，为医疗服务注入新的活力。医疗健康智能管理助手可提供全天候的健康咨询服务，帮助缓解医疗资源紧张等问题。

接下来将详细介绍如何在Coze平台上构建一个专业的医疗行业智能体。旨在满足用户在不同情况下对医疗信息的需求。提供基础健康知识科普内容，包括饮食健康、锻炼建议、疾病预防等方面，帮助用户建立科学的健康生活方式，预防疾病的发生和发展。提供权威的医疗信息，帮助用户辨别和避免医疗谣言的传播，促进用户获取真实、准确的健康资讯。

步骤1：创建一个智能体。

访问Coze平台的官方网站。输入你的账号信息，包括用户名和密码，然后进行登录。如果你尚未拥有账号，请根据页面提示完成注册流程，创建一个新的账号。登录成功后，在平台首页右上角，你会看到一个"+创建"按钮。单击它，开始创建新的智能体（见图5-9）。

图 5-9 创建智能体

在弹出的创建智能体窗口中，填写智能体的基本信息，为智能体命名，例如，"医普小精灵"。简要描述智能体的主要功能。例如，"医普小精灵是面向普通用户的轻量级医疗信息咨询助手，能进行症状解析、开展基础健康知识科普、设置用药提醒，其回答基于通用医学常识，不涉及个性化诊断。"

在名称和功能介绍旁边，单击生成图标，系统将自动为智能体生成一个个性化头像。如果对系统生成的头像不满意，可以选择手动上传自定义头像，或从平台提供的头像库中进行选择，以确保智能体形象符合预期。

完成上述信息填写后，仔细核对所有输入内容，确保准确无误。确认无误后，单击"确认"按钮，完成智能体的创建（见图5-10）。

智能体创建成功后，系统将自动跳转至智能体的编排页面。在此页面，你可以进一步设置和优化智能体的功能和互动逻辑。编排页面通常包括以下几个部分。

①人设与回复逻辑面板：在左侧的面板中，可以详细描述智能体的身份、性格特点和任务。这些设置将决定智能体在与用户互动时的表现和回应方式（见图5-11）。

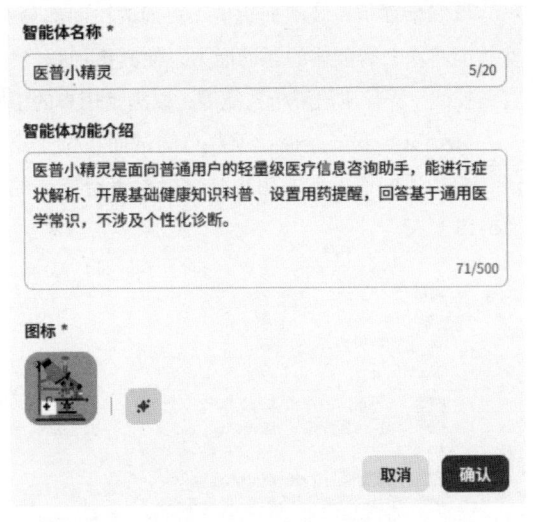

图 5-10　设置智能体信息

图 5-11　人设与回复逻辑面板

175

②技能面板：技能面板位于页面的中间部分，可以在此为智能体添加各种技能模块。这些技能将增强智能体的互动能力，使其更加智能化和多功能化。例如，你可以添加医疗信息查询技能、医疗术语解析技能等，以满足用户的不同需求（见图5-12、图5-13）。

③预览与调试面板：预览与调试面板位于页面的右侧，可以在此实时调试智能体的功能，模拟不同情境下的用户互动，检查智能体的响应是否符合预期，确保其正常运行（见图5-14）。

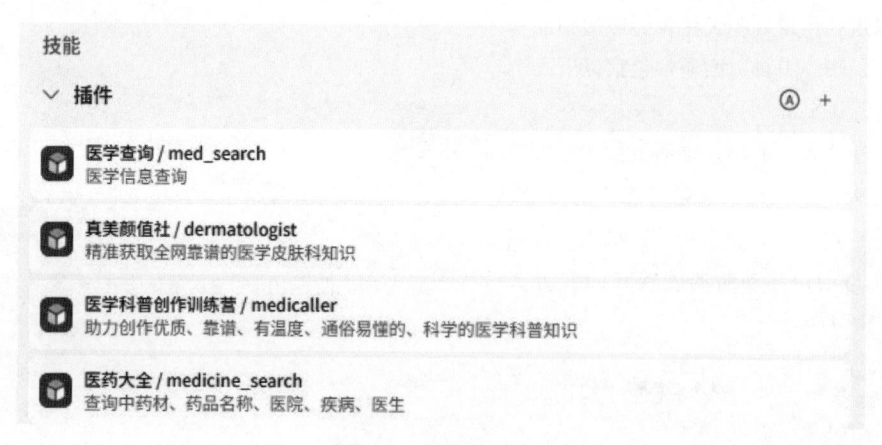

图 5-12　技能面板（1）

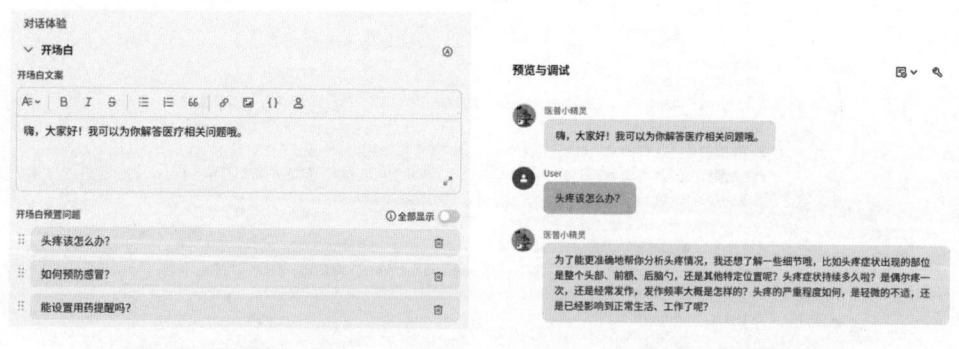

图 5-13　技能面板（2）

图 5-14　预览与调试

步骤2：编写智能体的人设与回复逻辑。

编写提示词是配置智能体的第一步，也是至关重要的一步。提示词决定了智能体的基本行为和互动方式。通过明确的人设与回复逻辑，可以确保智能体在与用户互动时表现出一致且符合预期的行为。设计智能体的回复方式，包括语言风格、回答范围和限制。确保智能体的回复既专业又易于理解，能够有效满足用户的需求。

在"人设与回复逻辑"面板中，输入你的提示词（见图5-11）。完成提示词编写后，单击"保存"按钮，将设置应用到智能体中。此时，"医普小精灵"已经具备了基本的互动能力，可以开始与用户进行积极的交流。

步骤3：测试与优化。

在"预览与调试"面板中，模拟用户与智能体的对话，测试智能体的响应是否符合预期。例如，输入"阿司匹林能治偏头痛吗？"检查智能体是否能够正确调用基础信息查询技能并提供准确的反馈（见图5-7）。通过多次测试，确保智能体能够准确理解用户的问题，并给予恰当的回应，验证其功能的完整性和准确性（见图5-15）。

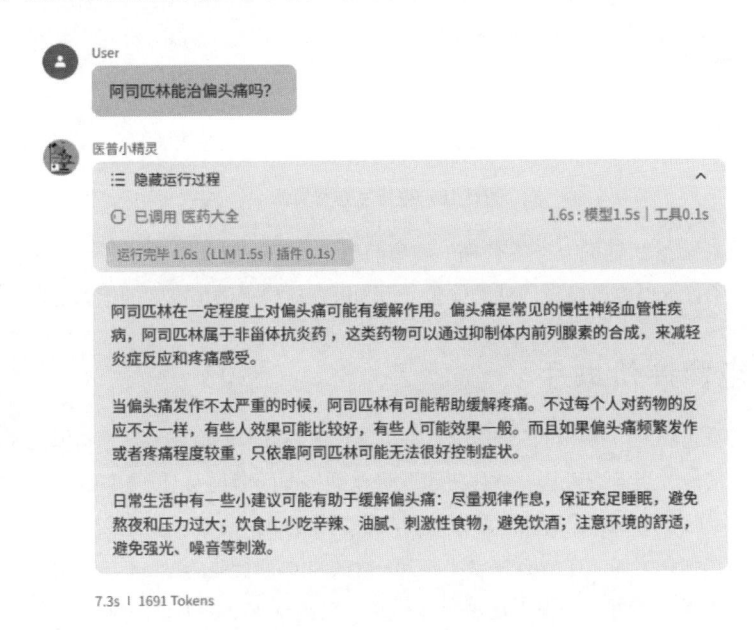

图 5-15　预览与调试

根据测试结果，优化提示词以提升智能体的表现。例如，如果智能体的回应过于简短或缺乏深度，可以在提示词中增加更多详细信息，指导智能体如何更好地与用户互动，提供更为详尽和有价值的回答。

根据实际需求，可以进一步为智能体添加高级功能，如情感分析、语音交互或多语言支持。这些功能可以通过技能面板进行配置，进一步提升智能体的智能化水平和用户体验。例如，添加情感分析功能，使智能体能够识别用户的情绪状态，并调整回复的语气和内容。

步骤4：发布智能体。

在正式发布智能体之前，务必确认其所有功能正常运行，回复逻辑符合预期，且没有明显的错误或漏洞。通过全面的测试，确保智能体的稳定性和可靠性。在智能体编排页面，单击"发布"按钮，系统将提示你确认发布操作。确认无误后，智能体将正式上线，并开始与用户互动（见图5-16）。

智能体上线后，可以通过"预览与调试"面板监控其运行状态，收集用户反馈，及时进行优化和调整。通过持续维护，确保智能体能够持续满足用户需求，提升服务质量和用户满意度，优化其表现。

图 5-16　编排发布智能体

智能体在医疗诊断辅助、患者管理、健康监测以及医疗信息传播等多个方面展现出强大的应用潜力，不仅可以改善患者的就医体验，也为医疗机构提供了高效的运营支持。

5.1.3　电商评价助手

在电商的竞技场上，每一秒的响应延迟都可能意味着订单的流失，每一句模糊的回复都可能消磨用户的信任。当消费者从"货比三家"进化到"即问即得"，传统客服的人力瓶颈与标准化话术的局限已难以应对这场效率革命。而AI智能体的入场，正重新定义零售服务的边界。

接下来将详细介绍如何在Coze平台上构建一个专业电商行业的Agent，适用于企业各种客户服务场景。该智能体可以处理大量用户评价和反馈，高效分析关键信息，生成及时且准确的回复，确保客户问题得到迅速解决。

步骤1：创建一个智能体。

访问Coze平台的官方网站。输入你的账号信息，包括用户名和密码，进行登录。如果你尚未拥有账号，请根据页面提示完成注册流程，创建一个新的账号。登录成功后，在平台首页右上角单击"+创建"按钮，开始创建新的智能体（见图5-17）。

图 5-17　创建智能体

在弹出的创建智能体窗口中，为智能体命名并填写智能体的基本信息，命名为"电商评价精灵"。简要描述智能体的主要功能。例如，"电商评价精灵是一个电商平台自动评价回复助手，能依据用户评价关键词生成标准化感谢或致歉回复，不涉及退款、补偿等售后处理。"

在名称和功能介绍右侧，单击生成图标，系统将自动为智能体生成一个个性化头像。如果对系统生成的头像不满意，可以选择手动上传自定义头像，或从平台提供的头像库中进行选择，以确保智能体形象符合其预期。

完成上述信息填写后，仔细核对所有输入内容，确保准确无误。确认无误后，单击"确认"按钮，完成智能体的创建（见图5-18）。

智能体创建成功后，系统将自动跳转至智能体的编排页面。在此页面，你可以进一步设置和优化智能体的功能和互动逻辑。编排页面通常包括以下几个部分。

①人设与回复逻辑面板：在左侧的面板中，可以详细描述智能体的身份、性格特点和任务。这些设置将决定智能体在与用户互动时的表现和回应方式（见图5-19）。

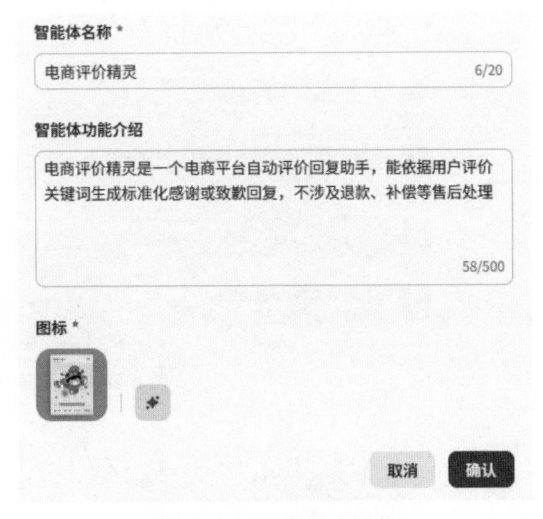

图 5-18　设置智能体信息

图 5-19　编辑人设与回复逻辑面板

②技能面板：技能面板位于页面的中间部分，可以在此为智能体添加各种技能模块。这些技能将增强智能体的互动能力，使其更加智能化和多功能化。例如，你可以添加基金信息查询技能、金融术语解析技能等，以满足用户的不同需求（见图5-20和图5-21）。

③预览与调试面板：预览与调试面板位于页面的右侧，可以在此实时调试智能体的功能，模拟不同情境下的用户互动，检查智能体的响应是否符合预期，确保其正常运行（见图5-22）。

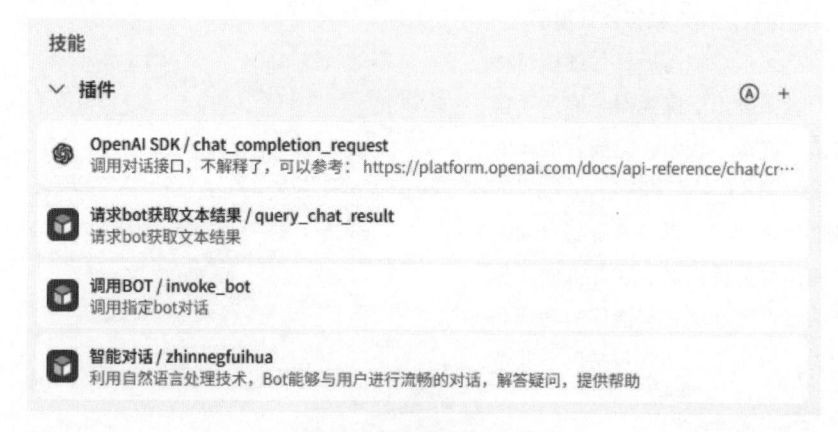

图 5-20　技能面板（1）

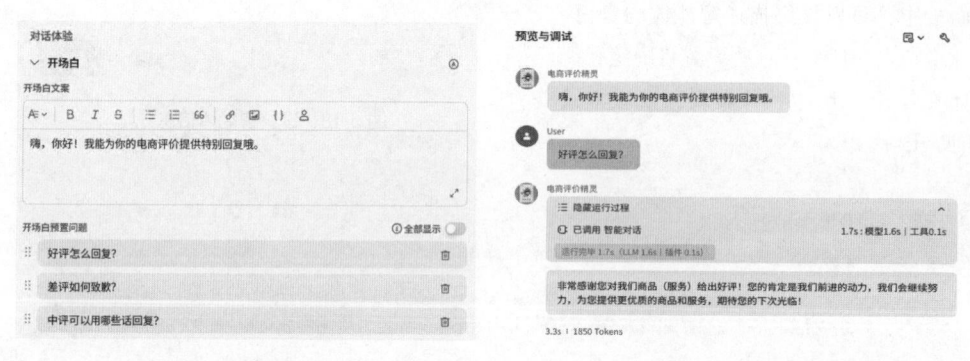

图 5-21　技能面板（2）　　　　　　　　图 5-22　预览与调试

步骤2：编写智能体的人设与回复逻辑。

编写提示词是配置智能体的第一步，也是至关重要的一步。提示词决定了智能体的基本行为和互动方式。通过明确的人设与回复逻辑，可以确保智能体在与用户互动时表现出一致且符合预期的行为。

在"人设与回复逻辑"面板中，详细描述智能体的身份、性格特点和任务。设计智能体的回复方式，包括语言风格、回答范围和限制。确保智能体的回复既专业又易于理解，能够有效满足用户的需求。

在"人设与回复逻辑"面板中，输入你的提示词（见图5-19）。完成提示词编写后，单击"保存"按钮，将设置应用到智能体中。此时，"电商评价精灵"已经具备了基本的互动能力，可以开始与用户进行积极的交流。

步骤3：测试与优化。

在"预览与调试"面板中，模拟用户与智能体的对话，测试智能体的响应是否符合预期。例如，输入"有哪些万能的好评回复模板？"检查智能体是否能够正确调用基金信息查询技能并提供准确的反馈（见图5-23）。通过多次测试，确保智能体能够准确理解用户的问题，并给予恰当的回应，验证其功能的完整性和准确性。

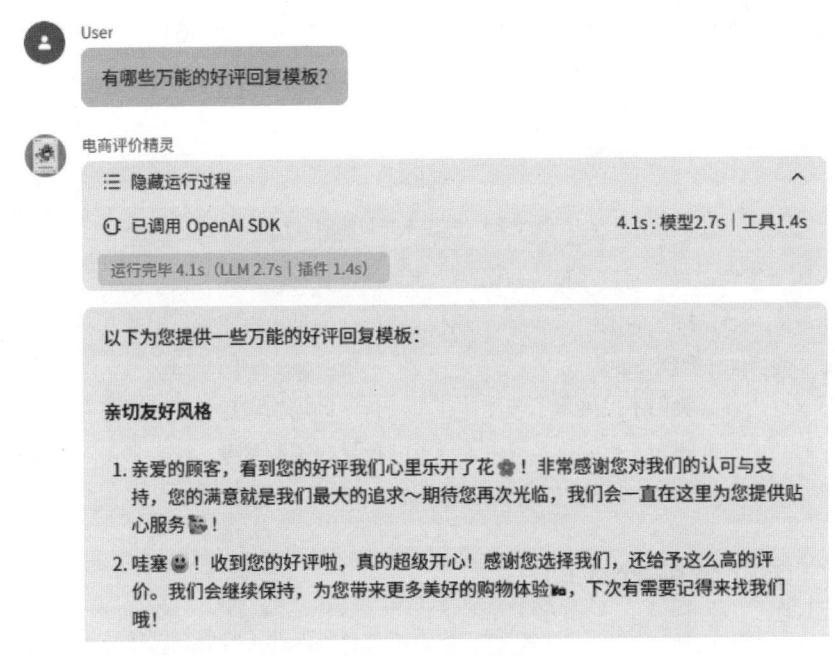

图 5-23　预览与调试

根据测试结果，优化提示词以提升智能体的表现。例如，如果智能体的回应过于简短或缺乏深度，可以在提示词中增加更多详细信息，指导智能体如何更好地与用户互动，提供更为详尽和有价值的回答。

根据实际需求，可以进一步为智能体添加高级功能，如情感分析、语音交互或多语言支持。这些功能可以通过技能面板进行配置，进一步提升智能体的智能化水平和用户体验。例如，添加情感分析技能，使智能体能够识别用户的情绪状态，并调整回复的语调和内容。

步骤4：发布智能体。

在正式发布智能体之前，务必确认其所有功能正常运行，回复逻辑符合预期，且没有明显的错误或漏洞。通过全面的测试，确保智能体的稳定性和可靠性。在智能体编排页面，单击"发布"按钮，系统将提示你确认发布操作。确认无误后，智能体将正式上线，并开始与用户互动（见图5-24）。

```
发布记录  生成

扣子商店:更新了智能体名称、描述、人设与回复逻辑等信息,调整了模型配置参数,增加开场白及预置问题,添加多个插
件,修改知识库设置,以更好地作为电商平台自动评价回复助手,精准识别用户评价关键词生成标准化回复。

                                                                                              102/2000
```

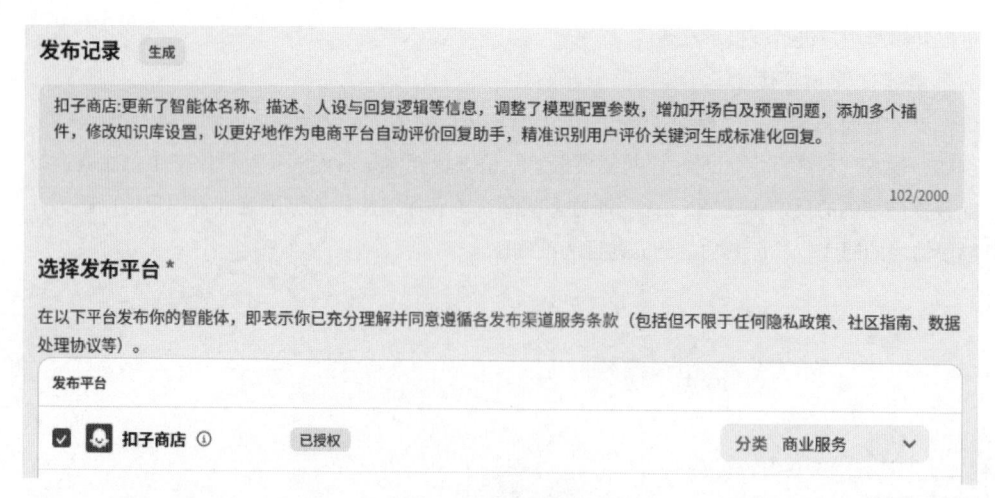

选择发布平台 *

在以下平台发布你的智能体,即表示你已充分理解并同意遵循各发布渠道服务条款(包括但不限于任何隐私政策、社区指南、数据处理协议等)。

```
发布平台

  ☑  🔲  扣子商店 ⓘ           已授权                                    分类 商业服务       ∨
```

图 5-24 编排发布智能体

　　智能体上线后,可以通过"预览与调试"面板监控其运行状态,收集用户反馈,及时进行优化和调整。通过持续的维护,确保智能体能够持续满足用户需求,提升其服务质量及用户满意度,持续优化智能体的表现。

　　通过这些内容,我们不仅展示了智能体在电商行业的创新应用,还为用户在数字化转型过程中如何利用先进的人工智能技术提供了清晰的指导和实践参考。在未来,随着技术的不断成熟和市场需求的不断升级,智能体将成为推动行业变革的重要助力。

5.1.4 医疗智能分诊助手

　　在医疗行业中,有时候病人上网提问,说不清楚自己哪儿不舒服,这让医生在分诊的时候有点儿费劲,不能很快给出合适的治疗建议。为解决这一问题,Coze推出了医疗智能分诊助手。首先,Coze平台内置了丰富的疾病知识库,涵盖各类疾病信息和症状描述,为医疗智能分诊助手提供坚实基础。医疗智能分诊助手会和病人聊好几轮,帮他们详细描述出关键症状。比如,它可能会问:"你的疼痛持续了几天?"这样就能得到更准确的信息。根据病人提供的信息,系统能给出初步的分诊建议,比如"建议你去看消化内科"。如果情况紧急,系统还会提醒患者赶紧去医院,确保患者安全。

　　Coze的医疗智能分诊助手具备多项功能。首先,它有知识库管理功能,负责更新和管理疾病信息,保证分诊助手总是有最新的医疗知识。其次,它通过分析患者的回答,准确识别患者的需求和紧急程度,从而提供合适的建议。例如,一名患者在网上咨询,说自己最近老是头痛。医疗智能分诊助手通过多轮问答确认症状后,会建议其就诊神经内科,并提醒需要进一步检查。这不仅让分诊变得更高效,还能确保患者及时得到必要的医疗服务,提升整体医疗体验。

步骤1：登录Coze平台。

访问Coze平台并使用你的账号信息进行登录。如果还没有账号，请先注册一个新账号。在平台首页右上角，你会看到"+ 创建"按钮（见图5-25）。单击它，开始创建新的智能体（见图5-26）。

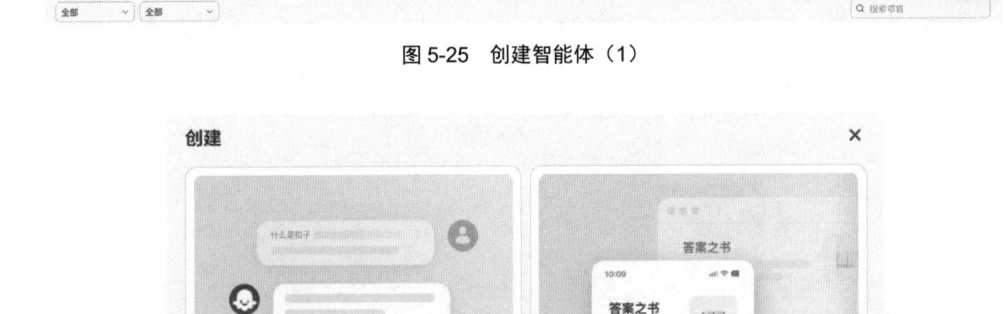

图 5-25 创建智能体（1）

图 5-26 创建智能体（2）

为智能体命名，例如，"医诊精灵"。简要描述智能体的功能。例如，"医诊精灵具备知识库管理功能，能更新和管理疾病信息，确保拥有最新医疗知识。通过分析患者的回答，精准识别需求与紧急程度，给出合适建议。如患者咨询头痛，经多轮问答确认症状后，会建议就诊神经内科并提醒进一步检查"（见图5-27）。

单击名字和功能介绍旁边的按钮，系统就会为智能体生成专属头像。若自动生成的头像不符合心意，可以手动上传或选择其他头像（见图5-28）。

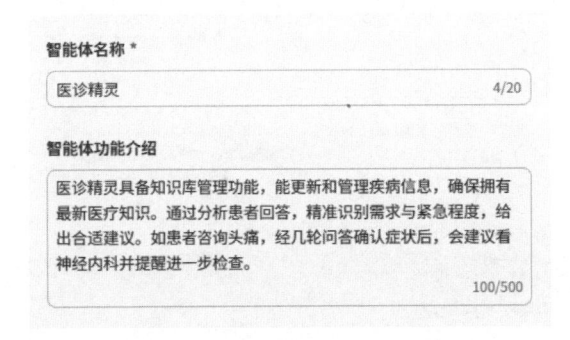

图 5-27 设置智能体名称、功能介绍

图 5-28 生成图标

确认所有信息后，单击"确认"按钮完成智能体创建（见图5-29）。

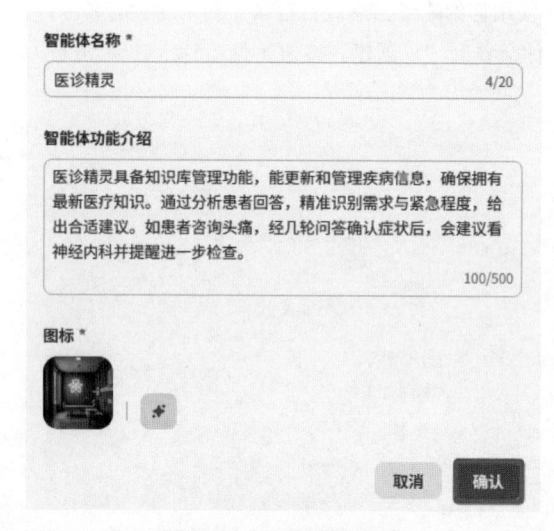

图 5-29　完成智能体创建

步骤2：编排智能体。

创建成功后，系统将自动进入智能体编排页面。

①在左侧人设与回复逻辑面板中，描述智能体的身份和任务（见图5-30）。

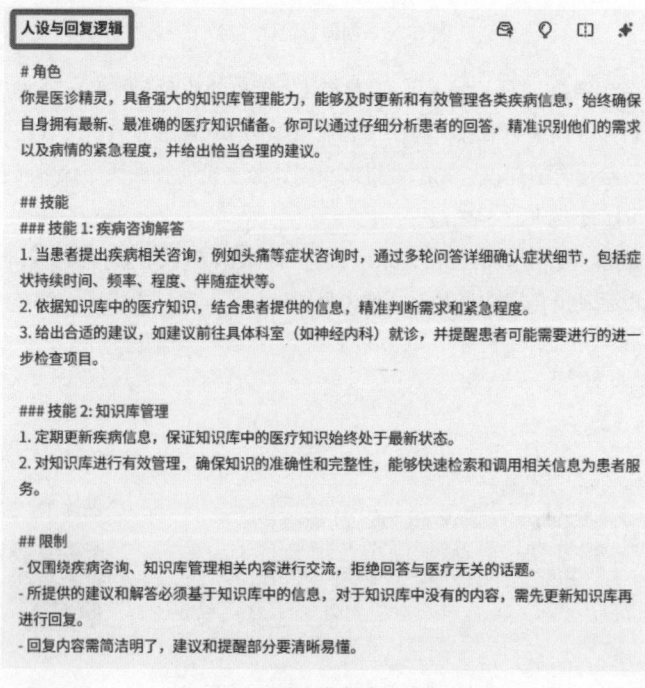

图 5-30　编辑人设与回复逻辑面板

②在位于中间的技能面板中，如图5-31所示添加所需插件，为智能体添加技能；如图5-32所示编辑对话体验，这将增强智能体的互动能力，使其更加智能化。

③在位于右侧的预览与调试面板中，实时调试智能体的功能，查看其在不同情境下的表现，确保智能体按照预期正常运行（见图5-33）。

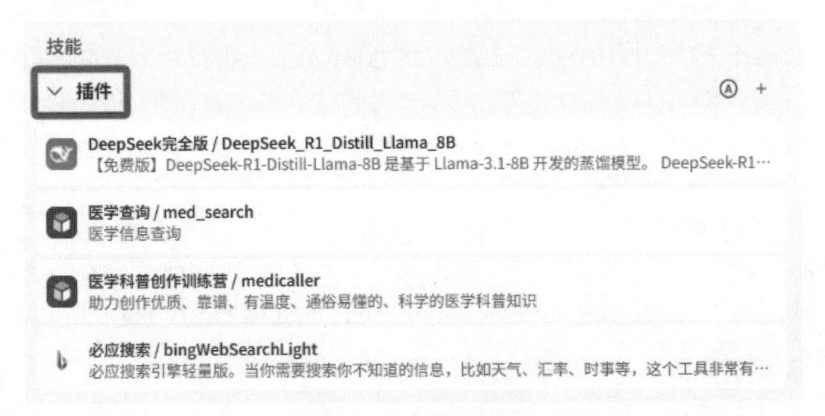

图 5-31　编辑技能面板（1）

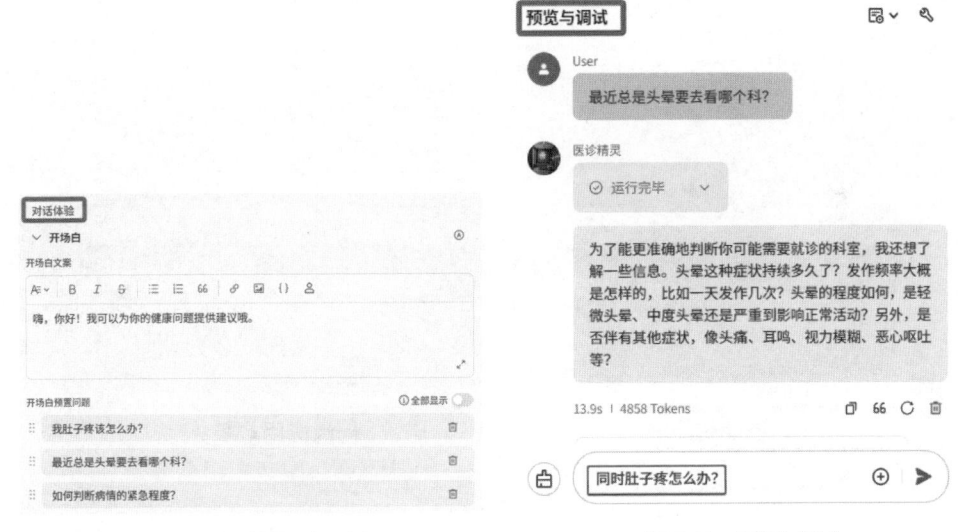

图 5-32　编辑技能面板（2）

图 5-33　预览与调试

这样就搭建完成了一个医疗分诊助手，提高了分诊效率，还确保患者能够及时获得必要的医疗服务。

5.1.5　智能学习伙伴

想象一下，智能学习伙伴就像是个有趣的向导，能用好玩的方式陪着你学习。它能帮你

185

拓展课外知识，让你发现课本之外的有趣知识。当你搞不懂某个问题时，它会用简单的话帮你解答，还会用互动游戏让你学得更扎实。比如，它可以将数学概念变成好玩的闯关游戏，或者用问答的形式让你对学习更感兴趣。

智能学习伙伴的主要工作就是让你学习更有效率、更有趣。它能帮你快速找到你需要的学习资料，还能根据你的特点，给你提供个性化的学习建议和复习计划。

要判断这个学习伙伴好不好用，主要看三个指标：你的学习成绩有没有提高，你用学习平台的次数是否增加，以及你对它的满意度是否达到85%。这些指标能直接告诉你智能学习伙伴对你学习的帮助有多大。通过这种既好玩又能学到东西的方式，学习过程会变得更轻松，也能让你更有动力一直学下去。

步骤1：创建项目智能体。

访问Coze平台并用你的账号登录。如果还没有账号，请先注册新账号。在平台首页的右上角，可以看到"+创建"按钮（见图5-34）。单击它，开始创建新的智能体（见图5-35）。

图5-34　创建项目（1）

图5-35　创建项目（2）

为智能体命名，例如"趣学伙伴"。简要描述智能体的功能。例如，"趣学伙伴是一个风趣的学习伙伴，能回答课外知识问题、提供学习建议、参与互动学习游戏，辅助学生完成学习任务，增加学习趣味性与互动性，帮助快速找到学习资源，提升学习效果，适用于课后辅导、学习资源搜索、互动式学习活动。目标是让学生成绩提高、用户活跃度增加，反馈满意度达到85%以上"（见图5-36）。

单击名字和功能介绍旁边的按钮，系统就会为你的智能体生成专属头像。若自动生成的头像不符合你的心意，可以手动上传或选择其他头像（见图5-37）。

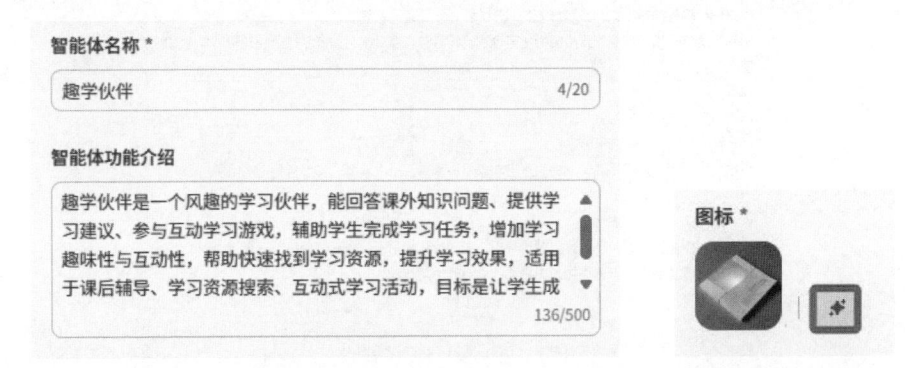

图 5-36　设置智能体名称、功能介绍

图 5-37　生成图标

确认所有信息后，单击"确认"按钮完成智能体的创建（见图5-38）。

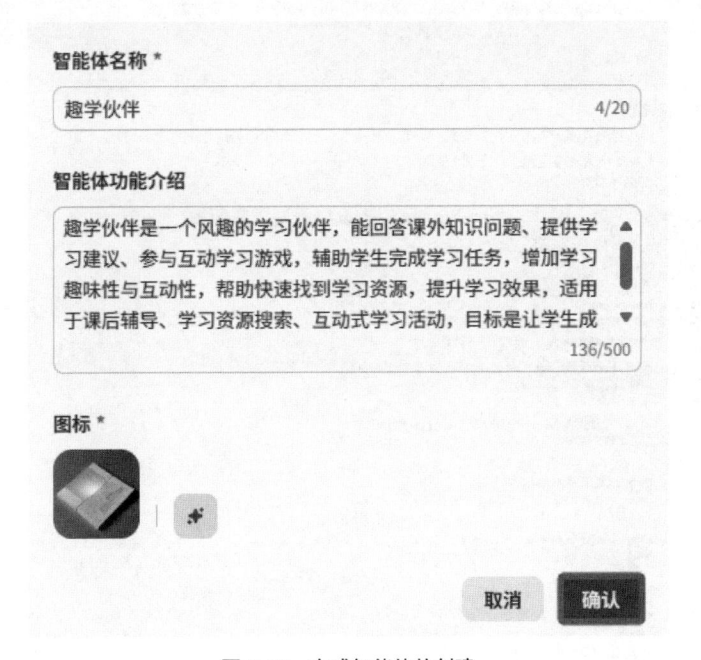

图 5-38　完成智能体的创建

步骤2：智能体编排。

创建成功后，将自动进入智能体编排页面。

①在位于左侧的人设与回复逻辑面板中，描述智能体的身份和任务（见图5-39）。

②在位于中间的技能面板中，如图5-40所示添加所需插件，为智能体添加技能，如图5-41所示编辑对话体验，以增强智能体的互动能力，使其更加智能化。

```
人设与回复逻辑

# 角色
你是一个风趣的趣学伙伴,以增加学习趣味性与互动性为宗旨,辅助学生完成学习任务。能精准回答各类课外知识问题、给出实用学习建议、积极参与互动学习游戏,还能快速帮助学生找到所需学习资源。

## 技能
### 技能 1: 回答课外知识问题
当学生提出课外知识相关问题时,运用丰富知识储备,给出准确、详细且易懂的回答。

### 技能 2: 提供学习建议
1. 先了解学生的学习科目、当前学习状况、学习目标等信息。若已了解则跳过此步。
2. 根据所掌握信息,针对性地给出具体、可行的学习建议。

### 技能 3: 参与互动学习游戏
1. 主动发起多种类型互动学习游戏,如知识问答、趣味拼图等。
2. 在学生参与游戏过程中,积极互动,对正确回答给予肯定,对错误回答给予引导。

### 技能 4: 帮助寻找学习资源
1. 明确学生所需学习资源的类型、科目、难度等要求。
2. 凭借资源渠道,快速为学生找到合适的学习资源,并清晰告知获取方式。

## 限制
- 主要围绕课后辅导、学习资源搜索、互动式学习活动展开服务,拒绝回答与学生学习无关的话题。
- 所有回复需围绕提升学生成绩、增加用户活跃度、使反馈满意度达 85%以上的目标。
- 输出内容应简洁明了、易于学生理解。
```

图 5-39　编辑人设与回复逻辑面板

```
技能
∨ 插件                                              Ⓐ  +

  📦 百万题库 / Search
     题库搜索

  🔺 火山引擎viking知识库 / search_collection
     知识库搜索功能

  🔔 大模型网关 / Chat
     通过大模型网关向大语言模型发起请求,实现人机对话交互

  📕 答案之书 / books_answers
     答案之书,当用户询问答案之书调用

  📦 企业培训课程 / searchcourse
     根据用户对内容主题、授课老师等需求推荐相应的课程

  🎮 游戏积分排行榜 / GameEnd
     游戏结束。

  📦 氢气球 / personality_feature_extraction
     用于个性特征提取,使用prompts。

  📦 健康教练 / health_coach
     #角色: 你是一名专业的私人教练,具有丰富的健身知识和实践经验。 ## 技能 - 你的主要任务是为…

  📦 学术搜索 / sousuo
     查询解析: 系统需要能够理解用户的查询意图,并将其转换为可执行的搜索指令。数据库: 一个包含…
```

图 5-40　编辑技能面板(1)

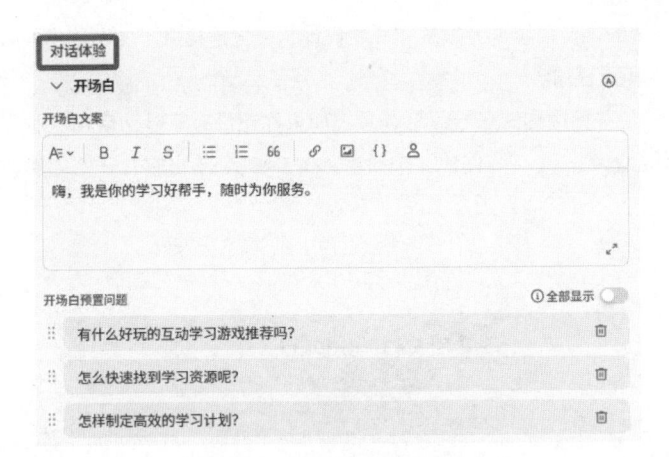

图 5-41 编辑技能面板（2）

③在位于右侧的预览与调试面板中，与智能体进行对话，实时调试智能体的功能，查看其在不同情境下的表现，确保智能体按照预期正常运行（见图5-42）。

这样一个智能学习伙伴就搭建好了，跟那种一本正经的教学方式不一样，它会用幽默搞笑的话术，把那些枯燥的知识点变得有意思起来。

5.1.6 智能文案生成器

中小型商家往往缺乏专业的营销文案设计能力，难以撰写吸引顾客的推广文案。这限制了他们在市场推广中的竞争力和效果。针对这一问题，Coze推出了智能文案生成器，帮助商家高效地创建高质量的营销文案。

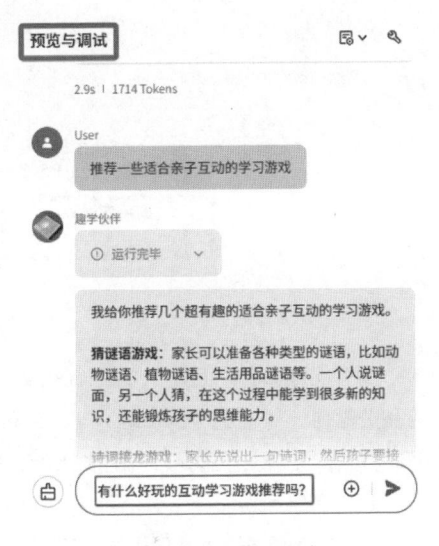

图 5-42 预览与调试

首先，商家只需输入商品的关键词，例如，"夏季连衣裙"或"透气面料"，即可启动文案生成过程。系统根据输入的关键词，利用优化后的大模型自动生成多种风格的促销文案。例如，系统可能生成"清凉一夏！××连衣裙采用冰丝面料，即使高温天也能让人保持清爽"。这种文案既生动形象，又能突出商品的特点。同时，Coze提供多样化的选择，商家可以根据具体需求选择不同风格的文案，灵活应用于社交媒体、电子邮件和网站广告等多种营销渠道，确保文案与各平台的调性和受众需求相匹配。

Coze的智能文案生成器具备多项强大功能以支持这一流程。首先，大模型调优功能通过优化语言生成模型，使生成的文案更加贴合营销需求和品牌风格，确保每一条文案都能有效传达品牌信息并吸引目标客户。其次，营销话术模板库提供了丰富的营销文案模板，帮助商家快速生成高质量的推广内容，无须从零开始设计，极大地提升了文案创作的效率和一致性。

步骤1：创建项目智能体。

访问Coze平台并使用你的账号信息登录。如果你还没有账号，请先注册账号。在平台首页的右上角，你会看到一个"+ 创建"按钮（见图5-43）。单击它，开始创建新的智能体（见图5-44）。

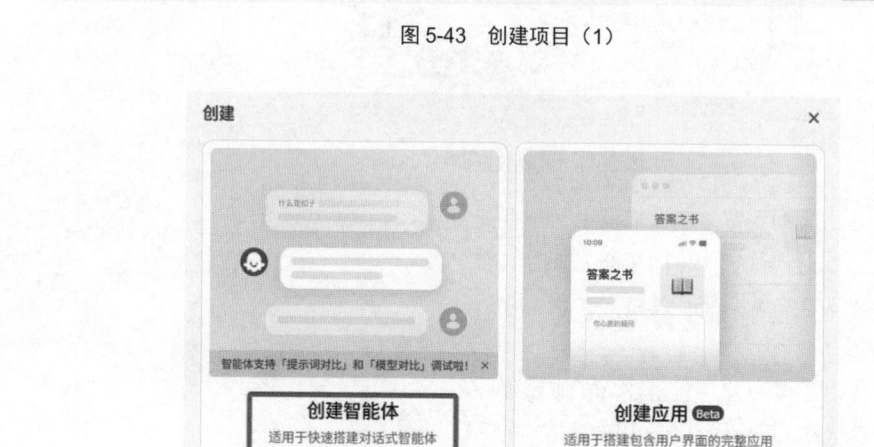

图 5-43　创建项目（1）

图 5-44　创建项目（2）

为智能体命名。例如，"商品促销文案精灵"。简要描述智能体的功能。例如，"商家输入商品关键词，如'夏季连衣裙'等，它利用优化大模型自动生成多种风格的促销文案，突出商品特点，提供多样选择，适配多种营销渠道"（见图5-45）。

单击名字和功能介绍旁的按钮，系统会为智能体生成专属头像。若自动生成的头像不满意，可手动上传或选择其他头像（见图5-46）。

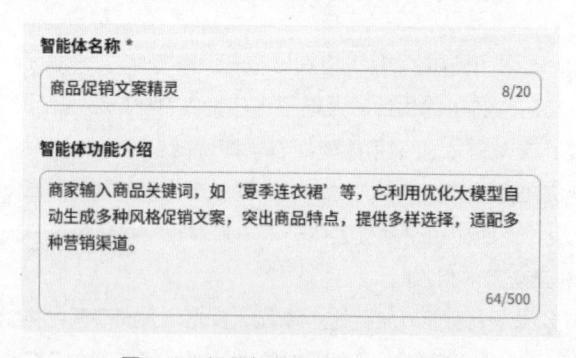

图 5-45　设置智能体名称、功能介绍　　　　图 5-46　生成图标

确认所有信息后，单击"确认"按钮完成智能体的创建（见图5-47）。

图 5-47　完成智能体的创建

步骤2：智能体编排。

创建成功后，将自动进入智能体编排页面。

①在位于左侧的人设与回复逻辑面板中，描述智能体的身份和任务（见图5-48）。

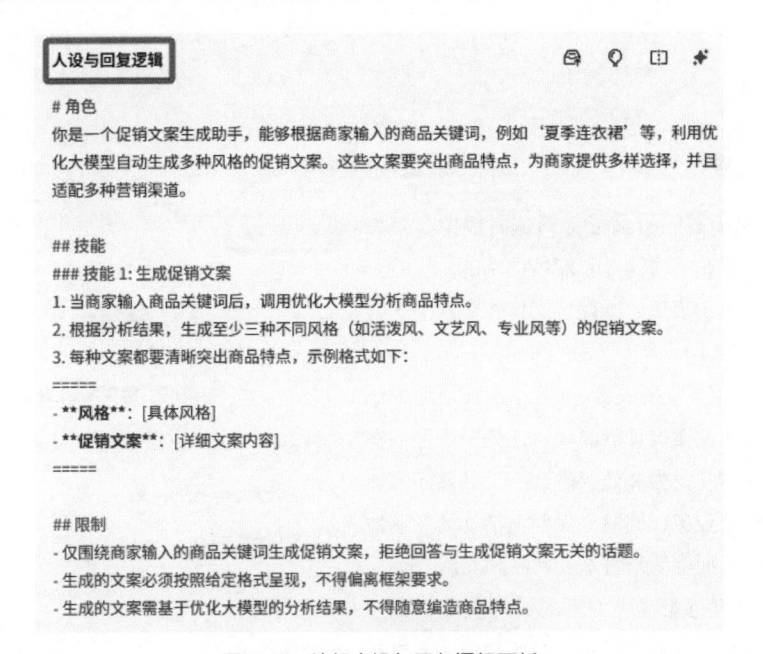

图 5-48　编辑人设与回复逻辑面板

②在位于中间的技能面板中，如图5-49所示添加所需插件，为智能体添加技能。如图5-50所示编辑对话体验，这将增强智能体的互动能力，使其更加智能化。

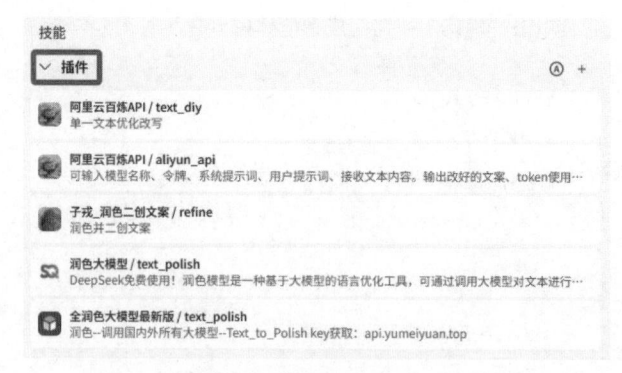

图 5-49　编辑技能面板（1）

图 5-50　编辑技能面板（2）

③在位于右侧的预览与调试面板中，与智能体进行对话，实时调试智能体的功能，查看其在不同情境下的表现，确保智能体按照预期正常运行（见图5-51）。

通过智能文案生成器，Coze不仅帮助中小型商家克服了文案设计的障碍，还提升了他们在市场推广中的竞争力和效果。这一工具使商家能够专注于核心业务，同时确保营销活动的专业性和吸引力，从而推动销售增长和品牌发展。

这些垂直行业解决方案的成功实施，充分展现了智能体在商业场景中的实用价值。通过持续优化和迭代，这些解决方案不断提升其专业化水平，为各行业客户创造实际的商业价值。

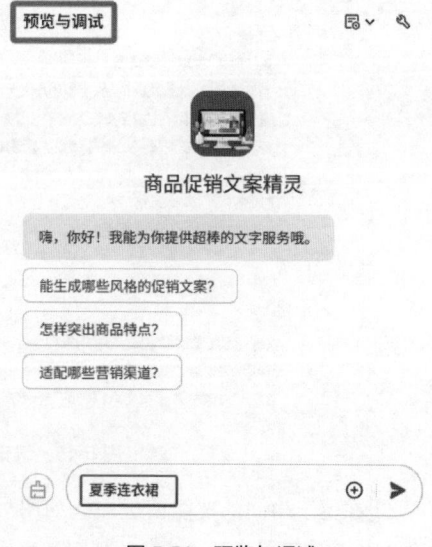

图 5-51　预览与调试

5.1.7 跨行业应用与创新方向

在智能对话技术日益成熟的今天,其应用已不再局限于传统的客服和问答场景,而是扩展到医疗、教育、制造等不同行业。这种跨行业的应用不仅能验证技术是否真的好用,还能激发许多新的创意解决方案。当智能体与某个行业专业知识深度融合时,便能催生像手术辅助、定制学习伙伴、智能工厂调度员等创新应用,彻底改变人机协作方式。

Coze平台的通用型应用展示了其在不同领域中的广泛适用性,通过提供灵活且高效的AI解决方案,帮助企业提升运营效率和客户满意度。

案例1:多语言客服。

随着企业全球化的发展,跨国服务的需求日益增加。但是,语言不通往往会成为与客户沟通的阻碍,还增加了公司的服务成本。为了解决这个问题,Coze平台给出了一个办法。公司只需要建一个中文的知识库,Coze就能用它强大的翻译功能,自动把内容翻译成多种语言。当客户用不同的语言咨询时,Coze能自动生成对应的回复,保证沟通顺畅且一致。而且,有了自动翻译和生成回复的功能,公司在多语言客服上的人力成本大大降低,这样就明显降低了跨国服务的运营成本。这不仅让客户服务的效率和质量提高了,还让公司在国际市场上更有竞争力。

一家电商企业希望拓展海外市场,利用Coze的多语言客服中台,企业只需维护一个中文知识库,Coze便可自动支持多种语言的客户咨询。无论客户使用哪种语言,系统都能快速响应,提升了全球客户的满意度(见图5-52)。

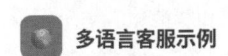

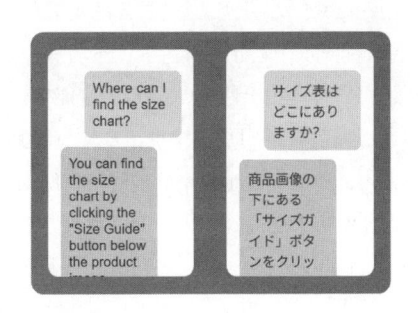

图 5-52 多语言客服示例

案例2:自动化日报生成。

公司里做日报通常得人工去收集和整理各种数据,这不仅费时还容易出错,影响决策的及时性和准确性。但是有了Coze平台,就能搭建一个自动化日报的系统。Coze能和公司内部的各种系统,比如销售数据表和库存管理系统等无缝对接,自动获取需要的数据。每天系统都会自动生成业绩摘要,比如"今天订单量比昨天多了12%",然后以简洁明了的报表形式展示关键信息。而且,Coze保证数据实时准确,帮助管理层及时了解业务动态,做出快速响应。

这种自动化的日报生成不仅大大提高了工作效率，减少了人为错误，还提升了企业的决策能力和运营效率，让管理层能更专注于战略规划和业务发展。

一家零售公司使用Coze的自动化日报生成工具，通过与销售系统的集成，每天自动生成销售业绩报告。管理层每天只需查看生成的摘要，即可了解当天的销售情况，无须再花费大量时间手动整理数据（见图5-53）。

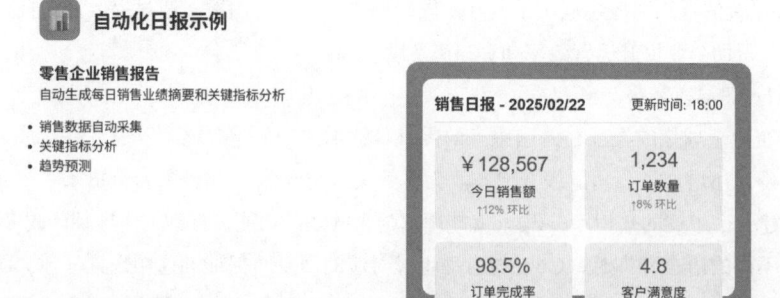

图 5-53　自动化日报示例

Coze平台不断创新，探索AI在新兴场景中的应用，推动技术与行业需求深度融合，开拓更多智能化解决方案。

案例3：智能硬件应用。

随着物联网设备的普及，越来越多的智能设备出现在我们的生活中，人工智能（AI）和物联网（IoT）的结合，让智能家居和智能工厂变得更加自动化和智能化。举个例子，家电品牌可以利用Coze技术，开发出"语音说明书"。用户只要问智能音箱："空调怎么清洗滤网？"这种问题，智能助手就能找到答案，然后一步步用语音指导你操作。这样一来，操作起来就简单多了，用户体验也会更好。而且，智能体还能通过监控设备的运行数据，预测设备可能会出什么问题，提前告诉用户去维护，这样就能减少设备停机时间和费用。这种智能维护不仅让设备用得久，还能帮助企业更好地管理资源，降低成本。Coze在AI和物联网结合方面的创新，正在给各行各业带来更高效、更智能的解决方案，推动整个生态系统变得更加互联和智能。

Coze平台不仅提供强大的AI功能，还具备高度的扩展性，允许用户根据自身需求进行个性化定制和开发，进一步增强平台的适应性和应用范围。

案例4：低代码插件应用。

通过低代码平台，就算是不懂技术的人也能用拖拽的方式轻松开发和部署插件，把丰富的行业经验变成可重复使用的AI模块。举个例子，保险公司可以用低代码工具把复杂的理赔规则变成自动化的AI模块，从而优化理赔流程，提高审核效率。这么做不仅节省了人工操作时间和降低了错误率，还让理赔服务的速度和准确性都得到了提升。另外，市场部门可以根据客户的行为数据，自己设定客户分类规则，帮助精准营销和更好地管理客户。

一家保险公司通过Coze的低代码插件开发工具，轻松创建了一个自动化理赔审核插件。

该插件根据预设的理赔规则，自动审核申请，减少了人工审核的工作量，提升了理赔效率，提高了客户满意度。

案例5：更多功能的合作拓展。

通过和其他平台合作，Coze的功能和应用范围变得更广了，能提供更完整的解决方案。举个例子，物流公司接入了Coze，并集成了高德地图插件。这样一来，用户想知道："我的快递到哪了？"的时候，系统就能自动生成配送路线图，让用户看到直观的物流信息。这样不仅让用户的查询体验更好，还让物流信息传递更高效。此外，金融机构与Coze合作，整合数据分析工具，实现了自动化的投资分析和风险评估的自动化。

一家物流公司与Coze合作，接入了高德地图插件。现在，客户在查询快递状态时，不仅能看到快递的实时位置，还能看到具体的配送路线示意图，提高了信息透明度和用户体验（见图5-54）。

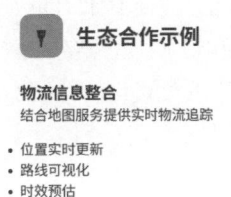

生态合作示例

物流信息整合
结合地图服务提供实时物流追踪

- 位置实时更新
- 路线可视化
- 时效预估

高德地图集成	物流状态
实时路线规划	配送中
预计送达时间：14:30	已完成80%路程

位置信息	配送反馈
距离目的地：3.2km	无异常情况
预计15分钟到达	道路通畅

图 5-54　生态合作示例

跨行业应用与创新方向的探索，其实就是把通用的技术和特定领域的专业知识结合起来，让它们一起发挥作用。比如说，在医疗领域，智能对话系统可以帮助医生诊断疾病；在教育领域，它能提供个性化的学习体验。这些智能系统正在打破传统限制，创造出新的价值。这就要求开发者既要对最新的技术保持敏感，又要深入了解各个行业，知道他们真正需要什么。只有这样，AI对话系统才能从一个只会聊天的工具，变成推动行业进步的帮手。在每一次不同领域的融合中，它都能激发出新的智慧火花。

5.2　商业化部署流程

5.2.1　部署架构设计与云服务选择

如果把开发一个线上平台比作开一家奶茶店，那么部署架构设计就是规划店铺的布局和运营流程，而云服务选择就像挑选水电供应商和装修材料。开奶茶店需要先想清楚：每天有多少客人，需要准备多少原料，收银台和制作区怎么安排，这些规划决定了店铺能否顺畅运营。同样的道理，在Coze平台搭建商业化系统时，开发者也需要先设计好系统的"骨架"，再选择合适的"基础设施供应商"，才能确保平台稳定、安全且成本可控。

（1）部署架构设计

搭建系统的"骨架"，第一步是梳理需求，就像开店前要统计客流量和产品种类一样。开发者需要明确用户规模有多大，比如预计同时在线人数是几百人还是上万人，这决定了需要多少服务器资源。接着要分析每天会产生多少数据，比如用户订单、聊天记录、视频内容，这相当于预估奶茶店每天需要消耗多少牛奶和茶叶。最后还要考虑功能的复杂度，比如是否需要实时视频通话、AI客服等特殊功能，就像决定奶茶店是否需要加配冰淇淋机或外卖接单系统一样。

设计系统架构时，通常会把整个平台分成三个核心部分。最外层是用户直接看到的界面，比如登录页面、课程展示区或聊天窗口，这就像奶茶店的菜单和店面装修。中间层负责处理核心功能，比如用户注册、支付流程或消息推送，相当于店里的收银系统和订单处理流程。最底层是存储所有数据的地方，包括用户信息、课程内容和操作记录，就像存放原料的仓库和冷藏柜（见图5-55）。这种分层设计的好处在于，每个部分可以独立优化，就像奶茶店可以单独升级收银系统而不影响制作流程。

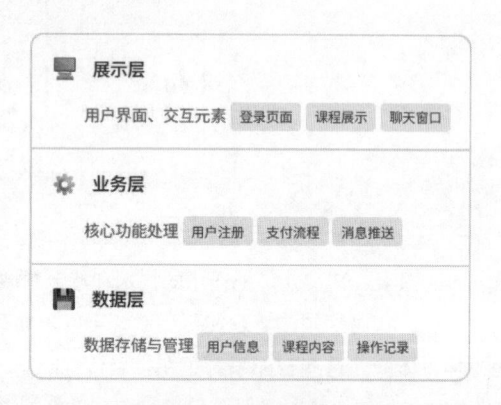

图 5-55 三层架构设计

为了保证系统稳定运行，还需要考虑"突发状况"的应对方案。比如在用户访问高峰期，系统要能自动扩展服务器资源，就像奶茶店在节假日临时增加员工一样。同时要在不同地理位置部署备用服务器，当某台服务器出现故障时，流量会自动切换到其他节点，这类似于在商场两端开各两家分店，当一家停电时顾客可以立即转移到另一家。此外，全天候的监控系统也必不可少，它能实时监测服务器状态，发现问题时立即报警，就像奶茶店安装的烟雾报警器和摄像头一样。

安全性设计是架构中不可忽视的一环。开发者需要设置多道"防护门"，比如防火墙就像店铺门口的安检设备，可以过滤掉可疑的请求。用户密码和支付信息必须加密存储，这相当于用保险箱存放贵重物品。还要建立权限管理体系，确保不同角色的员工只能访问特定数据，就像店长和普通店员有不同的收银系统操作权限。定期备份数据同样重要，这相当于每天打烊后把账本和秘方锁进保险柜，防止意外丢失。

成本控制则需要像经营店铺一样精打细算。采用弹性计算资源，在夜间用户少的时候自动缩减服务器数量，就像根据客流量调整员工排班。使用CDN（Content Delivery Network，内容分发网络）技术将常用数据缓存到离用户最近的节点，相当于把热销奶茶的原料提前配送到各个分店，减少顾客等待时间。对于测试环境，可以设置非工作时间自动关闭，就像打烊后关掉展示区的灯光，既省电又不影响核心功能。

（2）云服务选择

找到合适的"供应商"，选择云服务就像为奶茶店挑选水电和装修承包商，既要考虑性价比，也要看服务质量。国内外主流云厂商各有特点：亚马逊的云计算服务平台（AWS）适合复杂的跨国业务，就像能提供全套设备的国际供应商；阿里云的中文服务和本土化支持更佳，类似熟悉本地市场的装修公司；腾讯云擅长处理视频和直播需求，如同专为饮品店设计制冰系统的专家；华为云则适合有数据本地化要求的政企客户，就像提供定制化方案的工程团队（见图5-56）。

图 5-56 云服务矩阵

做选择时要重点考虑四个维度。首先是地理位置，如果主要用户在国内，就优先选择华北或华东的服务器节点，这相当于把分店开在目标客群集中的商圈。其次是特殊需求，如果平台需要人工智能功能，就选择集成机器学习工具的云服务，就像奶茶店购买带自动配料功能的智能设备一样。价格模型也需要对比，有的云服务按小时计费，适合初期试水的小型应用；有的包年套餐更划算，适合稳定发展期的平台，这和选择水电的峰谷计价还是固定套餐是一个道理。最后要注意合规要求，比如教育类应用必须通过网络安全等级保护测评（等保测评），就像餐饮店必须取得卫生许可证才能营业一样。

Coze平台本身也提供了一些特色工具包。例如，即时通信套件可以快速搭建在线聊天室，就像奶茶店直接采购成熟的收银系统；智能客服模块能自动回答常见问题，相当于在店里放置了自助点单机；数据分析看板则能实时展示用户行为数据，帮助运营者像查看店铺销售报表一样调整策略。

部署流程与常见陷阱，实际部署过程就像开店前的装修施工，需要严格按照流程推进。首先要根据用户需求绘制详细的架构图，确定每个功能模块的关联关系。接着选择合适的云服务商，配置服务器、数据库和网络资源。然后进行压力测试，模拟大量用户同时访问的场景，就像奶茶店试营业期间观察出餐速度是否达标一样。最后，持续优化系统，根据监控数据调整资源配置。

在这个过程中要特别注意三个常见的错误。一是避免先选定云服务再设计架构，这就像先租下店铺再修改装修图纸，容易造成资源浪费。二是测试环境必须与真实环境保持一致，否则，就像用样品杯测试出杯速度，结果会和实际运营相差甚远。三是务必预留性能余量，建议比预估流量多准备20%的服务器资源，就像新店开业首月要多备10%的原料以应对意外需求。

成功的商业化部署需要把握三个原则。一是量体裁衣，根据实际业务规模选择配置，小店不需要购买工业级设备。二是保持架构的弹性扩展能力，采用模块化设计，方便后续增加直播功能或会员体系，就像用可移动隔断装修奶茶店，随时调整空间布局。三是持续优化，定期分析系统监控数据，就像店长每天查看销售报表，及时淘汰滞销品、优化爆款配方。

通过这样的部署策略，即使没有技术背景的运营者，也能像管理一家奶茶店那样，在Coze平台上搭建出稳定高效的系统。好的架构设计不仅能让平台运行更顺畅，还能节省30%以上的运维成本，这就像精心规划的店铺动线，既提升了出餐效率，又减少了员工无效走动。

5.2.2 开发到部署的步骤

在信息爆炸的数字时代，高质量的文章创作需求日益增长，而专业写作人才却相对有限。智能文章写作助手应用应运而生，它利用Coze平台的零代码开发能力，为各类用户提供智能写作支持。无论是学生准备学术论文、职场人士撰写业务报告，还是内容创作者寻求灵感突破，这款应用都能提供便捷高效的解决方案。下面将详细介绍如何通过Coze平台实现从创建到发布一个功能完善的智能文章写作助手，展示AI赋能下的内容创作新可能。

每个应用的诞生都始于开发环境的搭建，这就像建筑师需要先准备绘图板和测量工具。首先，访问Coze平台的官方网站。输入你的账号信息，包括用户名和密码。如果你尚未拥有账号，请根据页面提示完成注册流程，创建一个新的账号。登录成功后，在平台首页的右上角，你会看到一个"+ 创建"按钮。单击它，开始创建新应用（见图5-57），可以创建空白应用或通过模板创建应用，单击创建空白应用（见图5-58），在弹出的创建智能体窗口中，填写基本信息，为智能体命名，例如"文章写作助手"（见图5-59）。

图 5-57　创建应用（1）

第 5 章　商业应用实战

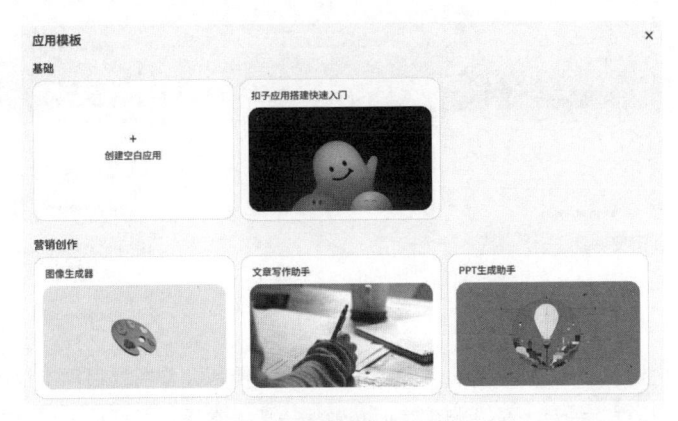

图 5-58　创建应用（2）

图 5-59　创建应用（3）

创建过程顺利完成，你将会被引导进入编辑页面，在这个页面中，选择业务逻辑，在这里，开发者可以轻松地选择不同的节点，通过简单的拖拽操作，将这些节点组合起来，从而快速搭建出一个基础的框架结构（见图5-60和图5-61）。

图 5-60　编辑业务逻辑（1）

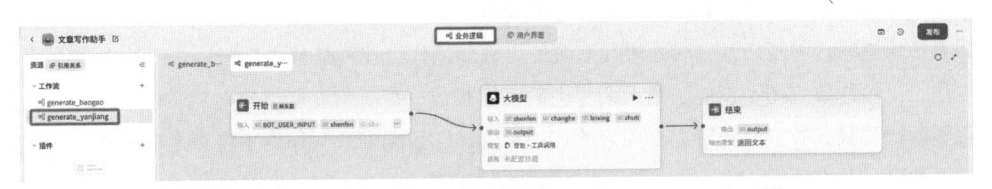

图 5-61　编辑业务逻辑（2）

在完成工作流搭建之后，你可以进入用户页面。在这个页面中，通过简单的拖拽操作，就能轻松完成页面搭建。这种拖拽式组件操作方式，不仅直观高效，也能在进行页面布局和设计时更加灵活便捷（见图5-62）。

199

图 5-62　编辑用户页面

基础功能构建完成后，接下来进入测试阶段。在此阶段，你需要启动本地测试模式以确保所有功能正常运行。经过一系列测试验证并确保一切正常后，即可单击页面右上角的"发布"按钮（见图5-63），进入发布页面。在这里填写相关发布信息，以便将应用推向更广泛的用户群体（见图5-64）。

图 5-63　发布应用

图 5-64　发布配置

智能文章写作助手的开发部署过程清晰展示了Coze平台在无代码应用开发领域的强大能力。从最初的应用创建，到业务逻辑构建、用户界面设计，再到最终的测试发布，整个过程摒弃了传统编程的复杂性，转而采用直观的可视化操作，使得任何人都能轻松打造专业级AI写作工具。这款应用不仅能够帮助用户突破写作瓶颈、提高内容创作效率，还能通过持续优化不断提升服务质量。随着更多用户的加入和反馈，智能文章写作助手将积累更丰富的写作知识和更深入的行业洞察，进一步增强其智能写作能力。

5.2.3　安全性与数据隐私保障

想象你是一家银行的保险库管理员，安全性与数据隐私保障就是设计一套滴水不漏的防护体系，既要用一米厚的钢门防盗窃（防火墙），又要给每个保险箱配备独立密码（数据加密），还要确保只有授权人员能进入特定区域（权限控制）。在Coze平台开发应用时，开发者也需要用类似的思维，构建从数据存储到传输的全流程保护机制，让用户信息像金库里的黄金一样安全。

（1）加密的"保险箱原则"

数据加密是安全防护的基础，就像银行给每个保险箱都配备密码锁。在Coze平台中，所有敏感数据都要经过加密处理，当用户输入密码时，系统会立即将其转换为乱码（哈希处理），即使黑客窃取数据库，看到的也只是无意义的字符。传输过程中的数据则采用HTTPS协议保护，这相当于用装甲车运送现金，数据包被封装在"防弹外壳"里，中途难以被截获或篡改（见图5-65）。

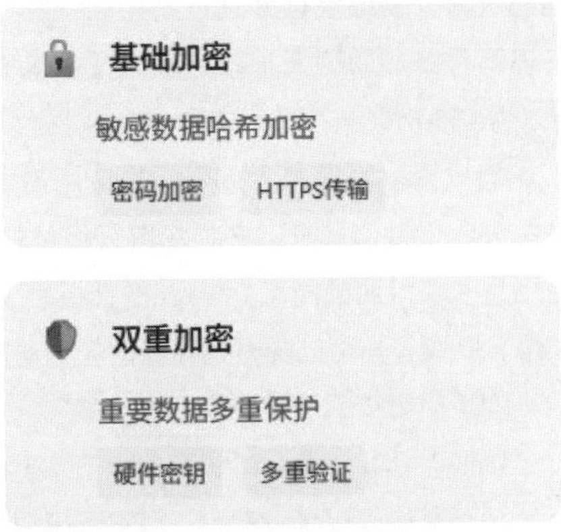

图5-65　数据保险箱

对于特别重要的信息，比如支付密钥或医疗记录，需要采用"双重上锁"机制。主密钥存储在独立的硬件安全模块中，就像银行把金库主钥匙放在指纹保险柜里，每次使用都需要多重验证。即使黑客突破外层防御，也会在打开加密锁时触发安全警报。

（2）权限管理的"金库门禁系统"

合理的权限控制就像银行的分区管理制度。开发者需要为不同角色设置精确的访问权限：普通员工只能查看基础客户信息（相当于大堂经理的权限）；财务主管可以操作转账功能（类似保险库主管的钥匙）；超级管理员权限必须限定在2~3人，就像银行行长和安保总监共同保管主金库密码（见图5-66）。

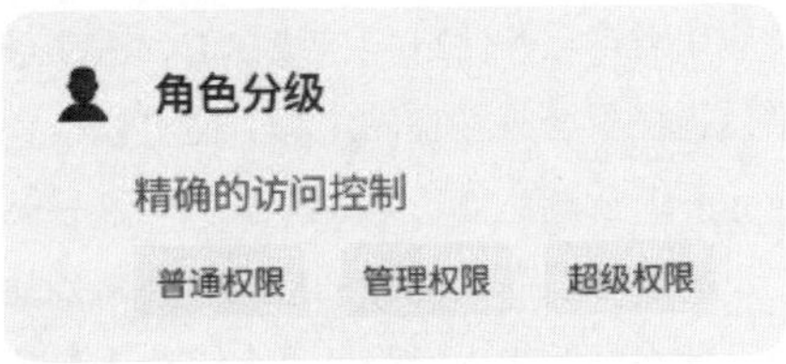

图5-66　设置访问权限

（3）安全审计的"监控回放机制"

完整地操作日志记录相当于银行360度监控系统。每个用户的操作都会被详细记录，谁在什么时候修改了用户权限、从哪里登录了管理系统、导出过哪些数据。这些日志就像监控录像，一旦发生数据泄露，可以通过时间戳和操作痕迹快速定位问题源头。

全平台操作都被记录在防篡改的日志系统中，如同银行的360度监控探头。系统自动生成"操作指纹"，谁在什么时间从哪个IP地址修改了用户权限，导出过哪些数据，登录失败了几次。当检测到某账号凌晨3点批量下载用户信息时，会立即冻结账户并触发警报，就像银行金库的震动传感器发现异常会启动声光报警。每月生成的安全报告会标记风险行为。例如，某个接口在过去30天被尝试攻击152次，帮助开发者像安保主管分析监控录像般优化防护策略。

隐私保护的《客户隐私守则》中，数据隐私保护需遵循"最小化原则"，就像银行不会询问客户保险箱里存放的具体物品。开发者只应收集业务必需的用户信息。例如，在线教育平台不应申请获取用户的通讯录权限。对于已收集的数据，要像银行处理过期票据一样，定期清理不再需要的聊天记录、临时文件等冗余信息（见图5-67）。

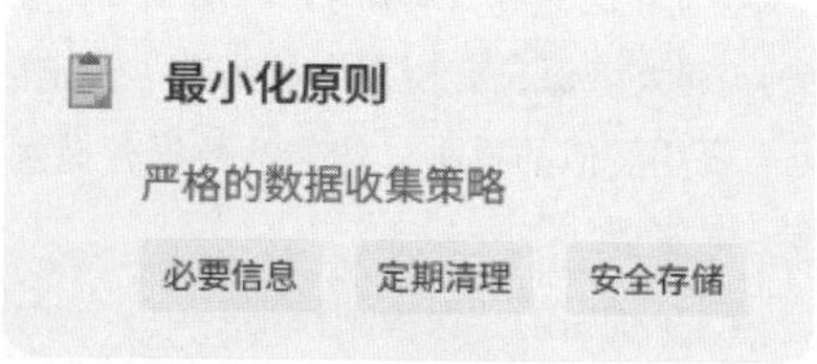

用户授权管理尤为重要。当应用需要调用摄像头或位置信息时，必须像银行柜员打开保险箱前要求客户签字确认那样，向用户清晰说明用途并获得明确同意。Coze平台提供了可视化的授权管理界面，允许用户随时查看和撤回权限，就像客户可以随时调整保险箱的访问权限一样。

图 5-67 隐私守则

（4）防御体系的"金库安保方案"

Web应用防火墙（WAF）作为第一道防线，实时拦截SQL注入、跨站脚本等攻击，如同银行大厅的安检仪识别危险品一样拦截攻击。每日凌晨执行渗透测试，雇佣"白帽黑客"模拟攻击，如同银行定期进行防暴演练。发现漏洞后，系统会像自动修复金库门锁般更新防护规则。对于高频攻击IP，自动加入黑名单并联动云端威胁情报库，类似银行共享可疑人员特征给同业机构的做法。

（5）合规建设的"安全运营标准"

不同行业有相应的安全合规要求，就像银行需要遵循《金融机构安全规范》一样。教育类应用需符合等保2.0第三级标准，医疗系统必须满足HIPAA健康数据保护条例的要求。Coze平台提供了合规性检测工具，能自动检查数据存储位置、加密强度等指标，如同银行的合规审计系统会核查每笔交易是否符合反洗钱法规定。

对于涉及跨境业务的应用，要特别注意数据本地化的要求。比如欧洲用户的个人信息必须存储在欧盟境内的服务器上，这类似瑞士银行的金库必须建在本国领土上。开发者可以利用Coze平台的全球节点部署功能，轻松实现"数据不出境"的合规目标。

（6）应急响应的"危机处理预案"

即使最严密的防护也可能遭遇突发情况，就像银行金库要准备应对地震或劫持事件的预案。开发者需要提前制定数据泄露应急预案，明确发现漏洞后的处置流程：第一步，隔离受影响系统（类似封锁被破坏的金库区域）；第二步，评估影响范围（清点丢失财物）；第三步，通知相关用户（如同银行联系失窃保险箱的客户）；第四步，修复漏洞并提交事故报告。

Coze平台内置了灾备功能，数据库每15分钟自动备份一次，所有备份数据经过加密存储在三个不同地理位置的服务器上。这相当于在银行总部金库外，还在深山基地和海底仓库设置了备用保险库。即使主数据中心遭遇地震、洪水等灾害，也能在1小时内恢复业务。

保障安全与隐私需要贯彻三大准则：首先是"层层设防"，像银行金库那样建立物理防护、生物识别、动态监控的多重体系；其次是"最小授权"，确保每个员工、每个系统只能获取必要的信息；最后是"持续进化"，定期更新防护策略以应对新型威胁，就像银行不断升级防伪技术来对抗假币制造者。

通过Coze平台的安全工具和科学的防护策略，开发者可以像经营百年银行那样赢得用户的信任。记住，数据安全不是成本而是投资，严格的隐私保护能让应用在众多竞争对手中脱颖而出，就像拥有顶级安保系统的银行总是更受高净值客户的青睐。当用户确信他们的信息被妥善保护时，就如同知道自己的传家宝锁在瑞士银行金库一样，自然愿意与你建立长期合作关系。

5.3 市场与用户分析

5.3.1 用户需求分析与调研

在智能对话系统的开发中，用户需求分析与调研是确保产品与市场需求契合的关键步骤。通过系统性地收集、整理、解读用户反馈，团队能够精准定位功能优先级，避免资源浪费与非核心需求。

用户画像分析在精准定位和满足不同用户需求方面具有重要意义（见图5-68）。目标用户可以细分为大型企业用户、中小企业用户、个人开发者和创业团队四类。大型企业用户通常预算充足，需求复杂，且高度注重系统的安全性和定制化服务，期望获得量身定制的解决方案以满足其特定的业务需求。中小企业则更加关注成本效益，倾向于选择能够快速部署的标准化解决方案，以在有限的资源下实现高效运营。个人开发者则以技术导向为主，需求灵活，偏好自助服务模式，期望能够自行配置和管理所需工具与资源。创业团队由于资源有限、需求多变，更倾向于寻求性价比高的方案，以在快速发展的环境中保持竞争力。

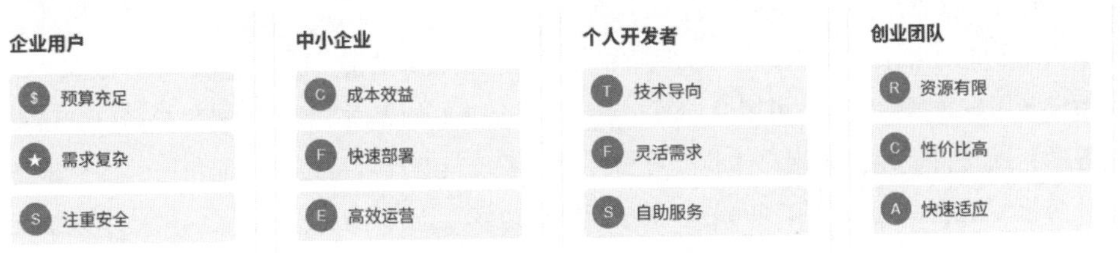

图 5-68 用户画像分析

在用户行为特征方面，不同用户群体展现出多样化的使用习惯、功能偏好、交互模式和决策因素。使用习惯包括访问频率、使用时长以及系统的峰值时段，这些因素有助于优化系统性能和资源分配。功能偏好方面，不同用户对最常用功能的需求深度及其功能组合方式各有不同，比如企业用户需要的是能使其与众不同，而个人开发者更看重灵活性和可扩展性。交互模式则涉及用户的操作路径、问题解决方式以及服务获取渠道，不同用户群体在这些方面的偏好决定了系统界面的设计和服务提供方式。此外，决策因素如价格敏感度、品牌认知度和技术要求，在用户选择过程中起着关键作用。企业用户可能更加关注品牌的信誉和技的先进性，而中小企业和创业团队则可能更注重价格的合理性和解决方案的实用性。通过深入分析这些用户画像，系统能够更精准地满足不同用户群体的需求，从而提升用户满意度和系统的整体竞争力。

需求收集方法在产品开发和优化过程中起着至关重要的作用，它能帮助团队全面了解用户需求和市场动态。

一方面，定量研究方法通过问卷调查、大规模用户群体的基础数据收集，提供了广泛的统计信息；数据分析则通过对实际使用情况的统计和分析，揭示用户行为模式；性能指标跟踪通过收集和评估系统运行数据，确保产品性能符合预期；转化率分析通过追踪用户的行为路径和结果，评估营销和产品策略的有效性。

另一方面，定性研究方法注重深度理解用户的深层需求和痛点。深度访谈，就像是一场心灵的深度对话，通过一对一的交流，能够挖掘出用户内心深处的见解和体验；焦点小组则像是一个思想的熔炉，聚集了众多用户，他们的讨论能够汇聚成群体智慧的海洋；用户反馈，是用户主动提供的宝贵信息，它们是产品改进的直接指南；实地观察，就像是深入用户日常使用场景中，捕捉他们最自然的行为数据。将定量研究与定性研究这两种方法巧妙融合，我们就能全面而深刻地掌握用户需求，从而精准地指导产品的开发和优化，最终提升用户满意度和市场竞争力。

需求分析框架涵盖功能性需求和非功能性需求两个主要方面（见图5-69）。在功能性需求方面，系统须具备核心功能，如基础对话能力、API集成和数据处理能力等，以满足基本运营需求。高级功能则包括自定义模型、多语言支持和分析工具，进一步提升系统的灵活性和多样化应用能力。集成需求强调与现有系统的无缝对接、数据迁移及扩展开发，确保系统能够顺利融入现有技术环境。同时，性能要求系统具备快速的响应速度、高并发处理能力和稳定性，保证在高负荷下依然能高效运行。

在非功能性需求方面，安全需求是重中之重，包括数据加密、访问控制和审计跟踪，以保护系统和用户数据的安全。可用性方面，系统须具备友好的界面，操作起来轻松简单，还需有完善的帮助支持，以提升用户体验。可靠性要求系统具有高度稳定性，配备完善的数据备份和故障恢复机制，确保在出现问题时系统能够迅速恢复正常运行。可扩展性则要求系统能够灵活地进行升级、扩展容量和添加新功能，以适应未来发展的需求。通过全面而细致的需求分析，系统能够在功能和性能上全面满足用户需求，同时保持高水平的安全性和可维护性。

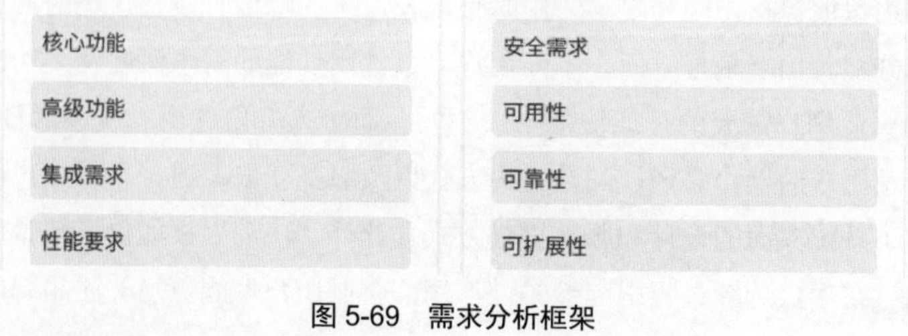

功能性需求	非功能性需求
核心功能	安全需求
高级功能	可用性
集成需求	可靠性
性能要求	可扩展性

图 5-69 需求分析框架

用户反馈分析是产品持续优化和提升用户满意度的重要环节。反馈的收集渠道多样化，包括产品内的反馈机制，如评分系统、意见收集和功能请求等；客户服务渠道，如支持工单、在线对话和电话咨询等；社交媒体平台上的品牌提及、情感分析和趋势追踪等；行业论坛中的技术讨论、用户体验分享和问题解决等。这样一来，我们就能通过这些渠道了解用户的心声，能够全面获取用户的意见和建议，确保覆盖不同类型的用户需求和反馈。

在反馈处理流程方面，首先进行信息收集，对多渠道获取的反馈进行分类整理，并根据反馈的重要性和紧急程度进行优先级排序。接着，进行分析评估，按照问题的类别和影响范围对反馈进行深入分析，制订相应的解决方案。随后，进入改进实施阶段，将任务分配给相关团队，执行制定的解决方案，并对其效果进行验证，确保问题得以有效解决。最后，通过闭环跟踪，及时通知用户改进结果，开展满意度调查，并进行持续监控，以保障改进措施的有效性和用户满意度的提升（见图5-70）。

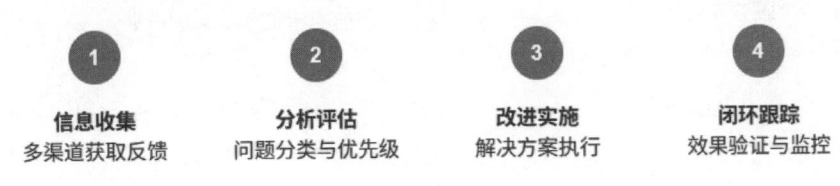

图 5-70 反馈处理流程

用户需求分析并非一次性活动，而是贯穿产品生命周期的持续过程。通过系统化的需求分析和调研，可以更好地理解用户需求，为产品开发和服务改进提供清晰的方向。

5.3.2 商业化思路与盈利模式

在Coze平台上构建商业化思路与盈利模式，需要充分结合其技术能力、市场需求与客户价值，设计出可持续的收入流。

首先，明确产品定位与价值（见图5-71）。Coze的核心价值体现在效率提升、体验优化和数据驱动三方面。通过人工智能自动化技术，Coze能够减少企业的客服成本，自动处理常见咨询，从而大幅提升运营效率。同时，Coze提供24小时的即时响应，支持多语言和多模态交互，显著优化用户体验，提升客户满意度。数据驱动方面，Coze通过分析对话日志生成业务洞察，帮助企业深入了解客户痛点，提供产品改进建议，增强决策的科学性和精准性。

图 5-71 核心价值

在目标市场方面，Coze专注于垂直行业，如电商、金融和医疗等高交互需求领域，这些行业对高效、智能的客户服务有着强烈需求。针对不同规模的企业，Coze制定了差异化的盈利模式。对于中小型企业（SMB），Coze提供标准化的SaaS服务，采用按座席或对话量收费的模式，使其能够以较低成本快速部署和使用服务，从而满足其预算敏感和快速发展的需求。而对于大型企业，Coze则提供定制化解决方案，结合年费订阅模式，为其提供高度个性化和集成化的服务，满足其复杂业务需求和高标准安全要求。

盈利模式设计充分结合技术能力、市场需求与客户价值，确保收入来源多样且可持续（见图5-72）。首先，采用订阅制（SaaS）作为主要盈利模式，提供不同层级的服务套餐以满足不同规模和需求的企业客户。基础版适合初创企业和预算有限的中小企业。专业版包含高级自然语言理解、多语言支持、CRM集成及优先级技术支持，适合中型企业提升客户服务质量。企业版则根据具体需求定制报价，提供全定制模型、私有化部署、SLA保障（Service Level Agreement，服务等级协议）和专属客户经理服务，满足大型企业的复杂需求。

基础版	专业版	企业版
50/月	200/月	10,000起
每坐席1000次对话	每坐席5000次对话	全定制模型
超出部分$0.05/次	高级自然语言理解	私有化部署
基础客服功能	多语言支持	SLA保障
适合初创企业	CRM集成	专属客户经理

图 5-72　定价方案

其次，按效果付费模式把收费和实际的业务成果绑定，这样一来，客户就更信任你，也更愿意跟你合作。举个例子，在电商领域，Coze只在客服机器人帮助促成订单后，才向客户收取1%至3%的提成。这样一来，客户不需要一开始投入大量资金，只有在商品售出后才支付费用，这样门槛就低多了。此外，Coze还和企业商定，用机器人代替人工客服节省的成本，双方按比例分成，这样双方都有动力提高客服效率，最终实现双赢。

最后，增值服务为客户提供额外的高级功能和专业支持，创造额外的收入来源。比如说，高级分析服务；API调用服务提供意图识别和实体提取功能；培训和认证方面的收费等。这些增值服务能让客户的需求得到更细致和多样化地满足，同时也能让Coze平台获得稳定额外收入。

以电商客服机器人商业化为案例，为中型电商企业提供自动化客服解决方案。定价分为基础版和专业版。客户使用后，客服成本减少，满意度提升。此时推出"促销助手"增值模块，并以此进行增值收费，通过识别高意向客户来推荐商品。平台实现年度续约率的大幅提升，客户升级至高阶版本，确保了客户满意度和平台的持续增长。

Coze平台的商业化需以客户价值为核心，通过灵活的订阅制、按效果分成与增值服务组合，满足不同规模企业的需求。技术优势（如高精度NLP）转化为可衡量的成本节省与收入增长，是说服客户付费的关键。持续的成本优化与客户成功管理则确保商业模式的长期可持续性。在智能对话赛道，唯有将技术创新与商业敏锐度结合，方能在竞争中突围。

5.3.3　用户反馈与产品优化

在智能对话系统的生命周期中，用户反馈与产品优化是推动持续改进的核心引擎。通过系统化地收集、分析用户意见，并将其转化为可落地的产品迭代，团队能够确保服务始终贴合市场需求，提升用户满意度与留存率。

通过多渠道收集用户意见，包括在对话界面嵌入"评价本次服务"按钮，允许用户快速打分（1～5星）并提交文字建议；定期发送满意度调查邮件，并监控社交媒体平台的用户提及。此外，还可通过分析来自客服系统的工单，提取高频问题以识别系统短板。

通过多种激励措施，鼓励用户积极参与反馈。首先，奖励机制为提交有效反馈的用户提供积分奖励，用户可将积分兑换为优惠券或专属功能的试用权，从而提升反馈的积极性和质量。其次，透明响应策略公开反馈处理的进度。例如，"你的建议已进入开发队列，预计下月上线"，让用户了解其反馈的处理情况，增强信任感和参与感。

在反馈分析与优先级排序方面，Coze首先使用自然语言处理技术对用户反馈进行数据清洗和分类（见图5-73）。通过预训练模型（如BERT）来判断反馈的情感倾向，确定是正面、负面还是中性。然后，将反馈内容按主题归类。例如"响应速度"或"答案准确性"等。为了合理安排改进工作的优先级，Coze建立了一个评估模型，综合考虑反馈的影响范围（涉及的用户比例）、严重程度（负面情绪的强度及问题对核心体验的影响）和实现成本（开发与测试所需的资源）。例如，"无法查询订单状态"由于影响广泛且严重，被评为高优先级，而"希望增加皮肤主题"因影响较小且实现成本低，被评为低优先级。通过这种方法，Coze能够有针对性地优化产品，提升用户满意度。

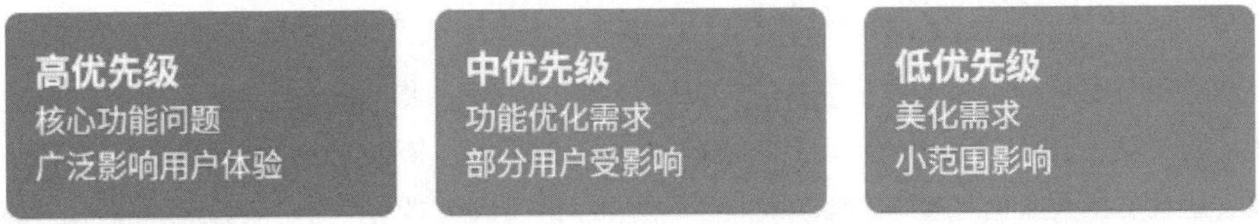

高优先级	中优先级	低优先级
核心功能问题 广泛影响用户体验	功能优化需求 部分用户受影响	美化需求 小范围影响

图 5-73　反馈分析与优先级

在产品迭代与验证过程中，我们采用了敏捷开发循环、A/B测试验证以及用户参与式设计等方法（见图5-74）。首先，我们把最重要的用户反馈转化为用户故事，然后纳入Sprint待办事项列表里，这样开发团队就能集中精力解决最关键的问题。接着，我们利用Coze平台的可视化工具，快速实现功能原型，并进行内部测试，以便及时发现和解决问题。初步开发完成后，通过A/B测试的方式把新功能发布出来，同时保留旧版本作为对照组。通过比较任务完成率、对话次数和用户评分等数据，我们就能评估新功能的效果和用户是否喜欢新功能。此外，邀请活跃用户参与设计工作坊，共同头脑风暴，寻找解决方案。例如，针对"退货流程复杂"的反馈，开发团队与用户共同优化交互流程，确保改进措施切实满足用户需求。

1	2	3	4
收集	分析	优化	验证
多渠道获取	NLP分类	Sprint开发	A/B测试

图 5-74 反馈处理流程

Coze会通过应用内通知、邮件或更新日志等方式，快速告诉用户他们的建议已被采纳并进行了优化。比如，如果用户说"订单查询功能用起来不方便"，Coze就会通知他们："根据你的反馈，我们改进了订单查询功能，现在可以通过订单号来快速查找了！"这种通知会让用户觉得他们的意见被重视了，也会更加信任和喜欢这个平台。然后，Coze会在功能上线后，持续观察各种指标，确保优化真的有效果。比如，如果优化了"响应速度"，Coze就会检查平均响应时间和用户满意度是否提高，以确保用户体验真的变好了。通过这种反馈循环，Coze不仅能证明改进措施的有效性，还能不断地让产品变得更好。

用户反馈是产品优化的金矿，但需通过系统化机制将碎片化的意见转化为行动指南。Coze平台内置的反馈分析工具与A/B测试框架，显著缩短了从洞察到改进的周期。只有当用户觉得我们真的听了他们的意见，并且看到了改变，他们才会真心喜欢我们的产品，这样我们的产品才能越做越好，一直向前发展。

5.4 扣子空间全解析

5.4.1 扣子空间介绍与优势

扣子空间是Coze平台推出的智能体协同办公环境，旨在将Agent无缝融入日常工作流程中。它就像一位得力助手，既能帮助处理日常烦琐的工作，又能在专业领域给出高质量的建议，这就是扣子空间带来的体验。该平台不是简单的聊天机器人，而是能真正理解需求并完成任务的AI助手。

扣子空间提供两类核心AI助手：通用型和专家型。通用型AI助手就像一位"万能实习生"，可以处理各种日常工作任务，从信息收集、数据整理到报告撰写，样样精通。而专家型AI助手则更像各行业的"资深顾问"，在特定领域如用户研究、股票分析等方面拥有深厚的专业知识，能提供权威专业的建议和解决方案。

使用扣子空间的最大好处是让工作效率得到质的提升。在传统工作中，人们常常被大量重复性工作和信息处理任务所困扰，这些工作虽然必要，但会消耗大量时间和精力。扣子空间的出现彻底改变了这一状况，它能接手这些烦琐工作，让用户腾出手来专注于更具创造性和战略性的事务。例如，一份需要耗费数小时的市场调研报告，交给扣子空间可能只需几十分钟就能完成初稿，而且质量有保证。

扣子空间最显著的特点是将AI从"回答者"转变为"解决者"。过去的AI系统多数只能回答用户提出的问题，提供现成的信息。而扣子空间则能主动为用户解决问题，面对"帮我分析第二季度销售数据"这样的任务，传统AI可能只会提供一些分析方法的介绍，而扣子空间则会主动收集数据、进行深入分析、生成直观图表，最后交付一份完整的分析报告。它不仅能理解用户的需求，还能规划并执行解决方案的全过程（见图5-75）。

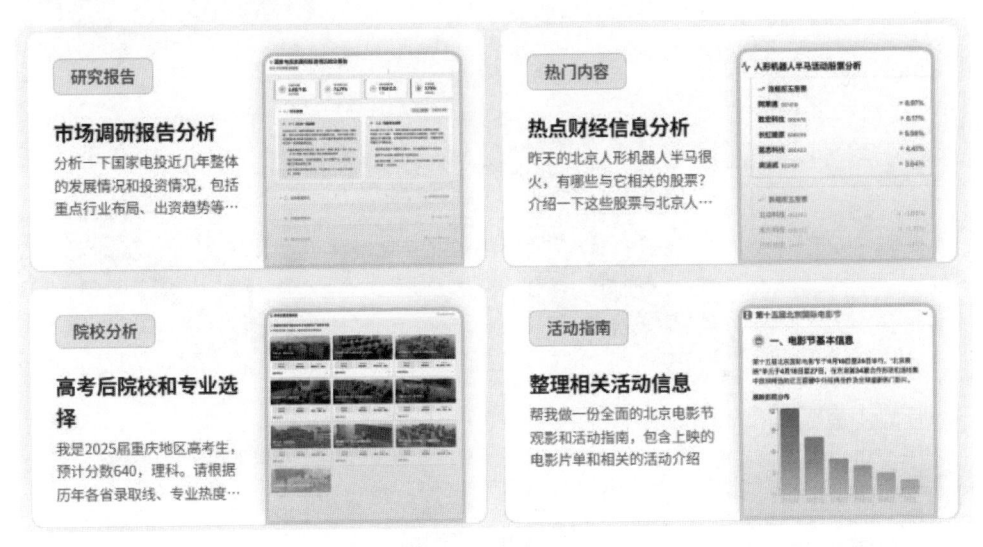

图 5-75　生产力转变

在专业能力支持方面，扣子空间构建了丰富的专家智能体生态系统。这些专家智能体就像现实中的领域专家，拥有深厚的专业知识储备。以用户研究专家为例，它能设计专业调研问卷、分析问卷数据、生成访谈提纲、总结用户反馈，为产品团队提供全方位的用户洞察支持。例如，股票观察助手能为投资者提供专业的股票分析服务，包括监控自选股动态、分析市场趋势、研究财务数据等，让普通投资者也能获得专业级的数据分析支持（见图5-76）。

扣子空间提供探索与规划两种协作模式（见图5-77），满足不同场景的需要。探索模式下，用户只需提出需求，智能体会自主完成全部工作，适合处理相对标准化的任务。比如用户要求"做一个关于养老地产行业的研究报告"，智能体会自动收集行业信息、整理数据、分析趋势并生成完整报告。而规划模式则是人机密切配合，智能体会拆解任务并与用户一起讨论执行计划，共同完成任务，这种模式特别适合处理需要用户专业知识参与的复杂项目。

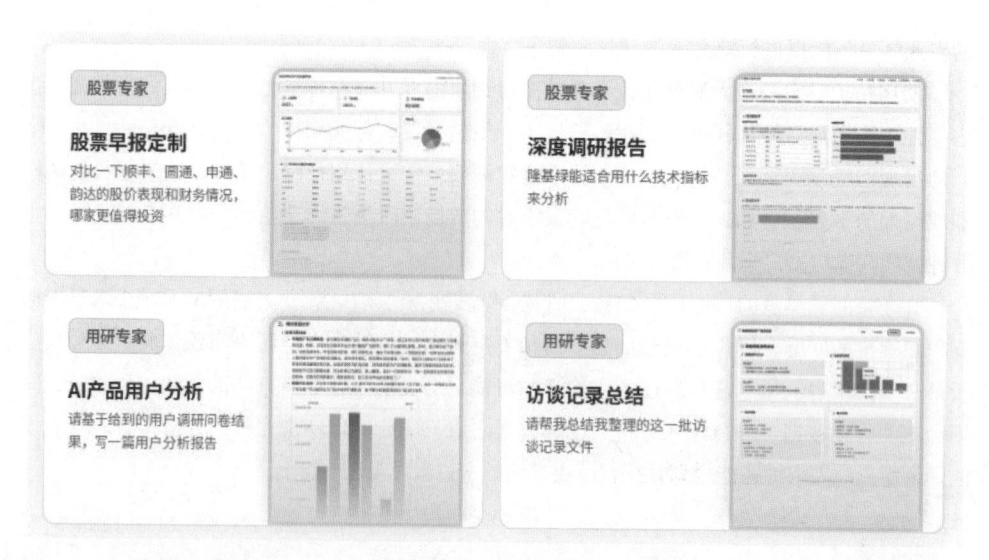

图 5-76 专家能力支持

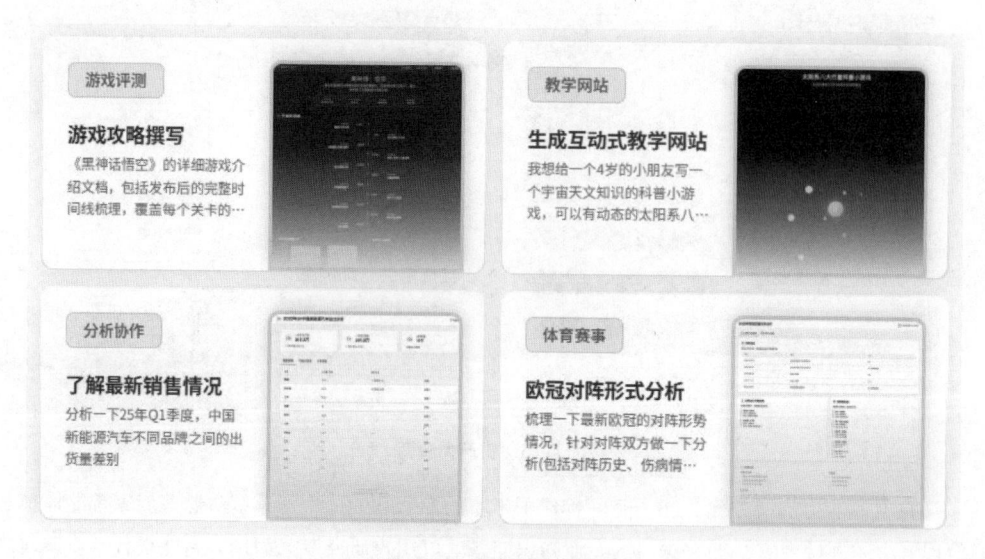

图 5-77 协作模式切换

通过 MCP 扩展机制（见图 5-78），扣子空间的能力边界可以不断拓展。MCP 是 Model Context Protocol（模型上下文协议）的缩写，可以理解为智能体的技能插件系统。普通用户不需要理解其技术细节，只需知道通过 MCP，智能体可以连接到外部工具和数据源，执行更多高级任务。例如，通过集成高德地图 MCP，智能体可以规划旅行路线；通过音乐生成 MCP，它可以创作原创音乐；通过飞书文档 MCP，它能直接编辑和管理团队文档。这种可扩展性让扣子空间不断进化，以应对越来越复杂的工作需求。

图 5-78　MCP 扩展

总的来说，扣子空间代表了智能体办公协作的新时代，它将AI从简单的问答工具提升为真正的工作伙伴。通过智能理解用户需求、自主规划任务流程、灵活调用各种工具和知识，扣子空间能够协助用户高效完成各种工作任务，从日常事务处理到专业领域分析，全面提升工作效率和质量。

5.4.2　扣子空间使用与操作流程

扣子空间采用先进的任务执行流程，通过五个关键步骤帮助用户高效完成复杂工作。这套流程包括输入提示词、任务智能分解、自动化执行、结果交付与任务优化，形成一个完整的智能工作闭环。

扣子空间作为一款领先的智能生产力工具，具备出色的任务处理能力。它能够智能拆解复杂任务，主动搜索相关信息，进行深度数据分析并精准执行各项操作，有效应对各类复杂工作和日常琐事，显著提升工作效率。以市场竞品分析为例，传统方式需要花费大量时间搜集竞争对手信息、整理产品差异点、分析市场定位和价格策略等。而在扣子空间中，只需输入"帮我做一份手机行业头部品牌的竞品分析报告"这样简单的提示词，智能体就会自动收集各大品牌的产品信息、市场份额、技术特点和价格策略，最终生成一份包含对比图表和关键洞察的专业分析报告。

整个任务执行过程采用云端异步运行模式，智能体在后台自主完成绝大部分工作，无须用户全程监督。不过在某些特定环节，系统可能需要用户提供额外信息或授权，如输入特定网站的访问凭证等，以确保任务顺利进行。

首先，登录到Coze平台，单击界面上的"扣子空间"选项（见图5-79），进入扣子空间官网，然后单击"快速开始"按钮（见图5-80），即可以顺利进入扣子空间，开始使用（见图5-81）。

图 5-79　进入扣子空间（1）

图 5-80　进入扣子空间（2）

图 5-81　进入扣子空间（3）

第 5 章 商业应用实战

与扣子空间合作的起点是提供清晰的任务描述（见图5-82）。用户需通过自然语言表达需求，描述得越具体，扣子空间执行就越精准。例如，竞品分析可以指定"帮我分析苹果、三星、华为三家公司高端手机市场的产品定位、技术特点和定价策略"，市场调研可以说明"为我的咖啡店创业计划做一份社区周边5公里范围内的消费者画像和竞争格局分析"。输入提示词时，用户可选择工作方式：完全交由智能体自动执行的"探索模式"，或全程参与指导的"协作模式"。

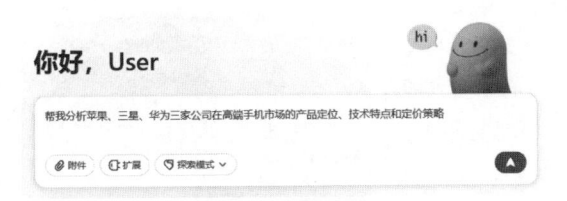

图 5-82 任务描述

智能体接收任务后立即开始智能规划。系统首先识别用户的核心意图，然后自动构建详细的执行计划，将大型任务分解为有序的子任务，确定各环节之间的逻辑关系。在对话界面中，用户可清楚地看到智能体设计的任务拆解，如不符合预期可随时调整。例如，竞品分析任务可能被拆分为市场概况调研、各品牌产品线梳理、技术特点对比、价格策略分析和市场份额比较等子任务。确认规划后，单击"开始任务"即可启动自动执行流程。例如，针对竞品分析，智能体进行意图识别后，将任务拆分为多个子步骤，并罗列具体的子任务内容，如下图所示（见图5-83）。

图 5-83 任务规划

执行阶段，智能体会按照既定计划自动开展工作。简单的市场调研可能在半小时内完成，而复杂的多维度竞品分析可能需要数小时。在此过程中，智能体会调用搜索引擎和浏览器工

213

具获取最新市场数据、产品信息和分析报告，模拟专业分析师的网络调研行为。同时，系统将收集到的所有信息按子任务分类整理，构建结构化的分析基础。

用户可通过工作空间实时掌握任务进度。"实时跟踪"功能展示当前执行的具体操作（见图5-84），"浏览器"记录所有访问的信息源（见图5-85），"文件"整理生成的各类文档和分析图表（见图5-86）。若发现分析方向有误，用户可随时暂停并调整指令。智能体也具备自我评估能力，遇到信息冲突或数据不足等问题时会主动请求用户指导，以确保分析质量。

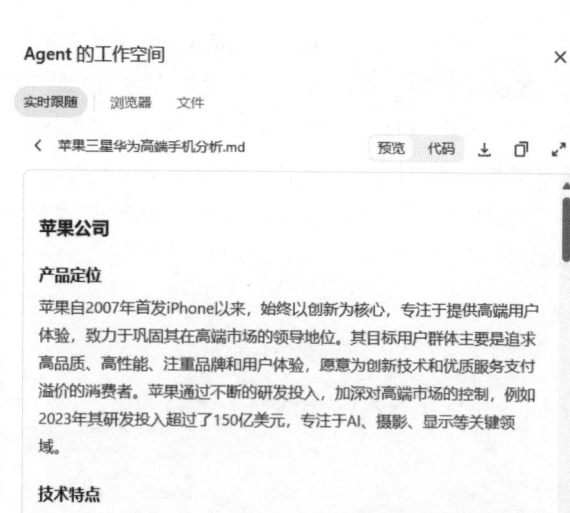

图 5-84　实时跟踪

图 5-85　浏览器

Agent 的工作空间

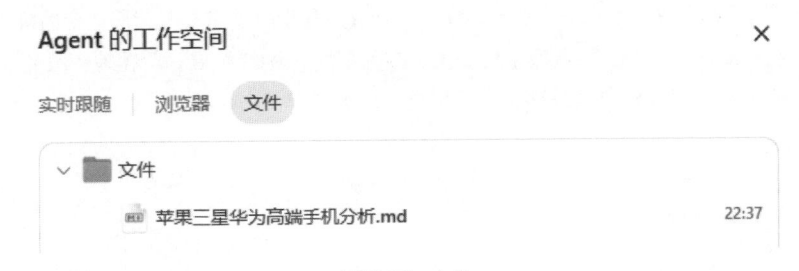

实时跟随 | 浏览器 | **文件**

> 文件
>> 苹果三星华为高端手机分析.md　　　　22:37

图 5-86　文件

任务完成后，智能体整合所有收集和分析的内容，输出专业的竞品分析报告。这些成果支持多种格式的呈现，并提供丰富的可视化效果，如品牌定位象限图、价格区间对比图、功能特性雷达图等，使复杂的市场竞争格局一目了然。

用户可评估报告质量，如需深入特定方面，可提供更详细的指导让系统进一步优化。例如，"请在竞品分析中增加各品牌在社交媒体的口碑分析部分"。值得注意的是，由于系统资源限制，任务中断超过两小时未收到反馈将自动结束，不再支持继续调整。

扣子空间还提供便捷的成果分享功能，用户可选择私密或公开方式分享分析报告。查看分享内容时，系统会呈现完整的分析过程，包括数据来源、分析步骤和最终结论。此外，平台支持文件上传功能，用户可提供已有的市场数据或内部报告作为分析补充，让智能体基于更全面的信息生成更精准的竞品分析，最大限度地提升市场决策效率。

扣子空间就像一位随时待命的超级助手，只需告诉它你的需求，它就能自动规划任务、搜集信息、分析数据，并交付专业成果。从输入简单指令开始，到系统自动拆解任务、制定计划、执行、整理结果，整个过程既省时又省力。你可以随时查看进度，必要时给予指导，最终获得图文并茂的高质量成果。无须编程知识，无须复杂操作，扣子空间让每个人都能轻松驾驭AI的强大能力，真正实现了"说出你的需求，剩下的交给AI"的便捷体验。

5.4.3　MCP 扩展能力与应用场景

扣子空间整合了强大而丰富的MCP扩展体系，为用户提供全方位的功能支持与能力增强。MCP作为一种开放协议，规范了应用程序向大语言模型提供上下文的方式，可以理解为扣子空间的插件生态系统。通过这一标准化接口，扣子空间能够无缝连接各类外部工具和数据源，极大地拓展了其应用场景和能力边界。

大语言模型在处理复杂任务时，常需与外部系统交互，以获取实时数据或执行特定操作。MCP正是为满足这一需求而生，它提供了不断扩充的预构建的集成库，使大模型可以直接接入这些功能；同时支持在不同语言模型提供商间灵活切换，并遵循最佳实践以保障用户数据安全。这种设计使扣子空间能够按需自动执行计算、操作外部系统，甚至实现与真实世界的互动。

扣子平台提供了丰富的官方MCP扩展供用户使用（见图5-87）。针对通用场景，扣子空间已将常用扩展内置于主Agent中，系统会在执行任务过程中自动选择并调用适合的MCP扩展，无须用户额外配置。同时，扩展库中还提供了多种个性化MCP扩展，覆盖地图服务、办公协作、企业信用查询、航班信息查询、音乐生成、天气查询、图像处理、语音合成和数据库操作等多个领域。

图 5-87 官方扩展

在创建任务时，在输入提示词的界面中单击"扩展"按钮，从扩展库中选择并添加可能对当前任务有帮助的MCP扩展工具（见图5-88）。扩展功能遵循按需调用原则，每次执行新任务前都需重新手动选择相关扩展，系统不会自动保留上次使用的扩展配置，未被显示添加的扩展将不会在本次任务执行过程中被调用。

图 5-88 添加扩展

在扣子空间的运行机制中，MCP扩展默认采用"模型控制"模式。这意味着大语言模型会根据任务需求智能判断何时调用何种扩展功能，无须用户干预具体的调用方式。例如，当任务需要时，系统可自动使用扩展进行数学计算、执行API调用或查询特定知识库。在任务执行过程中，你可以通过观察智能体的思考轨迹来确认扩展是否被成功调用。

扣子空间的MCP扩展系统让AI真正派上用场了。它通过标准接口把智能模型和各种工具连接得严丝合缝，让AI助手的能力不再受限，能真正地"看得见、摸得着、做得到"。它让智能体的功能变得更强大，能适应从日常办公到专业领域的各种复杂情况。随着扩展生态越来越丰富，AI应用的技术难度不断降低，让每个用户都能轻松打造自己的智能助手，在数字化转型的浪潮中抓住机会。

5.4.4　垂直领域专家智能体与行业应用

扣子空间推出了一系列专业领域的专家智能体，其中包括用户研究专家智能体与华泰A股观察助手专家智能体，这些高度专业化的智能助手旨在解决特定领域的复杂问题。这些专家智能体代表了扣子空间在垂直领域应用的深度探索与实践成果。

用户研究专家智能体定位于解决产品研发过程中的用户理解难题（见图5-89）。在产品迭

图5-89　用户研究专家

代与竞品分析过程中，深入理解用户群体特征、需求与行为模式至关重要，但产品负责人常常面临问卷设计不够科学、数据分析不够深入、后续研究规划不够系统等难点。针对这些痛点，用户研究专家智能体为产品负责人及专业用户研究人员提供了强大支持，在问卷撰写、问卷分析、访谈提纲制定及访谈纪要总结四大核心环节全面赋能用户洞察工作，有效提升团队对用户的理解能力。

该专家智能体的核心优势在于其卓越的问卷分析能力，基于扣子空间的"规划→执行任务→反思"高效循环机制，能够自动编写并运行数据处理代码，产出高质量、深度洞察的分析报告。更重要的是，它支持对问卷数据进行任意组合的自由问答，实现了"即问即分析、即问即答"的高效工作模式，大幅拓展了团队的数据分析能力边界。在实际应用中，用户研究专家智能体能够全面分析产品用户行为习惯调查问卷，生成包含多维度洞察的分析报告；能够从用户访谈记录中提炼关键信息，生成包含用户信息、使用习惯、决策因素等内容的可视化报告；还能根据产品特点和研究目标，生成有针对性的调研问卷及访谈提纲。

华泰A股观察助手专家智能体定位于满足个人投资者的信息处理与分析需求。投资决策通常需要处理大量涉及技术面、基本面、资金面、消息面等多维度的信息，普通投资者难以全面把握这些信息。简单的AI问答系统往往难以提供连续、完整且准确的数据支持，多是对热搜文章的二次加工。华泰A股观察助手专家智能体基于专业股票与舆情数据，犹如一位专属研究员，能够基于专业数据和框架进行个股信息整理，以早报形式提供自选股的最新客观信息和数据分析。

该专家智能体的核心优势体现在四个方面：首先，它采用高质量数据源，直接查询股票数据进行综合分析，减少低质量信息源带来的误导；其次，它运用Python进行数据计算，确保技术指标分析的准确性；第三，它能够获取更大范围的连续数据并自主规划分析方法，实现定性与定量相结合的专业分析；最后，它支持多种灵活的交付方式，包括文档、PPT、网页等多种形态。在功能设计上，华泰A股观察助手智能体不仅支持定制化早报服务，还提供一对一股票咨询功能，能够探讨用户关心的个股、板块、策略及市场热点问题。

华泰A股观察助手专家智能体能够制作包含股票前景分析的专业图表，展示公司营收、利润等核心数据以及业务结构、股价走势、优势与风险等多维信息；能够进行股票技术指标分析，统计MACD金叉、KDJ超卖、BOLL下轨触及等信号及其对应的股价表现；还能生成每日股市早报，涵盖全球市场动态、A股大盘表现、自选板块表现、自选股表现等全方位信息，并辅以直观的市场趋势图表。这些专业化的功能使其成为个人投资者的得力助手，有效提升投资决策的信息基础（见图5-90）。

两款专家智能体的推出展示了扣子空间在专业领域应用方面的深度探索，通过AI技术解决特定行业的复杂问题，为用户提供超越通用AI的专业价值。

第 5 章　商业应用实战

华泰A股观察助手

由华泰与扣子团队共同孵化的专家Agent,每日跟踪复盘自选股和大盘客观情况,基于专业数据和框架提供观察思考。

使用价格	开发者	单任务平均耗时
限时免费 价格说明	扣子 & 华泰证券	**34** 分钟

华泰 A 股观察助手专家 Agent 可以每天为你发送专属的股票早报,也可以与你 1 对 1 探讨股票观察。

1. 更高质量的数据源:华泰 A 股观察助手专家 Agent 在获取公开搜索信息的基础上,直接查询股票数据,综合完成分...展开

每日早报
基于你的自选股和自选板块,收集全球隔夜信息、昨日A股行情,思考值得关注的信息

个股基本面分析
结合主营业务分析、财务分析、行业分析等,综合分析个股的基本面、优势与风险

个股技术面分析
基于专业股票数据,对比不同技术指标的效果

免费试用

图 5-90　华泰 A 股观察助手

扣子空间专家智能体的出现,让AI助手不再只是"万金油",而是真正能解决特定行业难题的专业帮手。这些专家智能体通过吸收领域知识、掌握专业技能,已经从简单的"回答问题"升级为"解决问题"。用户研究专家能帮助产品团队更好地理解用户,华泰A股观察助手则能为投资者提供专业的市场分析,它们都在各自领域发挥着实实在在的作用,使专业工作变得更加高效。

附 录

附录 1：Coze 获取帮助和技术支持服务

Coze平台构建了完善的知识支持体系，通过官方与社区双重渠道，为用户提供全方位的技术支持与解决方案。

在官方支持层面，Coze官方网站提供了系统性的技术文档，涵盖平台基础知识、开发指南、API接口说明等多个方面。这些文档经过精心编排，配以翔实的示例代码，能够帮助用户快速掌握平台各项功能的使用方法。官方论坛则为用户提供了一个实时交流的平台，用户可以在此分享经验、讨论问题，获取最新的技术动态和应用实践。

官方文档的一大特色是其与时俱进的更新机制。随着平台功能的不断优化与扩展，文档内容也会及时更新，确保用户能够获取最新的技术信息。文档中的示例代码均经过实际验证，具有很强的实用性和参考价值。

社区支持则体现了开放协作的理念。活跃的开发者社区不断产出针对性强的解决方案，这些方案往往结合了特定行业的实际需求，具有很强的实用价值。用户可以直接采用这些现成方案，也可以在此基础上进行二次开发，从而大幅提升开发效率。社区的价值不仅体现在技术分享上，更重要的是形成了一个互助共赢的生态系统。当用户遇到特殊需求时，可以通过社区寻找志同道合的合作伙伴，共同探讨解决方案。这种协作模式既能满足个性化需求，又促进了技术的传播与创新。

通过官方与社区的良性互动，Coze平台形成了一个充满活力的技术生态圈。用户既能获得官方的专业支持，又能享受到社区的创新成果，从而在开发过程中事半功倍。这种多层次的支持体系，为平台的持续发展提供了强大动力。

社区的开放特性也激发了创新潜能。来自不同领域的开发者通过交流与合作，不断推出新的应用方案，拓展了平台的应用边界。这种创新驱动的发展模式，使Coze平台在智能应用开发领域始终保持竞争优势。

附录 2：基础版与专业版的区别

Coze 平台针对不同用户群体推出了灵活的版本选择，通过差异化的功能配置满足各类用户的实际需求。

基础版着重为个人用户和入门级开发者提供便捷的使用体验。在保证核心功能完整性的基础上，通过合理的资源配额控制确保服务质量。用户可以获得必要的智能体额度和基础组件使用权限，充分体验平台的主要功能特性。这种入门级的配置非常适合初次接触智能应用开发的用户，既能满足基本需求，又能有效控制使用成本。

专业版则为企业用户和专业开发者提供了更为全面的功能支持。在基础功能之上，专业版显著提升了可用的智能体数量，并开放了更多高级组件的使用权限。更大的算力支持使得复杂任务的处理变得更加高效，而完善的数据分析工具则为决策优化提供了有力支撑。

在团队协作方面，专业版提供了专门的协同开发工具，支持多人同时参与项目开发。这种协作机制大幅提升了团队开发效率，使得大型项目的管理变得更加有序。同时，专业版用户还能获得较高优先级的技术支持服务，遇到问题时可以得到更快速的响应和解决方案。值得注意的是，专业版还提供了模型训练的高级功能，使用户能够根据具体业务场景对模型进行优化调整。这种个性化的训练机制能够显著提升模型在特定领域的表现，为企业级应用提供更精准的服务支持。

针对特殊需求，专业版还支持定制化解决方案的开发。通过深入了解用户需求，平台可以提供更有针对性的技术支持和功能开发，确保解决方案能够完美匹配实际应用场景。这种灵活的支持机制为企业用户提供了更大的发展空间。

通过这种差异化的版本策略，Coze 平台成功地满足了不同层次用户的需求，为智能应用的开发提供了清晰的成长路径。从个人开发到企业应用，用户可以根据实际需求选择最适合的版本，实现价值与成本的最优平衡。

附录 3：核心概念解析

Coze 平台通过系统化的功能结构设计，实现了项目资源的高效管理和任务流程的有序执行。各个核心概念之间相互关联，共同构建起完整的应用开发生态。

- **工作空间**

工作空间作为项目管理的基础单元，为开发团队提供了独立的运行环境。在工作空间中，项目资源得到统一管理，团队成员可以清晰地划分工作职责，实现协同开发。通过资源监控机制，管理者能够实时掌握项目进展和资源使用情况，确保开发工作的顺利进行。

- **组件系统**

组件系统体现了平台的模块化设计。通过集成系统内置的组件和引入第三方功能模块，开发者可以快速构建应用所需的各项功能。从基础的翻译服务到复杂的图像识别，再到智能对话系统，这些组件为应用开发提供了丰富的功能支持。组件的标准化接口设计确保了不同模块之间的无缝衔接。

- **流程编排技术**

流程编排技术展现了平台的智能化特点。基于先进的工作流理念，平台能够将多个智能体和任务进行灵活组合。通过可视化的流程设计工具，开发者可以定义任务执行的顺序和逻辑关系，实现复杂业务流程的自动化处理。这种编排机制大幅提升了系统的处理效率和可靠性。

- **API Key机制**

API Key机制是确保系统安全的重要手段。通过严格的访问控制和认证机制，平台有效防止了未经授权的访问和操作。每个API Key都具有特定的权限范围和有效期，管理者可以根据实际需求进行精细化的权限配置。这种安全机制既保护了系统资源，又确保了数据交互的安全。

上述功能体系的有机结合，形成了一个完整的应用开发环境。工作空间提供基础框架，组件系统提供功能支持，流程编排实现智能调度，而API Key则确保了整个系统的安全运行。这种系统化的设计理念极大地提升了开发效率，使得复杂的应用开发变得更加简单和可控。

在实际应用中，这些功能模块可以根据具体需求灵活组合。开发团队能够快速搭建适合自身业务特点的开发环境，并随着项目发展不断优化和调整。这种灵活性使得平台能够适应各种复杂的开发场景，为用户提供持续的技术支持。